流体力学基础

主　编　刘振侠
副主编　张丽芬　朱鹏飞　刘振刚
　　　　胡剑平　周　莉　吕亚国

科学出版社

北　京

内 容 简 介

本书阐述了流体力学的基本理论和基础知识，主要内容包括流体的物理性质、流体静力学、流体运动学、黏性流体动力学、理想不可压缩流体平面有势流动、相似理论、流动损失和管网计算、可压缩一维定常流动、射流。本书以经典的流体力学知识为主线，将流体力学的发展历程融入其中。结合航空宇航科学与技术、热能工程与工程热物理学科的发展趋势和研究成果，提供了翔实的流体力学图表资料，力求体现多年流体力学教学改革的成果，满足相关专业流体力学的教学要求，反映相关学科的研究成果和发展趋势。

本书可作为高等院校流体力学课程的教材，也可供机械、能源、航空、船舶、水利等部门从事流体力学工作的技术人员参考。

图书在版编目(CIP)数据

流体力学基础/刘振侠主编. —北京：科学出版社，2022.11
ISBN 978-7-03-073144-9

Ⅰ. ①流… Ⅱ. ①刘… Ⅲ. ①流体力学 Ⅳ. ①O35

中国版本图书馆 CIP 数据核字（2022）第 168695 号

责任编辑：祝 洁 罗 瑶 / 责任校对：崔向琳
责任印制：赵 博 / 封面设计：陈 敬

科学出版社 出版

北京东黄城根北街 16 号
邮政编码：100717
http://www.sciencep.com

北京中石油彩色印刷有限责任公司 印刷
科学出版社发行 各地新华书店经销
*

2022 年 11 月第 一 版 开本：720×1000 1/16
2024 年 3 月第三次印刷 印张：21 3/4
字数：437 000

定价：198.00 元
（如有印装质量问题，我社负责调换）

前　言

本书是为飞行器动力工程、能源与动力工程等专业编写的流体力学教材，是编者根据多年流体力学基础课程的授课经验，结合航空宇航科学与技术、热能工程与工程热物理学科的发展趋势和研究成果编写而成。本书注重基本概念、原理、方法的阐述，既考虑学科本身的系统性，又结合飞行器动力工程专业和能源与动力工程专业对流体力学知识的需求。在内容方面，本书力求将科学技术的最新发展融入教学，体现适应科学技术发展的需要，同时也强调理论基础和能力培养，贯彻学以致用。

本书的一个核心问题是建立流体力学基本方程组，该方程组反映流体运动的基本规律。在课程的初始阶段建立复杂的方程组不易被学生接受，因此本书采用了由简到繁、由浅入深的编排顺序：先介绍静力学、再介绍运动学、最后介绍动力学；先介绍理想流体、再介绍黏性流体；先介绍不可压缩流动、再介绍可压缩流动。在静力学部分，从流体的受力到欧拉静平衡方程，由欧拉静平衡方程导出重力作用下和平衡流体的压强分布规律，又由压强分布规律导出平面和曲面的受力，层层递进。在运动学部分，先讲解流体力学中一些基本的概念和定理，为后续动力学部分做铺垫；介绍理想流体时，连续方程、动量方程、能量方程的积分形式和微分形式采用不同的方式推导，让学生首先建立对不同形式控制方程的概念，之后对于连续方程和动量方程给出了微分与积分形式的转换过程，让学生建立起不同形式方程之间的联系，能够充分理解和灵活运用不同形式的控制方程。有了理想流体的基本方程组做铺垫，在介绍黏性流体时，学生就比较容易理解其复杂的形式。在介绍不可压缩流动的基础上，第9章阐述了可压缩一维定常流动。多年的教学实践证明由简到繁、由浅入深的顺序有助于学生对复杂问题的理解和运用。

另外，本书倡导"专业文化"，注重学生"专业人文素质"的培养。在各章节中，将涉及的相关历史人物的事迹及其对流体力学发展的贡献等呈现出来，让学生不只学习专业的知识，同时了解专业知识背后的人文精神。"拓展延伸"模块是相关知识的拓展，这些知识可以作为课上内容的补充，能更好地帮助学生理解、掌握、运用所学知识。

本书编写分工如下：第1、3章由刘振侠编写；第2、4章由张丽芬编写；第5、6章由刘振刚编写；第7、9章由朱鹏飞、胡剑平编写；第8章由吕亚国、朱鹏飞编写；第 10 章由周莉编写。全书由刘振侠、张丽芬、朱鹏飞和吕亚国统稿。

感谢杨翠艳、赵建辉、蔡钦等研究生在插图绘制方面提供的帮助。

由于编者水平有限，书中不妥之处恳请读者批评、指正。

编　者

2022 年 4 月

目　　录

第1章 绪 论

1.1 流体力学的发展

流体力学是经典力学的一个重要分支，研究在各种力的作用下流体的静止和运动状态，以及流体和其他物体有相对运动时的相互作用和流动规律。

人类早期通过治理洪水和开凿运河，总结了水的流动规律。坐落在成都平原西部岷江上的都江堰是中国古代无坝引水的代表性工程，两千多年来用于灌溉成都平原，造就天府之国。这是中国古代劳动人民勤劳、勇敢、智慧的结晶。

公元前 250 年，阿基米德研究了力平衡原理，提出了著名的流体力学浮力定理，奠定了流体静力学的基础。之后的很长一段时间，流体力学的发展缓慢。直到 15 世纪，意大利天才科学家达·芬奇发现了一系列对流动、旋涡、流体机械等定性认知成果。1653 年，法国科学家帕斯卡提出流体静压力传递原理即帕斯卡定律，之后，意大利科学家伽利略和托里拆利发现了大气压力随高度的变化，1686 年，英国科学家牛顿提出了流体内摩擦定律。这些为经典流体力学理论的建立奠定了基础。

1738 年，瑞士科学家伯努利将质点动能定理沿微元流管积分，导出一元流机械能守恒方程，即著名的伯努利方程。1757 年，瑞士数学家欧拉将这一方程推广至可压缩流动。1752 年，法国科学家达朗贝尔发表的《流体阻尼的一种新理论》一文中，首次用微分方程表示场，提出了达朗贝尔佯谬。1753 年，欧拉提出连续介质假设，1755 年，欧拉提出描述流体运动的空间点法（即欧拉法），建立了理想流体运动微分方程。1781 年，法国科学家拉格朗日，提出描述流体运动的质点法，建立了流体质点运动速度与速度势函数和流函数的关系。1785 年，法国科学家拉普拉斯建立了基于力势函数的拉普拉斯方程。至此，理想流体力学和无旋流动经典理论体系基本建立。

1799 年，意大利物理学家文丘里通过变截面管道实验，发明了著名的文丘里管。1839 年，德国学者汉根发现圆管中的水流特性与速度大小有关，1869 年，发现两种不同流态水流特性不同。1880 年，英国学者雷诺进行了著名的圆管流态转换实验，提出层流和湍流的概念，并建议用一个无量纲数作为判别条件，即后来被熟知的雷诺数。

进入 19 世纪，流体力学重点关注了理想流体无旋运动理论问题及求解，建立了理想流体旋涡运动理论和黏性流体力学方程等。1858 年，德国流体力学家亥姆霍兹提出了流体微团的速度分解定理，同时研究了理想不可压缩流体在有势力作用下的有旋运动，提出亥姆霍兹旋涡运动的三大定律。1882 年，英国科学家兰金基于理想流体理论，完善了奇点叠加原理，建立了自由涡、强迫涡和组合涡的数学理论，提出了著名的兰金涡流模型。

1752 年，法国科学家达朗贝尔提出任意三维物体理想流体定常绕流无阻力的达朗贝尔佯谬以来，人们对基于理想流体模型的经典理论开始产生怀疑，转而开始研究黏性流体运动。首先，基于牛顿内摩擦定律（又称"牛顿黏性定律"）（1686 年），建立了黏性应力与流体微团变形速率之间的本构关系。在 1755 年欧拉理想流体运动方程的基础上，经过 1822 年法国工程师纳维、1829 年法国科学家泊松、1843 年法国力学家圣维南发展，最后于 1845 年由英国科学家斯托克斯在剑桥大学三一学院提出应力变形率的三大关系，建立了牛顿流体黏性运动微分方程，即著名的纳维-斯托克斯（Navier-Stokes）方程，简称 N-S 方程。从理想流体运动的欧拉方程组到 N-S 方程，历时九十年，数学家们为流体力学主要方程的建立与推导做出了卓越贡献。但是 N-S 方程是非线性的二阶偏微分方程组，一般意义的精确求解在数学上是困难的。

1904 年，普朗特在德国海德堡第三次国际数学年会上发表了一篇《论小黏性流体运动》的论文，提出著名的边界层概念。普朗特把这一近物面区黏性力起重要作用的薄层称为边界层。边界层概念深刻阐述了在大雷诺数情况下绕流物体表面受黏性影响的边界层流动特征及其控制方程，巧妙地解决了整体流动和局部流动的关系问题。边界层概念的引入，为分析黏性的作用开拓了思路。1908 年，德国流体力学家勃拉修斯给出零梯度平板边界层级数解；1921 年，美国科学家冯·卡门推导出边界层动量积分方程；1921 年，德国科学家波尔豪森基于动量积分方程建立了近似求解方法，研究了压力梯度对边界层的影响。这期间借助相似性条件假设，研究者对各种黏性层流边界层问题进行了近似求解。

进入 20 世纪，飞机的出现极大地推动了空气动力学的发展。1906 年，茹科夫斯基发表了著名的升力公式，奠定了二维翼型理论的基础。1918～1919 年，普朗特提出了大展弦比机翼的升力线理论。20 世纪 20～30 年代，空气动力学的理论和实验得到迅速发展，人们在低速风洞中对各种飞行器进行了大量实验，很大程度上改进了飞机的气动外形。30～40 年代，人类建造了一批超声速风洞，使飞机在 40 年代末突破了"声障"，50 年代随之突破了"热障"，实现了超声速飞行和人造卫星。50 年代以后，随着计算机的出现和发展，计算空气动力学得到迅速发展，理论、实验、计算成为飞行器设计必不可少的途径。20 世纪 60 年代，计算流体力学得到快速发展，其与理论流体力学、实验流体力学构成现代流体力学的三大分支。这个时期，伴随着高速度、大容量、多功能计算机的广泛应用，促使各种流体动力学的数值方法快速发展，建立了多种解析的、离散的和统计的流体动力学模型。

如今，流体力学既是一门基础学科，也是一门应用学科。20 世纪，航空航天的飞速发展极大地推动了空气动力学的发展，而生物工程和生命科学、海洋、环境、能源等新兴学科领域也不断地向流体力学提出了新的研究任务。因此，新技术革命将继续成为流体力学发展的强大动力，一方面根据工程技术的需要进行流体力学应用性研究；另一方面将更深入地开展基础研究以探求流体的复杂流动规律和机理，如湍流理论。

1.2 流体的力学特性和连续介质模型

1.2.1 流体的力学特性

什么是流体呢？一般说来，液体和气体统称为流体。

对比流体与固体来说明流体的力学特性。从微观角度看，流体分子之间的吸引力比固体分子之间吸引力要小，分子运动也比较剧烈，因而分子排列松散，本身不能保持一定形状。从力学性质来说，固体具有抵抗压力、拉力和切力三种能力，在外力作用下通常只发生较小的变形；流体一般来说只能承受压力，而不能承受拉力（表面张力除外）。流体在静止状态时也不能承受剪切力，当它受到剪切力时，就会发生连续不断的变形（即流动）。因此，从力学性质角度可定义流体为受到任何微小剪切力时都会发生连续不断变形的物质。

液体和气体虽然都为流体，但是二者具有如下不同的特性：①液体分子之间的距离很近，对液体加压时，液体分子距离稍有缩小，就会出现很大的斥力来抵抗外压力。这就是说，液体分子之间的距离很难被缩小。因此，液体通常被称为不可压缩流体。由于分子间引力的作用，液体有力求自身表面积收缩到最小的特性，一定量的液体在大容积内只能占据一定的体积，而在上部形成自由分界面。②在通常情况下，气体分子之间的距离比分子有效直径大得多，只有当分子之间距离缩小很多时，才会明显地显示出分子间的斥力。因此，对气体加压时，其体积很容易缩小，气体被称为可压缩流体。气体分子间的引力也很小，分子热运动对气体特性起着决定性作用。这就使气体既没有一定的形状也没有一定的体积。一定量的气体进入大容器后，由于分子频繁不息的热运动，气体很快充满整个容器，不能形成自由表面。

这里要指出，虽然气体是可压缩的，当气体的压强和温度变化不大且其流动速度远小于音速时，可以忽略气体的压缩性。因此，若研究的问题不涉及液体的压缩性，所建立的流体力学规律，既适用于液体也适用于气体。

1.2.2 连续介质模型

1. 连续介质模型描述

流体是由大量不断运动着的分子组成的。从微观角度看，分子之间总是存在间隙，因此流体质量的空间分布是不连续的，同时，分子的随机运动导致任一空间点上的流体物理量对于时间不连续。要研究这样的微观运动是极其困难的。但是，人们用仪器测量到的或观察到的流体宏观结构及运动却又明显地呈现出连续性和确定性，流体力学研究的正是流体的宏观运动。宏观运动的物理量（如压强、温度、密度和速度等）是大量分子的行为和作用的平均效果。因此，在流体力学中，是用宏观流体模型来代替微观有空隙的分子结构。1753 年，欧拉首先采用了"连续介质"作为宏观流体模型：将流体看成是由无限多流体质点组成的稠密而无间隙的连续介质，这个模型称为连续介质模型，或连续介质假设。

流体质点在几何上是一个点，在物理上是一个体积非常小的流体微团，它相对于流体空间和流体中固体的尺寸来说充分小且可忽略不计，但它和分子的尺寸或分子间距相比却要大得多，流体质点内包含足够多的流体分子。因此，可将质点简单概括为宏观无限小，微观足够大。

用连续介质模型来研究流体的运动，不必去研究大量复杂的分子运动，只需研究大量分子所表现出来的宏观运动和作用的平均效果，而且，描述连续介质宏观运动的物理量都可看成是空间坐标和时间的连续函数。因而，在流体力学中可以广泛地应用数学上有关连续函数的解析方法。

需要注意的是，连续介质模型在某些情况下是不适用的。例如，高真空泵中，温度为 293K 的空气，当压强为 0.1Pa 时，其分子之间的距离为 4.5mm，这个数值与真空泵的结构尺寸可比拟，这时就不能把气体看成是连续介质了。

一般来说，液体可作为连续介质来讨论。对于气体，通常认为当分子的平均自由程 l 和气流中物体的特征尺寸 L 的比值 $l/L > 0.01$ 时，连续介质模型将不再适用。本书只讨论可作为连续介质来研究的流体力学问题。

2. 连续介质中流体参数的定义

连续介质中，空间任意点上的流体物理量是位于该点上流体质点的物理量。下面以密度为例说明连续介质中流体参数的定义。

非均质流体中任一点的密度可用式（1-1）定义为

$$\rho = \lim_{\Delta V \to \Delta V_0} \frac{\Delta m}{\Delta V} \tag{1-1}$$

式中，ΔV 是围绕 M 点的一个小体积，见图 1-1（a）；Δm 是 ΔV 包含的流体质量；

$\dfrac{\Delta m}{\Delta V}$ 是体积 ΔV 内流体的平均密度。

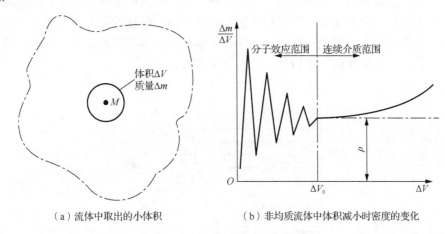

（a）流体中取出的小体积　　　　　　（b）非均质流体中体积减小时密度的变化

图 1-1　非均质流体密度求解

　　首先假定 ΔV 比较大，然后围绕 M 点逐渐缩小，于是 $\Delta m / \Delta V$ 对 ΔV 的变化曲线便如图 1-1（b）所示。起初，$\Delta m / \Delta V$ 的值随 ΔV 的缩小趋近一个渐进值，这是因为 ΔV 越小，包含在小体积内的流体质量分布越来越均匀。但是，当 ΔV 缩小到只包含少数几个分子的时候，流体分子进出该体积，导致平均密度随时间发生忽大忽小的变化，$\Delta m / \Delta V$ 就不可能有确定的数值。于是设想有这样一个最小体积 ΔV_0，它与物体的特征尺寸相比是微不足道的，可以看成是一个流体属性均匀的空间点，但它与分子尺寸或分子间距离相比却要大得多，在 ΔV_0 内包含足够多的分子数目，使得密度的统计平均值有确切的意义，这个 ΔV_0 就是流体质点的体积。可以看出，连续介质中某一点的流体密度实质上是流体质点的密度。同理，连续介质中某一点处的流体速度，是指某瞬时该点上流体质点的质心速度。因此，连续介质中，空间任意点上流体对应的物理量都是指位于该点上流体质点对应的物理量，这就是连续介质中流体参数的定义方法。

1.3　流体的黏性

1.3.1　牛顿内摩擦定律

　　如图 1-2 所示，两块平行平板之间充满流体，下板固定不动，当上板在外力作用下以速度 v_0 平行于下板运动时，由实验测知，附着在动板下面的流层具有与动板相同的速度 v_0，动板下面的流体速度小于 v_0，越往下，流体速度越小，附着在定板上的流体层速度为零。这一事实说明：每一运动较慢的流体层，都是在运动较快的流体层带动下才运动的。同时，每一运动较快的流体层也受到运动较慢的流体层阻碍，也就是说，在做相对运动的两流体层的接触面上，存在一对等值而反向的作用力来阻碍两相邻流体层做相对运动，流体的这种性质称为流体的黏性，由黏性产生的作用力称为黏性力或内摩擦力。

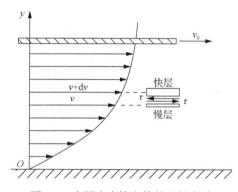

图 1-2　牛顿内摩擦定律的平板实验

τ -单位面积的内摩擦力

黏性力产生的物理原因是存在分子不规则运动的动量交换和分子间的吸引力。

分子作不规则运动时，各流层之间有分子迁移掺混，快层分子进入慢层时，给慢层以向前的碰撞，交换动量，使慢层加速；慢层分子迁移到快层时，给快层以向后碰撞，形成阻力使快层减速，这就是分子不规则运动的动量交换形成的黏性力。对于气体来说，由于分子之间的距离很大，分子引力小，分子不规则运动极为强烈，气体的黏性力主要取决于分子不规则运动的动量交换形成的阻力。

当相邻流体层有相对运动时，快层分子的引力拖动慢层，而慢层分子的引力阻滞快层，这就是两层流体之间吸引力所形成的阻力。对于液体，由于它的分子不规则运动微弱，其黏性主要取决于分子吸引力。

牛顿总结大量实验结果后于 1686 年指出，相邻两层流体做相对运动所产生的摩擦力 F 存在以下规律：①F 与两层流体的速度梯度成正比；②F 与两层流体的接触面积 A 成正比；③F 与流体物理性质有关；④F 与接触面上的压强无关。

牛顿将上述规律总结成如下表达式，称为牛顿内摩擦定律：

$$F = \mu \frac{\mathrm{d}v}{\mathrm{d}y} A \qquad (1\text{-}2)$$

或

$$\tau = \frac{F}{A} = \mu \frac{\mathrm{d}v}{\mathrm{d}y} \qquad (1\text{-}3)$$

式中，τ 为单位面积上的内摩擦力，即切应力（Pa）；μ 为比例常数，与流体种类及温度有关，称为动力黏性系数（Pa·s）。

需要说明的几点问题：

（1）切应力是成对出现的。当流层被快层带动时，切应力的方向与运动方向一致；当流层被慢层阻滞时，切应力方向与运动方向相反。

（2）当 $\dfrac{\mathrm{d}v}{\mathrm{d}y}=0$ 时，$F=0$，$\tau=0$，即流体层没有相对运动（静止或相对静止）时，流体中不出现内摩擦力。

（3）牛顿内摩擦定律只适用于流体作层状运动的情况，即层流情况。

大量实验证明，大多数气体、水和许多分子结构简单的液体能很好地遵循牛顿内摩擦定律。当温度一定时，流体的动力黏性系数 μ 保持为常数，与 $\mathrm{d}v/\mathrm{d}y$ 无关，τ 与 $\mathrm{d}v/\mathrm{d}y$ 呈线性关系。将符合牛顿内摩擦定律的流体称为牛顿流体，不符合该定律的称为非牛顿流体。图 1-3 表示了牛顿流体与非牛顿流体的区别。油漆、纸浆液、高分子溶液等属于假塑性流体。流体力学通常只讨论牛顿流体的流动，非牛顿流体的问题在流变学（rheology）中研究。

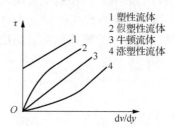

图 1-3　牛顿流体与非牛顿流体

在牛顿内摩擦定律中，$\dfrac{\mathrm{d}v}{\mathrm{d}y}$ 的物理意义是剪切变形角速度。具体可由以下的分析得到。如图 1-4 所示，在运动的流体中，取一个微元的矩形 $ABCD$，AB 层的速度为 v，CD 层的速度为 $v+\mathrm{d}v$，两层的距离为 $\mathrm{d}y$，经过 $\mathrm{d}t$ 时间后，A、B、C、D 各点分别运动到 A'、B'、C'、D' 点，由图可见 $ED'=DD'-AA'=(v+\mathrm{d}v)\mathrm{d}t-v\mathrm{d}t=\mathrm{d}v\mathrm{d}t$，因此可以得到速度梯度

$$\frac{\mathrm{d}v}{\mathrm{d}y}=\frac{ED'}{\mathrm{d}t\mathrm{d}y}=\frac{\mathrm{d}\theta}{\mathrm{d}t} \tag{1-4}$$

式中，$\dfrac{\mathrm{d}\theta}{\mathrm{d}t}$ 是流体 $ABCD$ 在 $\mathrm{d}t$ 时间内剪切变形角速度，速度梯度的物理意义是黏性流体运动时的剪切变形角速度。

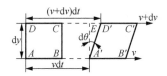

图 1-4　速度梯度的物理意义

1.3.2　动力黏性系数和运动黏性系数

动力黏性系数是流体黏性大小的一种度量，用符号 μ 表示，单位为 Pa·s。不同的流体有不同的动力黏性系数。

温度对流体的动力黏性系数影响很大。液体的黏性主要是分子间的内聚力造成的。因此，温度升高时，分子间内聚力减小，液体的动力黏性系数减小，流动性增加。气体黏性产生的主要原因是气体分子的不规则运动，当温度升高时，气体分子不规则运动加剧，速度不同的相邻气体层的质量和动量交换随之加剧，气体的动力黏性系数增大。

实验证明，只要压强不是很高时，压强对动力黏性系数的影响很小，因此一般不考虑压强对动力黏性系数的影响。但在航空发动机控制系统及某些技术领域内压强可增高至几十兆帕，这时需要考虑压强对动力黏性系数的影响。

在工程中，常用动力黏性系数 μ 与流体密度 ρ 的比值表示流体的黏性，即

$$\nu = \frac{\mu}{\rho} \tag{1-5}$$

式中，ν 称为运动黏性系数，单位是 m^2/s。ν 只是便于工程中使用，没有具体的物理意义。在比较不同流体间的黏性大小时只能采用动力黏性系数，不能采用运动黏性系数。

【例 1-1】　如图 1-5 所示，转轴直径 $d = 0.36\text{m}$，轴承长度 $l = 1\text{m}$，轴与轴承之间的缝隙宽度 $\delta = 0.2\text{mm}$，其中充满 $\mu = 0.72\text{Pa·s}$ 的油，若轴的转速 $n = 200\text{r/min}$，求克服油的黏性力所消耗的功率 N。

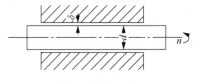

图 1-5　轴承示意图

解：根据驱动力矩和阻力矩相等的关系，如图 1-5，可以列出

$$\tau_1(2\pi r_1 l)r_1 = \tau_2(2\pi r_2 l)r_2$$

再由

$$\tau = \mu \frac{\mathrm{d}v}{\mathrm{d}y}$$

可以得到

$$\left(\frac{\mathrm{d}v}{\mathrm{d}y}\right)_1 = \left(\frac{\mathrm{d}v}{\mathrm{d}y}\right)_2 \left(\frac{r_2}{r_1}\right)^2$$

可见，缝隙中的速度梯度不是常数，但由于缝隙很小，$r_2/r_1 \approx 1$，可以认为速度呈线性分布。这样，速度梯度

$$\frac{\mathrm{d}v}{\mathrm{d}y} = \frac{v}{y}$$

其中，黏附于轴表面的油的运动速度 v 等于轴表面的周向速度，即

$$v = \frac{\pi dn}{60} = \frac{\pi \times 0.36 \times 200}{60} = 3.77(\mathrm{m/s})$$

于是，作用在轴表面的阻力矩为

$$M = \tau Ar = \mu \frac{v}{\delta} \pi dl \frac{d}{2}$$

消耗的功率为

$$\begin{aligned} N = M\omega &= \mu \frac{v}{\delta} \pi dl \frac{d}{2} \frac{2\pi n}{60} \\ &= 0.72 \times \frac{3.77}{0.2 \times 10^{-3}} \pi \times 0.36 \times 1 \times \frac{0.36}{2} \times \frac{2 \times \pi \times 200}{60} \\ &= 57.8(\mathrm{kW}) \end{aligned}$$

1.3.3 理想流体

将黏性系数为零的流体称为理想流体。自然界中不存在理想流体，理想流体只是一种简化模型。真实流体都是有黏性的，但是黏性的存在给流体运动分析带来很大困难，因此对于黏性较小的流体，如水和空气等，在某些情况下，往往首先用黏性系数为零的理想流体来代替，以便较为清晰地揭示流体运动的主要特性，方便地求出流体运动的规律，然后再根据需要考虑黏性影响。

实际上，在很多问题中，只有在物面附近很薄的区域里，速度梯度比较大，流体才显示出较大的黏性作用。在其他区域，流体的速度梯度很小，由牛顿内摩擦定律可知，在这些区域里，流体的黏性力也很小，和其他作用力相比，可略去不计。

尽管现代计算技术的发展为研究黏性流体力学问题提供了条件，但是理想流体的模型在流体力学和实际应用中仍起着很重要的作用。

1.4 流体的其他物理性质

1.4.1 流体的压缩性和膨胀性

作用在流体上的压强增加时流体体积减小的特性称为压缩性。通常用压缩系数 β 来度量流体的压缩性，定义为在一定温度下升高一个单位压强时，流体体积的相对缩小量，即

$$\beta = -\frac{1}{V}\frac{\mathrm{d}V}{\mathrm{d}p} = -\frac{1}{\upsilon}\frac{\mathrm{d}\upsilon}{\mathrm{d}p} = \frac{1}{\rho}\frac{\mathrm{d}\rho}{\mathrm{d}p} \tag{1-6}$$

式中，V 为体积，m^3；υ 为比容，m^3/kg；p 为压强 Pa；ρ 为密度，kg/m^3。

压缩系数的倒数称为体积弹性模量，用 E 表示。体积弹性模量是相对体积单位变化所需要的压强增量，即

$$E = \frac{1}{\beta} = \rho\frac{\mathrm{d}p}{\mathrm{d}\rho} \tag{1-7}$$

纯液体的体积弹性模量很大。例如，常温下水的弹性模量 $E = 2.1 \times 10^9 \mathrm{Pa}$，液压用油 $E = 1.8 \times 10^9 \mathrm{Pa}$。因此，在研究液体运动时，通常可以认为液体的体积和密度是不变的，只有在某些特殊情况下，如高压领域、液压冲击等方面，液体的压缩性和体积弹性才显示出它的影响。

对于气体，同样可以定义压缩系数和弹性模量。但要注意，气体密度随压强的变化和热力过程有关。对于等温过程的压缩，$\mathrm{d}p/\mathrm{d}\rho = p/\rho$，这时 $E = p$；当 $p = 1.0 \times 10^6 \mathrm{Pa}$ 时，空气的 $E = 1.0 \times 10^6 \mathrm{Pa}$。可见，气体的弹性模量比液体的弹性模量小得多。

流体温度升高时，流体体积增大的特性称为流体的膨胀性。膨胀性通常用温度膨胀系数 α 来度量。α 定义为在压强不变的条件下，温度升高 $1℃$ 时流体体积的相对增加量，即

$$\alpha = \frac{1}{V}\frac{\mathrm{d}V}{\mathrm{d}T} = \frac{1}{\upsilon}\frac{\mathrm{d}\upsilon}{\mathrm{d}T} = -\frac{1}{\rho}\frac{\mathrm{d}\rho}{\mathrm{d}T} \tag{1-8}$$

式中，T 为温度。

液体的膨胀系数很小，工程上一般不考虑液体的膨胀性，但当温度变化很大

时，则需考虑液体的膨胀性。

对于气体，利用气体状态方程 $pv = RT$，可以得到在压强不变时 $dv/v = dT/T$，从而有

$$\alpha = \frac{1}{T} \tag{1-9}$$

1.4.2 流体的导热性

当流体中某个方向存在温度梯度时，那么热量就会由温度高的地方传向温度低的地方，这种热量传递的性质称为流体的导热性。

单位时间内通过单位面积由导热所传递的热量可按傅立叶导热定律确定：

$$q = -\lambda \frac{\partial T}{\partial n} (\text{W/m}^2) \tag{1-10}$$

其中，n 是面积的法线方向；$\partial T / \partial n$ 是沿 n 方向的温度梯度；λ 是导热系数 W/(m·K)；公式中的负号表示热量的传递方向与温度梯度方向相反。

历史人物

牛顿（Isaac Newton，1643 ~ 1727 年）出生于林肯郡伍尔索普的一个中等农户家中，从小丧父，母亲改嫁后，靠外祖母养大。牛顿个性古怪、态度谨慎多疑。1661 年，牛顿进入了剑桥大学的三一学院，1665 年获文学学士学位，在大学期间，他全面掌握了当时的数学和光学知识。1665 ~ 1666 年，剑桥流行黑死病，学校暂时停办，他躲避瘟疫回到老家。这段时间中他发现了二项式定理，开始了光学中的颜色实验，即太阳光由 7 种色光构成的实验。1669 年，他的老师、亲密的朋友巴罗（Isaac Barrow，1630 ~ 1677 年）辞去卢卡斯数学教授，26 岁的牛顿受聘继任了这个职位。在 30 岁时，牛顿被选为皇家学会的会员，这是当时英国的最高科学荣誉。牛顿在 1687 年出版了《自然哲学的数学原理》，这是牛顿对力学甚至对整个自然科学最重要的贡献。书中引出了万有引力理论并且系统总结了前人对动力学的研究成果，后人将这本书所总结的经典力学系统称为牛顿力学。这些内容奠定了此后三个世纪里物理世界的科学观点，并成为现代工程学的基础。在光学上，他发明了反射望远镜，基于对三棱镜将白光发散成可见光谱的观察，发展出了颜色理论。在物理学上，他还系统地表述了冷却定律。在数学上，牛顿与莱布尼茨各自独立发明了微积分，给出了二项式定理。在流体力学上，牛顿针对黏性流体运动

时的内摩擦力提出了牛顿内摩擦定律。[以上内容来源于《力学史》[1]，作者武际可，上海辞书出版社，以及《流体力学通论》[2]，作者刘沛清，科学出版社]

习　题

1-1　在$1.01325×10^5$Pa 的压力下，$2.5\,m^3$ 的水，温度由 20℃上升到 80℃时，体积增加多少？

1-2　常压常温下，施加多大的压强才能使水的体积减小 1%？

1-3　在 15℃和$1.01325×10^5$Pa 的条件下，水与空气的动力黏性系数比值为多大？运动黏性系数比值为多大？

1-4　空气在 30℃的动力黏性系数为$1.87×10^{-5}$Pa·s，求运动黏性系数。

1-5　两块平行的平板，间隙为 1 mm，间隙内充满了密度为$880\,kg/m^3$、运动黏性系数 $\upsilon=0.00159 m^2/s$ 的液体，两板的相对运动速度为 3m/s，求作用在板上的摩擦应力。

1-6　海平面上水的密度为$1026.5 kg/m^3$，求海面以下 8km 深，压强比大气压高$81.7×10^8$Pa 处的海水密度。设海水的体积弹性模量为$2.34×10^9$Pa。

1-7　一重 9N 的圆柱体，高度 $h=150mm$，直径 $d=149.4mm$，在一内径 $D=150mm$ 的圆管中以速度 $v=46mm/s$ 均匀下滑，假设圆柱与管壁间隙充满厚度均匀的油膜，求油液的动力黏性系数。

1-8　如图习题 1-8 所示，上下两平行圆盘，直径均为 d，间隙厚度为 δ，间隙中液体的动力黏性系数为 μ，若下盘固定不动，上盘以角速度 ω 旋转，求所需力矩 T 的表达式。

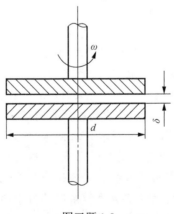

图习题 1-8

1-9　滑动轴承的宽度 $b=20cm$，轴的直径 $D=12cm$，间隙 $\delta=0.1cm$，间隙中充满润滑油，油的动力黏性系数 $\mu=0.54$Pa·s，当轴承以 $n=200r/min$ 运转时，求润滑油阻力损耗的功率。

1-10　飞轮质量为 50kg，回转半径 $R=300\text{mm}$，转轴和轴套间的距离 $\delta=0.05\text{mm}$。轴的直径 $d=20\text{mm}$，轴套长 $L=50\text{mm}$。已知飞轮以 $n=600\text{r/min}$ 的转速旋转时，动力中断后的减速度为 0.02rad/s^2，求轴与轴套之间的流体动力黏性系数。

1-11　如图习题 1-11 所示，黏性系数测定仪由内外两同心圆筒组成，外筒以转速度 $n(\text{r/min})$ 旋转，通过内外筒之间的油液，将力矩传递至内筒，内筒固定悬挂于一金属丝下，金属丝上所受扭矩 M 可以通过旋转的角度测定。若内外筒之间的间隙为 $b=r_2-r_1$，地面间隙为 a，筒高为 H，求油液动力黏性系数的计算式。

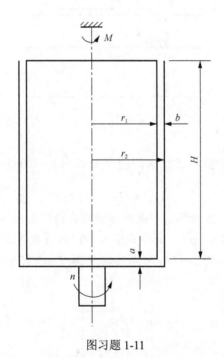

图习题 1-11

1-12　如图习题 1-12 所示，在 $\delta=30\text{mm}$ 的两个平行固定壁面间，充满动力黏性系数 $\mu=1.5\text{Pa}\cdot\text{s}$ 的液体，其中有一块面积为 $S=2400\text{mm}^2$ 的薄板，薄板平行于壁面以 $v=10\text{m/s}$ 的速度沿薄板所在平面内运动，假定壁面间速度呈线性分布。试求：

（1）当 $y=10\text{mm}$ 时，薄板运动的黏性力 F；

（2）若 y 可变，求薄板运动的最小阻力 $F_{\min}$。

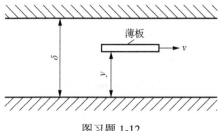

图习题 1-12

1-13　如图习题 1-13 所示,液面上有一面积为 $S = 1200\text{m}^2$ 的平板以速度 $v = 0.5\text{m/s}$ 水平移动,液体分为两层,动力黏性系数和厚度分别为 $\mu_1 = 0.142\text{Pa·s}$, $h_1 = 1.0\text{mm}$; $\mu_2 = 0.236\text{Pa·s}$, $h_2 = 1.5\text{mm}$,试计算作用在平板上的内摩擦力。

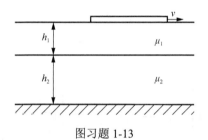

图习题 1-13

1-14　水流过一平板,已知水的速度分布为 $v = 0.002\dfrac{\rho g}{\mu}\left(hy - \dfrac{1}{2}y^2\right)$,试求 $h = 0.3\text{m}$ 时平板表面($y = 0$)的切应力。

1-15　如图习题 1-15 所示,一圆锥体绕竖直径中心轴等速旋转,锥体与固定的外锥体之间的缝隙 $\delta = 1\text{mm}$,其中充满 $\mu = 0.1\text{Pa·s}$ 的润滑油。已知锥体顶面半径 $R = 0.3\text{m}$,锥体高度 $H = 0.5\text{m}$,当旋转角速度 $\omega = 16\text{rad/s}$ 时,求所需的旋转力矩。

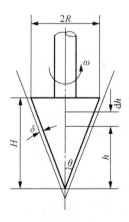

图习题 1-15

第 2 章　流体静力学

流体静力学研究流体在静止状态时的压强分布规律及其在工程中的应用。

流体的静止状态是指流体质点相对参考坐标系没有运动。参考坐标系可以是固定在地球上的绝对坐标系，也可以是固定在做等加速直线运动或等角速度旋转容器上的相对坐标系，因此静止状态包括绝对静止和相对静止（或相对平衡）两种情况。

压强在静止状态流体内的分布规律在很多方面有具体的应用，比如静止流体对物体作用力的计算、压强测量仪器的原理、大气参数的确定、液压系统中力的作用原理等。

本章从流体的受力推导出欧拉静平衡方程，进而求解出重力作用下相对平衡时液体内部压强分布，在此基础上完成静止流体对物体作用力的计算。

2.1　流体上的作用力和静压强

2.1.1　质量力和表面力

从流体中任取体积为 ΔV 的微团，作用在该流体微团上的力一般可以分为两类：

（1）质量力，又称为体积力，与流体微团质量成正比且集中作用在微团质量中心上的力。由于质量力不需要与流体微团接触即可产生，因此质量力也称为非接触力。例如，重力、惯性力和电磁力等都属于质量力。流体力学中的质量力一般只考虑重力和惯性力。

本章用 $\vec{f}$ 表示单位质量流体所受的质量力。用 f_x、f_y、f_z 分别表示 $\vec{f}$ 在直角坐标系中的投影分量，即

$$\vec{f} = f_x\vec{i} + f_y\vec{j} + f_z\vec{k} \tag{2-1}$$

式中，$\vec{i}$、$\vec{j}$、$\vec{k}$ 是单位坐标向量。

（2）表面力。从流体中取出的体积为 V 的任意流体微团，它的封闭表面为 S。表面力是指作用在所取流体表面上的力，用 $\vec{F_s}$ 表示。流体微团上为何还存在表面

力呢？这是因为流体微团在流体中时并非孤立存在，由于微团内部的分子运动，该微团与相邻微团在接触表面上应该有力的相互作用。在定义流体质点或者微团时，虽然不考虑其中的个别分子，但分子总体的作用效果是不能忽略的。因此，在取出流体微团时，需要相应地将周围流体或物体对它的作用以力的形式加到微团表面以维持微团原来的平衡状态。

根据连续介质模型，这种力是连续地分布在所取流体表面上的。

2.1.2 流体的静压强

在流体表面上围绕 M 点取一微元面积，如图 2-1 所示，该面积的法线方向为 n，切线方向为 τ，作用在其上的表面力用 $\Delta \vec{F}_s$ 表示，一般 $\Delta \vec{F}_s$ 不垂直于作用面。将 $\Delta \vec{F}_s$ 分解为垂直于表面的法向力 ΔF_n 和平行于表面的切向力 ΔF_τ。在静止流体或运动的理想流体中，切向力 $\Delta F_\tau = 0$，表面力中只存在法向力 ΔF_n。这时，作用在 M 点周围单位面积上的法向力就定义为 M 点上的静压强，即

$$p = \lim_{\Delta S \to \Delta S_0} \frac{\Delta F_n}{\Delta S} \tag{2-2}$$

式中，ΔS_0 是和流体质点的体积 ΔV_0 具有相比拟尺度的微小面积。

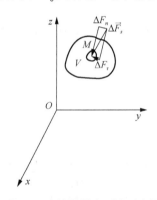

图 2-1 流体微团表面力示意图

（1）流体静压强的方向总是和作用面垂直，并且指向作用面。由于在静止流体或理想流体中没有切向力，并且流体分子之间的吸引力很小，流体几乎不能承受拉力，所以只存在指向作用面的静压强。

（2）静压强仅是空间位置的标量函数。流体静压强是一点上流体静压力的强度，静压强没有方向，是一个标量。这是流体静压强第二个重要特征。

下面证明静止流体静压强仅是空间位置的标量函数。在流体中围绕 O 点取一微元四面体，如图 2-2 所示，四面体的顶点 O 作为坐标原点，四面体的三个棱边与坐标轴重合，棱边长度分别为 dx、dy、dz。对于静止流体，不存在内摩擦力，

作用在四面体上的表面力中只有法向力：作用 Obc 面上的法向力等于 Obc 面上的静压强和表面积的乘积。Obc 面上的静压强方向与 y 轴平行，用 p_y 表示该面上的压强。因此，Obc 面上的表面力为 $p_y\mathrm{d}x\mathrm{d}z/2$。同理，作用在 Oac、Oab 和 abc 面上的表面力分别为 $p_x\mathrm{d}z\mathrm{d}y/2$、 $p_z\mathrm{d}x\mathrm{d}y/2$ 和 $p_n\mathrm{d}S_n$，其中 $\mathrm{d}S_n$ 是 abc 面的面积。

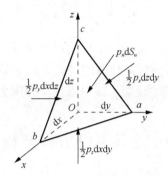

图 2-2　静止流体中的微元四面体

作用在四面体上的质量力在 x、y、z 方向上的投影分量分别为 $f_x p\mathrm{d}x\mathrm{d}y\mathrm{d}z/6$、 $f_y p\mathrm{d}x\mathrm{d}y\mathrm{d}z/6$、 $f_z p\mathrm{d}x\mathrm{d}y\mathrm{d}z/6$。其中 $\mathrm{d}x\mathrm{d}y\mathrm{d}z/6$ 是四面体的体积。

流体静止时，作用在四面体上的外力应平衡，即所有外力在各坐标方向的投影和应等于零。因此，在 x 方向有

$$\frac{1}{2}p_x\mathrm{d}y\mathrm{d}z - p_n\mathrm{d}S_n\cos(n,x) + \frac{1}{6}f_x p\mathrm{d}x\mathrm{d}y\mathrm{d}z = 0$$

式中，$\cos(n,x)$ 是 abc 面的外法线方向 n 与 x 轴方向夹角的余弦；乘积 $\mathrm{d}S_n\cos(n,x)$ 是 abc 面的面积在 yOz 坐标平面上的投影，可以看出 $\mathrm{d}S_n\cos(n,x) = \mathrm{d}y\mathrm{d}z/2$。因此，可以得到

$$p_x - p_n + \frac{1}{3}f_x p\mathrm{d}x = 0$$

同理，在 y 和 z 方向有

$$p_y - p_n + \frac{1}{3}f_y p\mathrm{d}y = 0$$

$$p_z - p_n + \frac{1}{3}f_z p\mathrm{d}z = 0$$

当四面体向 O 点缩小时，$\mathrm{d}x \to 0$，$\mathrm{d}y \to 0$，$\mathrm{d}z \to 0$，可得

$$p_x = p_n$$

$$p_y = p_n$$

$$p_z = p_n$$

因此，

$$p_x = p_y = p_z = p_n \qquad\qquad （2\text{-}3）$$

当四面体向 O 点缩小时，斜面 abc 也向 O 点逼近。在极限情况下，四面体的四个面都通过 O 点。由于 n 方向是任取的，式（2-3）说明从任何方向作用于一点上的流体静压强均是相等的，证明了过 O 点任意方向上的流体静压强都相等。

2.2　静止流体微分方程及相关概念

2.2.1　欧拉静平衡方程

从静止流体中取一微元六面体，其表面与坐标平面平行，边长分别为 $\mathrm{d}x$、$\mathrm{d}y$、$\mathrm{d}z$（图 2-3）。

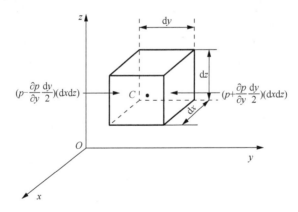

图 2-3　微元六面体

对于所取的微元体进行受力分析。由上一节内容可知，作用在流体上的力有质量力和表面力。

（1）作用在其上的质量力为 $\mathrm{d}\vec{F}_g = \vec{f}\rho\,\mathrm{d}x\mathrm{d}y\mathrm{d}z$，其中 $\rho\mathrm{d}x\mathrm{d}y\mathrm{d}z$ 是微元体的质量，$\vec{f}$ 为单位质量流体受到的质量力。

（2）作用在微元体上的表面力需要将六个面上的压力按向量相加获得。设微元体中心 C 点 (x,y,z) 的压强为 p，则微元体六个面上的压强可用泰勒级数展开获得。例如，微元体左面的压强为

$$p_L = p + \frac{\partial x}{\partial y}(y_L - y) = p - \frac{\partial p}{\partial y}\frac{\mathrm{d}y}{2}$$

展开时略去了二阶以上微量，因为取极限时，这些项将趋于零。同样，微元体右面的压强为

$$p_R = p + \frac{\partial p}{\partial y}(y_R - y) = p + \frac{\partial p}{\partial y}\frac{\mathrm{d}y}{2}$$

根据表面压强写出表面所受压力时需要注意压强的作用方向与表面的外法线方向是否一致。

在 y 方向，左表面受到的压力为

$$\left(p - \frac{\partial p}{\partial y}\frac{\mathrm{d}y}{2}\right)(\mathrm{d}z\mathrm{d}x)(\vec{j})$$

右表面受到的压力为

$$\left(p + \frac{\partial p}{\partial y}\frac{\mathrm{d}y}{2}\right)(\mathrm{d}z\mathrm{d}x)(-\vec{j})$$

在 x 方向，前表面受到的压力为

$$\left(p + \frac{\partial p}{\partial x}\frac{\mathrm{d}x}{2}\right)(\mathrm{d}y\mathrm{d}z)(-\vec{i})$$

后表面受到的压力为

$$\left(p - \frac{\partial p}{\partial x}\frac{\mathrm{d}x}{2}\right)(\mathrm{d}y\mathrm{d}z)(\vec{i})$$

在 z 方向，上表面受到的压力为

$$\left(p + \frac{\partial p}{\partial z}\frac{\mathrm{d}z}{2}\right)(\mathrm{d}x\mathrm{d}y)(-\vec{k})$$

下表面受到的压力为

$$\left(p - \frac{\partial p}{\partial z}\frac{\mathrm{d}z}{2}\right)(\mathrm{d}x\mathrm{d}y)(\vec{k})$$

这些表面力的合力为

$$\mathrm{d}\vec{F}_s = \left(p - \frac{\partial p}{\partial x}\frac{\mathrm{d}x}{2}\right)(\mathrm{d}y\mathrm{d}z)(\vec{i}) + \left(p + \frac{\partial p}{\partial x}\frac{\mathrm{d}x}{2}\right)(\mathrm{d}y\mathrm{d}z)(-\vec{i})$$

$$\quad + \left(p - \frac{\partial p}{\partial y}\frac{\mathrm{d}y}{2} \right)(\mathrm{d}z\mathrm{d}x)(\vec{j}) + \left(p + \frac{\partial p}{\partial y}\frac{\mathrm{d}y}{2} \right)(\mathrm{d}z\mathrm{d}x)(-\vec{j})$$

$$\quad + \left(p - \frac{\partial p}{\partial z}\frac{\mathrm{d}z}{2} \right)(\mathrm{d}x\mathrm{d}y)(\vec{k}) + \left(p + \frac{\partial p}{\partial z}\frac{\mathrm{d}z}{2} \right)(\mathrm{d}x\mathrm{d}y)(-\vec{k})$$

化简后为

$$\mathrm{d}\vec{F}_s = -\left(\frac{\partial p}{\partial x}\vec{i} + \frac{\partial p}{\partial y}\vec{j} + \frac{\partial p}{\partial z}\vec{k} \right)\mathrm{d}x\mathrm{d}y\mathrm{d}z = -\nabla p\mathrm{d}x\mathrm{d}y\mathrm{d}z \quad\quad (2\text{-}4)$$

综合表面力和质量力，可以得到在微元体上的总作用力为

$$\mathrm{d}\vec{F} = \mathrm{d}\vec{F}_g + \mathrm{d}\vec{F}_s = (\rho\vec{f} - \nabla p)\mathrm{d}x\mathrm{d}y\mathrm{d}z$$

在静止流体中，作用在微元体上的作用力应平衡，因此在任何方向的合力均为零，即

$$\mathrm{d}\vec{F} = 0$$

在三个坐标分量上分别为零，即

$$\rho f_x - \frac{\partial p}{\partial x} = 0 \quad\quad (2\text{-}5\mathrm{a})$$

$$\rho f_y - \frac{\partial p}{\partial y} = 0 \qu\quad (2\text{-}5\mathrm{b})$$

$$\rho f_z - \frac{\partial p}{\partial z} = 0 \quad\quad (2\text{-}5\mathrm{c})$$

将（2-5）写成矢量形式可得

$$\rho\vec{f} - \nabla p = 0 \quad\quad (2\text{-}6)$$

式（2-5）和式（2-6）是欧拉在 1775 年首先导出的，因此通常称它为欧拉静平衡方程，表示了流体在质量力和表面力作用下的平衡条件，是静止流体中普遍适用的一个基本公式。无论静止流体所受质量力有哪些、流体是否可压缩、流体有无黏性，欧拉静平衡方程普遍适用。从方程式可以看出静止流体质量力与表面力无论在任何方向上都应该保持平衡。流体受到哪个方向的质量分力，则流体静压强沿该方向必然发生变化，如果忽略质量力，则这种流体中的静压强必然处处相等。

2.2.2　力势函数

将微分方程式（2-5a）、式（2-5b）、式（2-5c）中各式分别乘以 d*x*、d*y* 和 d*z* 后相加，得

$$\rho(f_x\mathrm{d}x + f_y\mathrm{d}y + f_z\mathrm{d}z) = \frac{\partial p}{\partial x}\mathrm{d}x + \frac{\partial p}{\partial y}\mathrm{d}y + \frac{\partial p}{\partial z}\mathrm{d}z \quad\quad (2\text{-}7)$$

式（2-7）右边是压力函数 p 的全微分 dp，因此式（2-7）可写成

$$dp = \rho(f_x dx + f_y dy + f_z dz) \tag{2-8}$$

式（2-8）称为综合形式的欧拉静平衡方程。

式（2-8）左侧为压强的全微分，积分后得到一点上的静压强。静止流体中一点上流体的静压强应该由位置坐标唯一确定，因此式（2-8）右边也应是某个坐标函数的全微分，如此才能保证积分结果的唯一性。令此坐标函数为 $U(x,y,z)$，于是有

$$dp = pdU = p\left(\frac{\partial U}{\partial x} dx + \frac{\partial U}{\partial y} dy + \frac{\partial U}{\partial z} dz \right) \tag{2-9}$$

比较式（2-8）和式（2-9），可以看出

$$f_x = \frac{\partial U}{\partial x}, f_y = \frac{\partial U}{\partial y}, f_z = \frac{\partial U}{\partial z}$$

以及

$$dU = f_x dx + f_y dy + f_z dz \tag{2-10}$$

式（2-10）表明了函数 U 与质量力之间的关系。

为了弄清函数 U 的物理意义，进行如下分析。在流体中取一点 A，若将该点流体移动 $d\vec{l}$ 距离（图 2-4），$d\vec{l}$ 在坐标方向的分量分别为 dx、dy 和 dz，则质量力对单位质量流体所做的功为

$$\vec{f} \cdot d\vec{l} = f_x dx + f_y dy + f_z dz$$

这个值刚好等于函数 U 的增量 dU，同时，它也是单位质量流体势能（位能）的变化量。因此，函数 $U(x,y,z)$ 反映了单位质量流体的势能，U 称为质量力的势函数，或力势函数。

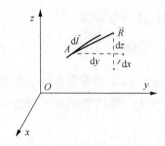

图 2-4 质量力势函数物理意义示意图

由以上分析可知，在有势的质量力作用下，不可压缩流体中任何一点上的静压强可以由坐标唯一确定，因此得出如下结论：质量力有势是不可压缩流体静止的必要条件。

2.2.3　等压面

在静止流体中，静压强相等的各点所组成的面称为等压面，等压面上压强为常数，即 $p = C$ 及 $dp = 0$。

等压面具有三个重要特性：

（1）在平衡的流体中，通过每一点的等压面必与该点流体所受的质量力垂直。

因为在等压面上移动流体时，流体的压强没有变化，即 $dp = 0$，由式（2-8）可知，这时质量力所做的功 $f_x dx + f_y dy + f_z dz = 0$，所以质量力必与等压面垂直。

（2）等压面就是等势面。因为在等压面上 $dp = 0$，由式（2-9）可知 $dU = 0$，所以等压面也是等势面。

（3）两种密度不同又不相混的流体处于平衡时，它们的分界面必为等压面。

在两种流体的分界面上任取相邻两点，设这两点的静压差为 dp，势函数值之差为 dU。因为这两点同属于两种液体，若其中一种流体的密度为 ρ_1，另一种为 ρ_2，则同时有

$$dp = \rho_1 dU \text{ 和 } dp = \rho_2 dU$$

但 $\rho_1 \neq \rho_2$，所以只有 dp 和 dU 均为零时上面的两个等式才能成立，即分界面既是等压面，也是等势面。

等压面的性质在分析流体内部的压强时非常有益。

2.3　重力作用下流体内部的压强

2.3.1　重力作用下液体内部压强分布规律

1. 重力作用下压强分布规律的导出过程

图 2-5 所示为一开口容器，其中盛有密度为 ρ 的液体，容器和液体都是静止的，液体所受的质量力只有重力。取容器的底平面作为坐标 xOy 平面，z 轴垂直向上。

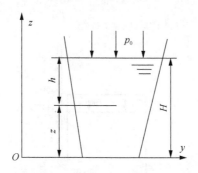

图 2-5　重力作用下的均匀流体

单位质量流体受到的质量力在三个方向的分量

$$f_x = 0 , \quad f_y = 0 , \quad f_z = -g$$

将其代入式（2-8），得到

$$\mathrm{d}p = -\rho g \mathrm{d}z = -\gamma \mathrm{d}z \tag{2-11}$$

式中，γ 是流体的重度。

将式（2-11）积分后得

$$p = -\gamma z + C \tag{2-12}$$

式中，C 为积分常数，由边界条件确定。此处需要注意，在积分过程中密度 ρ 为常数。

在自由液面 $z = H$ 处，设压强为 p_0，则可得 $C = p_0 + \gamma H$，代入式（2-12），有

$$p = p_0 + \gamma(H - z) = p_0 + \gamma h \tag{2-13}$$

式（2-12）是在重力作用下，静止液体内部的压强分布规律，也称为流体静力学基本方程。将式（2-12）改写成如下形式：

$$\frac{p}{\gamma} + z = C \tag{2-14}$$

式（2-14）中的各项物理意义如图 2-6 中闭口测压管所示。封闭装有重度为 γ 的液体，自由液面上的压强为 p_0，若在距容器底部 z 的器壁上开一小孔 O（该处压强为 p）并与一根抽成真空的小管相通，则可看到液体进入小管并迅速上升到 A 点，A 点到 O 点的距离恰好等于 p/γ。O 点和 A 点两处单位质量流体的位能差也是 h，这说明 p/γ 代表一种能量，通常称为压力能，而 z 可看成是单位质量流体所具有的位能，因此式（2-14）说明静止流体中任一点的流体压力能和位能之和是一常数，压力能和位能可以互相转换，但总能量不变。式（2-14）是能量

守恒定律在流体静力学中的具体表现。

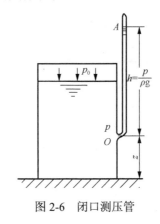

图 2-6　闭口测压管

2. 重力作用下液体内部压强分布规律的应用

1）液压传动

液体内任一点的压强都包含了液面压强，即液面压强可以等值地在液体内传递，这就是帕斯卡静压强传递原理。根据这个原理，可以推理出液体不仅能传力而且能放大或缩小力，也能改变力的方向。如图 2-7 所示，力 F_1 通过液压缸 1 的活塞使液面产生压强，这个压强传递到由管道连通的液压缸 2 的活塞上产生了力 F_2。改变液压缸 2 的位置可以获得不同方向的力 F_2，改变液压缸 2 的断面积可以获得不同数值的力 F_2，这是液体传力的特点之一，也是液压机械的理论基础。

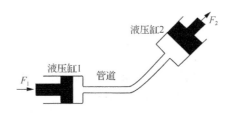

图 2-7　压强等值传递

2）连通器

连通器是指两端开口、液面以下相互连通的容器。下面利用静止流体中的压强分布规律来分析连通器的几种情况。

（1）连通器两侧装着同一种液体，而且两自由液面上的压强相等，则两容器中自由液面的高度必相同。

在连通管中取一点 A，见图 2-8，则对容器 I 有 $p_{A1} = p_0 + \gamma h_1$，对容器 II 有 $p_{A2} = p_0 + \gamma h_2$，由于液体处于平衡状态，$p_{A1} = p_{A2}$，所以 $h_1 = h_2$。

可进一步证明，连通器中充满同一液体的连通部分任意水平面上各点压强均相等，例如图 2-8 中 *e-e* 面上各点的压强均相等。

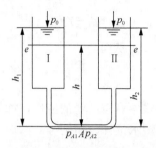

图 2-8　连通器中装同种液体且压强相等

（2）若连通器中装着相同的液体，而两容器自由液面上的压强不相等，假设 $p_1 > p_2$（图 2-9），则两边的自由液面高度也不相同，且 $h_1 < h_2$。

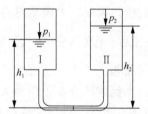

图 2-9　连通器中装同种液体且压强不等

（3）若连通器中装有密度不同且互不相混的两种液体，设 $\rho_1 > \rho_2$，则当两容器自由液面上压强相等时，装有密度较大液体的自由液面高度较低，即 $h_1 < h_2$（图 2-10）。

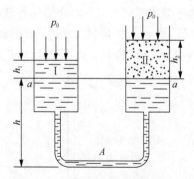

图 2-10　连通器中装不同种液体

设 *a-a* 面为容器 II 中两种液面的分界面，其高度为 h，则在 A 点有

$$p_0 + \gamma_1 h_1 + \gamma_1 h = p_0 + \gamma_2 h_2 + \gamma_1 h$$

化简后得

$$\gamma_1 h_1 = \gamma_2 h_2$$

由于 $\rho_1 > \rho_2$，所以 $\gamma_1 > \gamma_2$，从而

$$h_2 > h_1$$

连通器在生活和生产实践中有着广泛的应用，如茶壶、烧水壶的水位计、洒水壶、水渠的过路涵洞、锅炉水位计、船闸等。

2.3.2 压强测量

测量压强的基准不同时，所得压强的值是不同的。以绝对真空为基准的压强称为绝对压强。工业上采用的各种压力表处于大气中，测得的压强是某一处的绝对压强超过当地大气压强的数值，因此压力表测得的为表压强，也称相对压强。

表压强=绝对压强-大气压强

绝对压强总是正的，绝对压强大于大气压强时，绝对压强减大气压强的差值为表压强，表压强也是正值。当绝对压强小于当地大气压强时，比如从密闭容器中抽出空气，容器内部会处于真空状态，抽出空气的多少决定了内部的真空程度，一般采用真空度或真空压强描述真空的程度。真空度等于大气压与绝对压强的差值，要注意真空度是一个正值。

真空度=大气压强-绝对压强

压强是重要的流场参数，目前已经发展了多种压强测量技术和测量仪器。液柱式测压计是压强测量的标准方法之一，下面介绍几种液柱式测压计的测量原理。

最简单的是单管测压计，即由一根内径大于 5mm 的玻璃管直接和需要测量压强的容器相连，如图 2-11 所示。容器中 A 点压强可表示为

$$p_A = p_0 + \gamma h$$

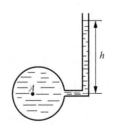

图 2-11 单管测压计

单管测压计在使用时不仅需要测量液柱的高度 h，还必须知道液体的重度。

单管测压计不能用于测量很高的压强，若压强很高，则测压管很长，不便于使用。U 形管测压计弥补了这个不足。如图 2-12 所示，U 形管测压计一端与大气相通，另一端连接到待测量压强的 A 点。

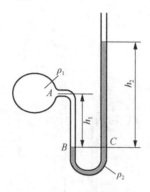

图 2-12　U 形管测压计

　　根据 U 形管中液柱的高度差计算 A 点的压强。当被测压强较小时，U 形管内装重度较小的液体，当被测压强较大时，U 形管内装重度较大的液体。由于 U 形管中液体将被测液体和大气隔开，因此可以测量气体压强。图 2-12 中，BC 面是等压面，因此可以通过该等压面建立 A 点与大气压之间的关系，进而求得 A 点压强，求解过程如下：

$$p_A + \gamma_1 h_1 = p_0 + \gamma_2 h_2$$

$$p_A = p_0 + \gamma_2 h_2 - \gamma_1 h_1$$

　　当测量气体压强时，由于气体的重度比液体小得多，可略去 $\gamma_1 h_1$。

　　若被测点相对压强较小，为了提高测量精度、增大测压管标尺读数，可将测压管倾斜放置，见图 2-13，此时用于计算压强的测压管高度 $h = l \sin\alpha$，被测点处的相对压强为 $p = \rho g h = \rho g l \sin\alpha$。

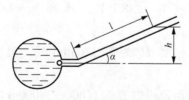

图 2-13　被测压强较小时的测量方法

　　当需要测量两点的压差，可采用 U 形管压差计，见图 2-14。U 形管压差计两端分别和不同的压强点相连，可以测量任何两点的压强差。测量两点压差时，找等压面是关键，图中 CD 是等压面，因此 A 点和 B 点的压强差可计算如下：

$$p_A + \gamma_A(z_1 + h) = p_B + \gamma_B z_2 + \gamma_1 h$$

$$p_A - p_B = (\gamma_1 - \gamma_A)h + \gamma_B z_2 - \gamma_A z_1$$

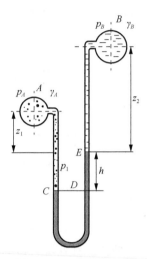

图 2-14　U 形管压差计

2.3.3　重力作用下的大气压强分布规律

地球表面的大气是在重力作用下的流体。在一般的机械工程中，气体的重力是可以忽略的，但是在航空和气象问题上，气体重力对压强的影响是不能忽略的。在计算地球外围大气状况时必须应用重力作用下流体内部的压强分布。

由于大气状态非常复杂，不同地区不同季节大气情况千变万化，因此需要统一计算标准。为了确定静止大气中的压强分布规律，规定"国际标准大气"如下：

（1）将空气看作完全气体；

（2）大气的相对湿度为零；

（3）海平面处的温度 $T_0 = 288.15\mathrm{K}$ ，压强 $p_0 = 1.0133 \times 10^5 \mathrm{Pa}$ ，密度 $\rho_0 = 1.225\mathrm{kg/m^3}$ ；

（4）对流层范围内高度 H 为 0～11000m 时，温度随高度的变化规律是 $T = T_0 - 0.0065H$ ；

（5）在同温层或平流层范围内 H 为 11000～24000m ， $T = 216.7\mathrm{K}$ 。

国际标准大气温度随高度变化见图 2-15。

根据国际标准大气的规定，可以采用式（2-11）和气体状态方程 $p = \rho RT$ 推导对流层和平流层的压强公式。

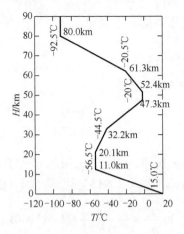

图 2-15　国际标准大气温度分布

1. 对流层

运用式（2-11）$\mathrm{d}p = -\rho g\mathrm{d}z$ 和气体状态方程 $p = \rho RT$ ，可得

$$\frac{\mathrm{d}p}{p} = -\frac{g}{RT}\mathrm{d}z$$

将坐标原点取在 $H = 0$ 的海平面上，并以 H 代替 z ，则有

$$\frac{\mathrm{d}p}{p} = -\frac{g}{RT}\mathrm{d}H$$

将 $T = T_0 - 0.0065H$ 代入，得

$$\frac{\mathrm{d}p}{p} = -\frac{g}{R(T_0 - 0.0065H)}\mathrm{d}H$$

$$= \frac{g\mathrm{d}(T_0 - 0.0065H)}{0.0065R(T_0 - 0.0065H)}$$

积分得

$$\ln\frac{p}{p_0} = \frac{g}{0.0065R}\ln\left(\frac{T_0 - 0.0065H}{T_0}\right)$$

即

$$p = p_0\left(1 - \frac{0.0065H}{T_0}\right)^{\frac{g}{0.0065R}} \tag{2-15}$$

这就是对流层中大气压强的分布规律。

2. 平流层

由于平流层中 $T = 216.7\text{K}$ ，于是有

$$\frac{\mathrm{d}p}{p} = -\frac{g\mathrm{d}H}{216.7R}$$

积分即可得压强的分布规律。由于平流层从 $H = 11000\text{m}$ 起，因此积分下限取 $H = 11000\text{m}$ 处大气压强 p_{11} ，由式（2-15）计算，积分以后得到

$$\ln\frac{p}{p_{11}} = -\frac{g}{216.7R}(H - 11000)$$

即

$$p = p_{11}\mathrm{e}^{-\frac{g}{216.7R}(H - 11000)} \tag{2-16}$$

式（2-16）就是平流层中大气压强分布规律。

〰️ **拓展延伸**

国际标准大气

为比较航空器性能和设计仪表在国际飞行活动中统一采用已规定空气特性的大气。对 30km 高度以下标准大气规定的特性是：干洁的理想气体，化学组成随高度不变，平均分子量为 28.9644，呈流体静力平衡状态，标准海平面重力加速度 9.80665m/s^2，平均海平面的气温 15℃，气压 $1013.25 \times 10^2\text{Pa}$，空气密度 1.225kg/m^3，气温的垂直递减率——11km 以下取常数 6.5℃/km，11～20km 为 0（即等温、-56.5℃），20～30km 为 -1℃/km。这种大气标准与中纬度实际大气的多年平均状况相近。为应用方便，常依此特征参数算出各高度上的温度、压强和密度，列成标准大气表，可随时查看。由于各地实际大气与标准大气不同，其间总存在着差异，故按标准大气数据设计的航空器和仪表，在飞行时就会有误差，需依当时的气温、气压、密度进行修正。[以上内容来源于《交通大辞典》编辑委员会编写的《交通大辞典》[3]，上海交通大学出版社]

2.4　流体的相对平衡

在非惯性坐标系中，流体处于相对静止时，质量力应包括惯性力。虽然流体

在运动，流体质点具有加速度，但流体各相邻层之间没有相对运动，流体就像一个整体一样在运动。应用理论力学中的达朗贝尔（d'Alembert）原理，在质量力中计入惯性力，就可将这种运动问题作为静止问题处理。下面讨论两种非惯性坐标系中的相对平衡问题。

2.4.1　等加速直线运动容器中液体的平衡

如图 2-16 所示，盛有液体的容器以等加速度 a 做直线运动。将坐标原点放在自由液面上，x 轴的方向与运动方向一致，z 轴向上，坐标系与容器一起做加速运动。

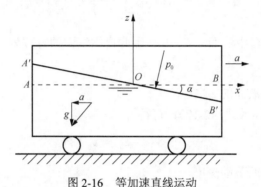

图 2-16　等加速直线运动

1. 压强分布规律

液体在此非惯性坐标系中处于相对静止，作用在液体单位质量上的质量力为

$$f_x = -a, f_y = 0, f_z = -g$$

根据式（2-6）得

$$-a - \frac{1}{\rho}\frac{\partial p}{\partial x} = 0, \qquad \frac{\partial p}{\partial y} = 0, \qquad -g - \frac{1}{\rho}\frac{\partial p}{\partial z} = 0$$

所以

$$\mathrm{d}p = \frac{\partial p}{\partial x}\mathrm{d}x + \frac{\partial p}{\partial y}\mathrm{d}y + \frac{\partial p}{\partial z}\mathrm{d}z = -\rho a\mathrm{d}x - \rho g\mathrm{d}z$$

积分后得

$$p = -\rho a x - \rho g z + C$$

其中，积分常数 C 由边界条件确定。

在 $x = 0, z = 0$ 处 $p = p_0$，得 $C = p_0$，所以压强分布规律为

$$p = p_0 - \rho(ax + gz) \tag{2-17}$$

2. 等压面方程

在等压面上 $p = C$，将 p_0 和 ρ 也归入 C 后，由式（2-17）可得等压面方程为

$$ax + gz = C \tag{2-18}$$

显然，这是一个倾斜的平面族方程。该平面族与水平面的夹角

$$\alpha = \text{tg}^{-1}\left(-\frac{a}{g}\right)$$

对于过 O 点的自由液面，$C = 0$，因此自由液面的方程为

$$ax + gz_0 = 0 \tag{2-19}$$

式中，z_0 表示自由液面的 z 坐标。

将式（2-19）代入式（2-17），可得

$$p = p_0 - \gamma(z - z_0) = p_0 + \gamma h_z \tag{2-20}$$

其中，h_z 是自由液面下的深度。

比较式（2-20）和式（2-13）可以看出，两者表示的压强分布规律是相同的，即静止流体中某一点的压强等于作用在该点处单位面积上的液柱重量和液柱顶端自由液面上的压强之和。

2.4.2　等角速度旋转容器中液体的平衡

一盛有液体的开口圆桶，见图 2-17，容器静止时液面高度为 h。圆桶绕自身轴以角速度 ω 旋转，启动瞬间，液体被甩向四周，当旋转速度稳定不变时，桶内自由液面形状由平面变成曲面。桶内贴近桶壁的液面上升到高度 H，而中心液面下降到高度 H_0。此时，相对于圆桶而言，液体处于相对平衡。

1. 压强分布规律

由于液体旋转时，有向心加速度 $r\omega^2$，因此单位质量液体所受的质量力，除了重力外还有离心力。这个力分解到 x、y 方向上，则为 $r\omega^2 \cos(r, x) = x\omega^2$ 和 $r\omega^2 \cos(r, y) = y\omega^2$，于是有

$$f_x = x\omega^2, f_y = y\omega^2, f_z = -g$$

因此

$$dp = \rho(f_x dx + f_y dy + f_z dz)$$
$$= \rho(\omega^2 x dx + \omega^2 y dy - g dz) \qquad （2-21）$$

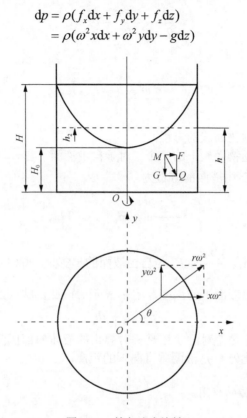

图 2-17　等角速度旋转

积分后可得

$$p = \rho\left(\frac{x^2\omega^2}{2} + \frac{y^2\omega^2}{2} - gz\right) + C = \rho\left(\frac{r^2\omega^2}{2} - gz\right) + C \qquad （2-22）$$

式中，积分常数 C 可由自由液面中心点的条件确定，即 $r=0$ ， $z=H_0$ 处， $p=p_0$ ，据此得 $C = p_0 + \rho g H_0$ ，于是得到

$$p = p_0 + \gamma\left(\frac{r^2\omega^2}{2g} + H_0 - z\right) \qquad （2-23）$$

式（2-23）表示等角速度旋转容器内液体的压强分布规律。

2. 等压面方程

由式（2-22）可得出等压面的方程为

$$\frac{x^2\omega^2}{2} + \frac{y^2\omega^2}{2} - gz = C$$

或

$$\frac{r^2\omega^2}{2} - gz = C \qquad\qquad (2\text{-}24)$$

可以看出这是旋转抛物面族的方程。

自由液面是该抛物面族中的一个。对于自由液面，在 $r=0$ 处，$z=H_0$，可得 $C = -gH_0$。因此，自由液面的方程为

$$\frac{r^2\omega^2}{2} + g(H_0 - z) = 0 \qquad\qquad (2\text{-}25)$$

由式（2-25）看出，$\dfrac{r^2\omega^2}{2g} + H_0$ 是自由液面的 z 坐标，式（2-23）中 $\dfrac{r^2\omega^2}{2g} + H_0 - z$ 是液体某点处于自由液面下的深度，用 h_z 表示。因此，式（2-23）可写作：

$$p = p_0 + \gamma h_z \qquad\qquad (2\text{-}26)$$

可以看出，无论是绝对静止还是相对静止的液体内部压强分布规律可以写成统一的形式。注意此处 h_z 是液面垂直向下的距离。

3. 等角速度旋转的应用

利用等角速度旋转容器内液体压强分布规律及等压面方程可以测定容器的旋转角速度。如图 2-18 所示，需要注意，无论容器加盖还是不加盖，液体的压强分布规律是一样的。

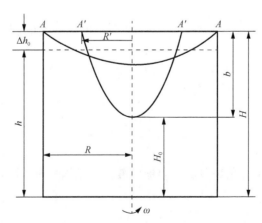

图 2-18　加盖与不加盖两种情况测量容器旋转角速度

（1）顶部无盖时，取 x 轴位置与自由液面底部相切，根据旋转前后液体的体积不变，可得

$$\pi R^2 h = \pi R^2 H_0 + \int_0^R 2\pi rz \mathrm{d}r \qquad (2\text{-}27)$$

$$\int_0^R 2\pi rz \mathrm{d}r = \int_0^R 2\pi r \frac{r^2\omega^2}{2g} \mathrm{d}r = \frac{2\pi\omega^2}{2g}\int_0^R r^3 \mathrm{d}r = \frac{\pi\omega^2}{g}\frac{1}{4}r^4\bigg|_0^R = \frac{\pi\omega^2}{4g}R^4$$

计算可得

$$\omega = \frac{2}{R}\sqrt{(h-H_0)g}$$

可见，由 $h-H_0$，可以测出 ω 值。

若取 x 轴位置与旋转容器底部相切，则得到如下关系式：

$$\pi R^2 h = \int_0^R 2\pi rz \mathrm{d}r = \int_0^R 2\pi r\left(\frac{r^2\omega^2}{2g} + H_0\right)\mathrm{d}r$$

积分后得到式（2-27）。

（2）顶部加盖时，为了避免转速很高时液面上升溢出容器，常把容器顶部加盖做成封闭的，静止时液面上只保留较小的空间 Δh_0（图 2-18）。容器旋转时液面仍是抛物面，液面中心下降至离容器顶部为 b 的位置。取 x 轴位置与自由液面底部相切，根据旋转前后顶部空间的体积不变，列出方程

$$\pi R^2 \Delta h_0 = \int_0^{R'} 2\pi r\left(b - \frac{r^2\omega^2}{2g}\right)\mathrm{d}r = \int_0^{R'} 2\pi rb\mathrm{d}r + \int_0^{R'} 2\pi r\frac{r^2\omega^2}{2g}\mathrm{d}r$$

$$= \pi br^2\bigg|_0^{R'} - \frac{\pi\omega^2}{4g}r^4\bigg|_0^{R'} = \pi bR'^2 - \frac{\pi\omega^2}{4g}R'^4 \qquad (2\text{-}28)$$

根据自由液面方程可以得到 b 与 R' 的关系

$$b = \frac{R'^2\omega^2}{2g} \qquad (2\text{-}29)$$

将式（2-29）代入式（2-28），可求得旋转角速度为

$$\omega = \frac{b}{R}\sqrt{\frac{g}{\Delta h}}$$

2.5　流体对平面的作用力

2.3 节和 2.4 节已经得到了重力作用下的流体和相对静止流体的压强分布规律，根据压强分布规律，可以进一步求出液体对物面的作用力，物面可以是平面也可以是曲面，本节讨论流体对平面的作用力及作用点，2.6 节将讨论流体对曲面的作用力及作用点。

1. 流体对平面的作用合力

如图 2-19 所示，一块面积为 S 的任意形状的平板 AB 倾斜放置在静止液体中，它与液体自由表面夹角为 θ，平面右侧为大气，自由液面上的压强为 p_0。选择平板 AB 的延伸面与水平液面的交线为 x 轴，Oxy 坐标平面与平板 AB 在同一平面上。为便于分析，把平板绕 Oy 轴转动 90°，这样可看出它的正视图。在平板上取一微小面积 $\mathrm{d}A$，作用在 $\mathrm{d}A$ 中心上的压强为 $p = p_0 + \gamma h$。

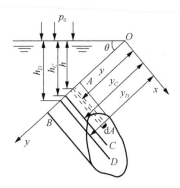

图 2-19　作用在平面上的力

由于 $\mathrm{d}A$ 足够小，可以认为作用在它上面的液体压强都相同，因此作用在 $\mathrm{d}A$ 面上的压力为

$$\mathrm{d}F = p\mathrm{d}A = (p_0 + \gamma h)\mathrm{d}A = p_0\mathrm{d}A + \gamma y \sin\theta \mathrm{d}A$$

因为 $\mathrm{d}F$ 垂直于平面，流体作用在平面上各微元面积上的 $\mathrm{d}F$ 组成平行力系，所以积分便可得到作用在整个平面上的合力为

$$F = \int_A \mathrm{d}F = \int_A (p_0 + \gamma y \sin\theta)\mathrm{d}A = p_0 A + \gamma \sin\theta \int_A y\mathrm{d}A$$

式中，$\int_A y\mathrm{d}A$ 是平面对 x 轴的面积静矩，根据理论力学的知识，$\int_A y\mathrm{d}A = y_C A$，$y_C$

是平面几何中心 C 到 Ox 轴的距离，则

$$F = p_0 A + \gamma \sin \theta y_C A = (p_0 + \gamma h_C) A \tag{2-30}$$

式中，h_C 是几何中心 C 在自由液面下的深度。

由式（2-30）可知：静止流体作用在平面上的合力等于该平面几何中心处的压强和平面面积的乘积。

2. 合力作用点

下面再研究合力作用点（压力中心）的计算方法。设作用点为 D，根据平行力系对某轴的力矩之和应等于合力对同一轴力矩的原理，先对 x 轴取矩，得到

$$Fy_D = \int_A \mathrm{d}F = \int_A (p_0 + \gamma h) y \mathrm{d}A = p_0 \int_A y \mathrm{d}A + \gamma \sin \theta \int_A y^2 \mathrm{d}A \tag{2-31}$$

式中，$\int_A y^2 \mathrm{d}A$ 是平面对 x 轴的惯性矩，以 J_x 表示。根据平行移轴定理，$J_x = J_C + y_C^2 A$，J_C 是平面面积对通过其几何中心 C 并与 x 轴平行轴的惯性矩。

将 $J_x = J_C + y_C^2 A$ 代入式（2-31）后，得出

$$y_D = \frac{p_0 y_C A + \gamma \sin \theta (J_C + y_C^2 A)}{(p_0 + \gamma y_C \sin \theta) A} = y_C + \frac{J_C \gamma \sin \theta}{(p_0 + \gamma y_C \sin \theta) A} \tag{2-32}$$

如果仅需求出相对压强 γh 作用在面积 A 上的合力作用点（即相对压力中心）时，可由式（2-32）令 $p_0 = 0$ 得到，即

$$y_D = y_C + \frac{J_C}{y_C A} \tag{2-33}$$

$$h_D = h_C + \frac{J_C \sin \theta}{y_C A} \tag{2-34}$$

式（2-34）表明，压力中心总是在平面几何中心之下。

再对 y 轴取矩后，可以得到压力中心到 Oy 轴的距离为

$$x_D = \frac{p_0 x_C A + \gamma (J_{xyC} + x_C y_C A) \sin \theta}{p_0 A + \gamma \sin \theta y_C A} \tag{2-35}$$

对于相对压力中心，则为

$$x_D = x_C + \frac{J_{xyC}}{y_C A} \tag{2-36}$$

式中，$J_{xy} = \int_A xy \mathrm{d}A$ 是平面惯性积，J_{xyC} 是平面对通过 C 点且平行于 Ox 和 Oy 轴的

惯性积，$J_{xyC} = J_{xy} + x_C y_C A$。

表 2-1 列出了几种常见的平面惯性矩。

表 2-1　几种常见的平面惯性矩

名称	几何图形	面积 S	形心位置 y_C	惯性矩 I_{xC}
矩形		bh	$\dfrac{h}{2}$	$\dfrac{bh^3}{12}$
三角形		$\dfrac{bh}{2}$	$\dfrac{2h}{3}$	$\dfrac{bh^3}{36}$
等腰梯形		$\dfrac{h(a+b)}{2}$	$\dfrac{h}{3}\left(\dfrac{a+2b}{a+b}\right)$	$\dfrac{h^3}{36}\left(\dfrac{a^2+4ab+b^2}{a+b}\right)$
圆		πr^2	r	$\dfrac{\pi r^4}{4}$
半圆		$\dfrac{\pi r^2}{2}$	$\dfrac{4r}{3\pi}$	$\dfrac{9\pi^2-64}{72\pi}r^4$

【例 2-1】　如图 2-20 所示，与水箱相连接的管道内，水的自由液面高度达到

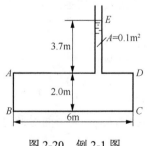

图 2-20　例 2-1 图

E，水箱底面宽 2.5m，其他尺寸标于图上，忽略水箱和管道的重量。（a）求出作用在水箱底面上的合力；（b）求作用在水箱 AB 侧面上的合力和作用点；（c）把水的总重量与（a）的结果作一比较，并解释其差别的原因。

解：（a）底面上的压强是均匀的，因此合力为

$$F = \gamma hA = 9810 \times 5.7 \times 6 \times 2.5 = 839(\text{kN})$$

（b）表面 AB 的几何中心在自由液面下的深度为 $h_C = 4.7\text{m}$，因此所受作用力为

$$F = \gamma h_C A = 9810 \times 4.7 \times 2 \times 2.5 = 231(\text{kN})$$

作用点到自由液面的距离为

$$h_D = h_C + \frac{J_C}{y_C A} = 4.7 + \frac{2.5 \times 2^3 / 12}{4.7 \times 2 \times 2.5} = 4.77(\text{m})$$

（c）水的总重量为

$$G = \gamma V = 9810 \times (6 \times 2 \times 2.5 + 3.7 \times 0.1) = 298(\text{kN})$$

可见，水箱底面所受的作用力 F 与水的总重量 G 不相等，其原因是水箱上壁 AD 受流体向上的作用力，其值为 F'

$$F' = \gamma hA = 9810 \times 3.7 \times (2.5 \times 6 - 0.1) = 541(\text{kN})$$

因此

$$F - F' = 839 - 541 = 298(\text{kN}) = G$$

水对整个水箱在垂直方向的作用力和水的重量相等。

【例 2-2】　如图 2-21 所示，油罐车内装着 $\gamma = 9.81\text{kN/m}^3$ 的液体，以水平直线速度 $v = 36\text{km/h}$ 行驶。车的尺寸 $D = 2\text{m}$，$h = 0.3\text{m}$，$l = 4\text{m}$。在某一时刻开始，油罐车作减速运动，经 $S = 100\text{m}$ 距离后完全停下。设制动是均匀的，求减速时作用在侧面 A 上的作用力 F。

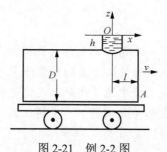

图 2-21　例 2-2 图

解：如图 2-21 所示，将坐标原点放在 O 点，坐标系与容器一起做减速运动，液体在此坐标系中处于相对静止，作用在液体上的单位质量流体上的质量力为

$$f_x = a , \quad f_y = 0 , \quad f_z = -g$$

于是

$$dp = \rho a dx - \rho g dz$$

积分后得

$$p = \rho a x - \rho g z + C$$

积分常数 C 由边界条件确定，$x = 0$，$z = 0$ 处，$p = 0$，得 $C = 0$，故

$$p = \rho (ax - gz)$$

在等压面上 $p = C$，故

$$ax - gz = C$$

对于 O 点所在的自由液面，满足方程 $ax - gz = 0$，取 $x = 4$ 时，$z_0 = \dfrac{4a}{g}$

由条件得

$$a = \frac{v^2}{2S} = 0.5 (\text{m/s}^2)$$

则

$$z_0 = \frac{4 \times 0.5}{9.81} = 0.204 (\text{m})$$

$$F = \gamma h_C A = 9.81 \times (1 + 0.3 + 0.204) \times \frac{\pi}{4} D^2 = 46.35 (\text{kN})$$

拓展延伸

帕斯卡桶裂实验

1648 年，帕斯卡演示了一个著名的实验：他用一个密闭的桶装满水，在桶盖上插入一根细长的管子，从楼房的阳台上向细管子里灌水。结果只用了几杯水，就把桶压裂了，桶里的水从裂缝中流了出来。这就是有名的帕斯卡桶裂实验。一个容器里的液体，对容器底部（或侧壁）产生的压力远大于液体自身的重量，这对许多人来说是不可思议的。

2.6　流体对曲面的作用力

工程应用中经常会遇到受压面为曲面的情况，需要确定作用在曲面上静止液体的总压力，如船体表面、弧形闸门、蓄水池壁面等。求曲面受到的总压力与求平面受到总压力的思路是类似的，只是曲面上对压强进行积分时需要分解到各个坐标平面进行。

2.6.1　流体对曲面作用力的计算过程

如图 2-22 所示，在静止液体中有一柱形曲面 AB，其水平母线长度 b，A、B端在自由液面下的深度分别为 h_2 和 h_1。

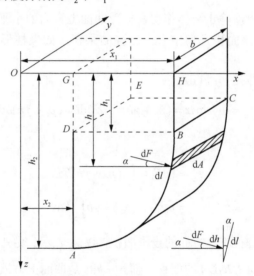

图 2-22　曲面上的液体总压力

在 AB 上取一微元长度 dl，它在自由液面下的深度为 h，与 Oz 轴的夹角为 α，液体作用在此微元柱面上的力为

$$dF = (p_0 + \gamma h)dA = (p_0 + \gamma h)bdl$$

曲面上不同位置处 dF 并非平行力系，因此需要将 dF 分解到 x 方向和 z 方向分别进行积分运算。

（1）dF 在 x 方向的分力为

$$dF_x = dF\cos\alpha = (p_0 + \gamma h)bdl\cos\alpha = (p_0 + \gamma h)bdh$$

AB 曲面所受作用力在 x 方向的分量为

$$F_x = \int dF_x = \int_{h_1}^{h_2} (p_0 + \gamma h) b dh$$

$$= p_0 b(h_2 - h_1) + \gamma b \frac{h_2^2 - h_1^2}{2}$$

$$= \left(p_0 + \gamma \frac{h_2 + h_1}{2} \right) b(h_2 - h_1) \qquad (2\text{-}37)$$

式中，$b(h_2 - h_1)$ 是曲面 AB 在 x 方向的投影面积，以 A_x 表示，$\dfrac{h_2 + h_1}{2}$ 则是 A_x 面的几何中心在自由液面下的深度 h_C，于是

$$F_x = (p_0 + \gamma h_C) A_x \qquad (2\text{-}38)$$

式（2-38）表明，静止液体作用在柱形曲面上合力的水平分量等于柱面在该方向的投影面积与该面积几何中心上压强的乘积。如果柱形曲面是封闭的，则 $A_x = 0$，因此 $F_x = 0$。

（2）dF 在 z 方向的分量 dF_z 为

$$dF_z = dF \sin \alpha = (p_0 + \gamma h) \sin \alpha b dl = (p_0 + \gamma h) b dx$$

于是

$$F_z = \int dF_z = \int_{x_2}^{x_1} (p_0 + \gamma h) b dh$$

$$= p_0 b(x_1 - x_2) + \gamma b \int_{x_2}^{x_1} h dx \qquad (2\text{-}39)$$

式中，$b(x_1 - x_2)$ 是曲面在 z 方向的投影面积，以 A_z 表示。另外，由图 2-22 可以看出，$\int_{x_2}^{x_1} h dx$ 是图形 $ABHGDA$ 的面积，而 $b\int_{x_2}^{x_1} h dx$ 是曲面上方液体的体积，以 V 表示，并称之为压力体，这样式（2-39）就可写成

$$F_z = p_0 A_z + \gamma V \qquad (2\text{-}40)$$

因此，在 z 方向作用在曲面上的力等于自由液面上的压强与该曲面在 z 方向投影面积的乘积及曲面上方压力体内的液体重量之和。

（3）求解合力。根据 F_x 及 F_z 可求出合力为

$$F = \sqrt{F_x^2 + F_z^2} \qquad (2\text{-}41)$$

合力的方向与自由液面的夹角为

$$\beta = \text{tg}^{-1} \frac{F_z}{F_x} \qquad (2\text{-}42)$$

通常，曲面的另一侧受大气压强的作用，因此作用在曲面上的合力是相对压强作用的结果，这时 $F_x = \gamma h_C A_x$，$F_z = \gamma V$。

（4）压力体。必须指出曲面所受的垂直作用力 F_z 的方向（向下或向上）取决于液体、压力体、受压曲面间的相对位置，计算时正确确定压力体非常重要。压力体是由受压面本身、通过曲面周围边缘所作的铅垂线、自由液面或自由液面的延长线构成的。受压面可以是形状简单的曲面，如图 2-23（a）、（b）所示，也可以是形状复杂的曲面，如图 2-23（c）所示。对于形状复杂的曲面需要将其分成若干个简单的曲面做压力体。

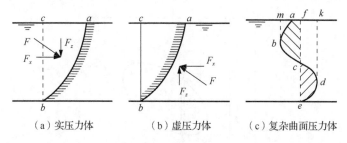

（a）实压力体　　　　　（b）虚压力体　　　　（c）复杂曲面压力体

图 2-23　不同的压力体

以三种情况来说明压力体（图 2-23）。

情况一：F_z 是向下的，压力体的体积等于曲面上方液体的体积，这时压力体称为实压力体。

情况二：F_z 是向上的，这时曲面上方并没有液体，但压力体的体积仍等于假想曲面上方的体积 abc，因为这时计算式仍为式（2-40），这种情况下的压力体是虚构的，称为虚压力体。

情况三：其中 ab 曲面上作用的是实压力体 mab，bcd 上作用的是虚压力体 $mbcdk$，de 上作用的是实压力体 $fedk$，$abcde$ 上所受的压力体为上述三部分的代数和，即

$$mab - mbcdk + fedk = ced - abcf$$

2.6.2　流体对曲面作用力的应用

1. 静止流体的浮力

完全浸没在流体中的物体称为潜体，部分浸没在流体中的物体称为浮体，如图 2-24 所示。流体对潜体或浮体作用力称为浮力。

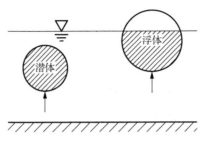

图 2-24　潜体和浮体

　　设在静止流体中有一任意形状的物体，其体积为 V（图 2-25）。因为该物体表面是一封闭曲面，它在 zOx 或 zOy 面上的投影面积 A_y 和 A_x 均等于零，所以在水平方向，流体对物体的作用力为零。

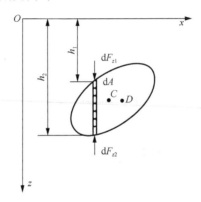

图 2-25　潜体所受的静水总压力

　　垂直方向作用力分析如下：在物体上取一微小垂直柱体，其断面积为 $\mathrm{d}A$，该柱体的上部表面在自由液面下的深度为 h_1，下部表面深度为 h_2，因此柱体上部和下部表面受到流体在垂直方向的作用力为

$$\mathrm{d}F_{z1} = (p_0 + \gamma h_1)\mathrm{d}A$$

$$\mathrm{d}F_{z2} = (p_0 + \gamma h_2)\mathrm{d}A$$

式中，$\mathrm{d}F_{z1}$ 的指向朝下，$\mathrm{d}F_{z2}$ 的指向朝上，因此整个小柱体在垂直方向上受到的流体作用力为

$$\mathrm{d}F_z = \mathrm{d}F_{z1} - \mathrm{d}F_{z2} = (p_0 + \gamma h_1)\mathrm{d}A - (p_0 + \gamma h_2)\mathrm{d}A = -\gamma(h_2 - h_1)\mathrm{d}A$$

　　$\mathrm{d}F_z$ 的指向向上，其中 $(h_2 - h_1)\mathrm{d}A$ 是微小柱体的体积，γ 是流体的重度。对整个物体作同样分析后，可以看出，流体对整个物体的作用力为

$$F_z = \int \mathrm{d}F_z = -\gamma V \tag{2-43}$$

式中，V 是浸入物体的体积。式（2-43）表明：浸没在流体中的物体所受的浮力等于该物体所排开同体积流体的重量，它与物体浸入深度无关，方向向上，浮力作用点（浮心）位于该体积的几何中心。这就是著名的阿基米德（Archimedes）原理，也叫浮力原理。可以看出浮力的存在是因为作用在物体表面上液体压强不平衡。阿基米德原理同样适用于浮体，此时浮力的大小等于和物体浸没部分体积相同的流体重量。

对于如图 2-26 所示的情况，浸入液体中的塞子，一部分表面伸出容器，与大气相接触，这时液体作用在塞子上的浮力，其大小并不等于 γV，而是首先求出与液体接触的各个面上的受力，然后求出合力，即可得出作用在塞子上的浮力。

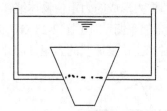

图 2-26　塞子所受的浮力

2. 潜体的平衡与稳定

潜体在流体中平衡时，受到两个力的作用，即通过浮心 C 的浮力 F_b 和通过重心 D 的重力 G。为了保持潜体的平衡，必须满足：①$F_b = G$，否则潜体将上浮或下沉；②F_b 的作用线和 G 的作用线必须重合，否则力 F_b 和 G 将会产生力矩使潜体发生转动。

潜体的平衡有三种情况：

（1）潜体重心 D 的位置低于其浮心 C 时，该潜体处于稳定平衡状态，如图 2-27 所示，因为潜体稍有偏转离开平衡位置时，重力和浮力形成的力矩将使潜体恢复到原来的平衡位置。

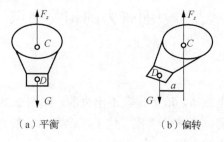

（a）平衡　　　　　　　　　（b）偏转

图 2-27　潜体的平衡

（2）若潜体的重心 D 高于浮心 C 时，潜体的平衡是不稳定的，因为潜体稍有偏转而离开平衡位置时，重力和浮力形成的力矩会使其继续偏转，直到重心位置位于浮心之下，且浮力作用线和重力作用线重合为止。

（3）若潜体的重心 D 和浮心 C 重合，则潜体处于平衡状态。

3. 浮体的平衡与稳定

浮体的平衡条件和潜体相同。

浮体的稳定情况也有三种，但由于浮体浸没部分的几何中心（即浮心）随浮体的摆动而变化，所以其具体情况略有不同。重心在浮心下面，是稳定平衡。

（1）重心在浮心上面，这时有两种情况，对于图2-28（a）的情况，浮体偏转时，浮心位置偏移到 C'，浮力和重力形成的力矩使物体继续转动，结果使物体翻倒而不能恢复平衡，因此属于不稳定的平衡。对于图2-28（b）的情况，当浮体向右偏转时，浮心也由 C 右移到 C'，这时产生恢复原状的力矩，因此这种情况属于稳定平衡。

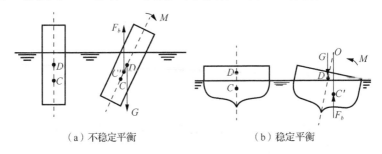

（a）不稳定平衡　　　　　　　　　　（b）稳定平衡

图2-28　浮体的平衡

在流体力学中，将浮体平衡时重心和浮心的连线称为浮轴，浮体偏离平衡位置后，浮力作用线和浮轴的交点 O 称为定倾中心。若定倾中心在重心之上，则浮体属于稳定平衡，若定倾中心在重心之下，则属不稳定平衡。

（2）重心与浮心重合是随遇平衡状态。

2.7　表面张力的相关知识

2.7.1　表面张力

在一根细管内装上液体，液体是流不出来的，如图2-29所示，这是因为液体的表面张力与重力平衡，把液体"拉"住了。十几米高的大树，水分仍可以到达顶部也是因为表面张力的作用。

第1章讲过了液体不能承受拉力，这其实是忽略了表面张力，即前面所讲内容适用于表面张力很微弱的情况。如果流体静力学问题的尺度非常小，而介质又

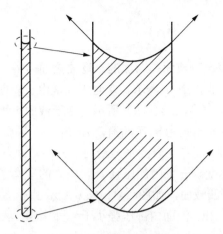

图 2-29　细管内的液体被表面张力"拉"住

是表面张力较大的液体，这时需要考虑表面张力的作用。

什么是表面张力呢？表面张力是沿着液体表面作用并且和液体边界相垂直的力。产生表面张力是因为液体表面层内分子相互吸引力不平衡的结果。如图 2-30 所示，在液体内部任取一个分子 A，以 A 为球心，以分子有效作用半径 R 为半径的球，球外分子对 A 没有作用力，球内分子对 A 的作用力对称分布，因此合力为零。再从表层任取一分子 B，其受合力与液面垂直，指向液体内部。这使得表面层内的分子与液体内部的分子不同，都受一个指向液体内部的合力，在这些力作用下，液体表面分子有被拉进液体内部的趋势，在宏观上，就表现为液体表面有收缩的趋势。

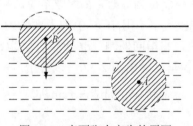

图 2-30　表面张力产生的原因

表面张力一般用表面张力系数表示，表面张力系数是指单位长度上表面张力的大小，符号 σ，单位 N/m 或 μN/mm。需要注意，表面张力系数是流体对于某种介质而言的，如 293K 时水对于空气的表面张力系数是 72.8 μN/mm。表面张力系数随温度的升高稍有降低。

表面张力的影响在大多数工程实际中是被忽略的，但是在液体破碎（雾化）、气泡的形成，以及气液两相的传热传质研究中是不可忽略的因素。

2.7.2 弯曲压强

自然界中有许多情况下液面是弯曲的，弯曲液面内外存在一定压强差，称为弯曲压强，或称附加压强，用 p_s 表示。弯曲压强是由于表面张力产生的。在液体表面取一小块面积 Δs，如图 2-31（a）所示，由于液面水平，表面张力沿水平方向，Δs 平衡时，边界表面张力相互抵消，Δs 内外压强相等。对于上凸液面，如图 2-31（b）所示，Δs 周界上表面张力沿切线方向，合力指向液面内，Δs 好像紧压在液体上，使液体受到一个附加压强 p_s，由力的平衡条件可知液面下液体压强 $p = p_0 + p_s$。对于下凹液面，如图 2-31（c）所示，Δs 周界上表面张力的合力指向外部，Δs 好像被拉出，液面内部压强小于外部压强，液面下压强 $p = p_0 - p_s$。

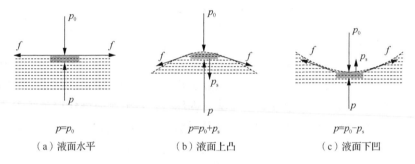

$$p = p_0 \qquad\qquad p = p_0 + p_s \qquad\qquad p = p_0 - p_s$$

（a）液面水平　　　　（b）液面上凸　　　　（c）液面下凹

图 2-31　弯曲压强示意图

下面进一步分析弯曲压强 p_s，在液体表面上取一块面积为 ΔA 的球面，其周界为一圆（图 2-32），图上 O 点为球心，R 为球半径，r 为球面周界圆的半径，在 ΔA 的周界上取一微元线段 dl，作用在 dl 上的表面张力为 $df = \sigma dl$，其方向与球面相切，即与球半径垂直，并指向外侧，df 可以分解为 df_1 和 df_2，df_1 指向液体内部，df_2 的方向与 OC 半径垂直。由图 2-32 可以看出：

$$df_1 = df \sin\theta = \sigma \sin\theta dl$$

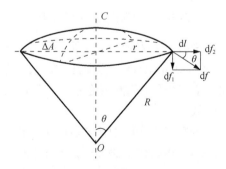

图 2-32　弯曲压强的计算

沿 ΔA 的周界对 $\mathrm{d}f_1$ 积分，得到指向液体内部方向上的合力为

$$f_1 = \int_l \mathrm{d}f_1 = \int_l \sigma \sin\theta \mathrm{d}l = 2\pi r \sigma \sin\theta$$

而

$$\sin\theta = r / R$$

所以

$$f_1 = \frac{2\pi r^2 \sigma}{R}$$

当 ΔA 很小时，这个曲面可近似地看成是个平面，其面积近似等于 πr^2，这样，就可算出弯曲压强为

$$p_s = \frac{f_1}{\Delta A} = \frac{2\pi r^2 \sigma}{R\pi r^2} = 2\sigma / R \tag{2-44}$$

式（2-44）表明，弯曲压强的大小与表面张力系数 σ 成正比，与曲面的曲率半径 R 成反比。

2.7.3　毛细现象

在互不相混的液体之间，液体和气体之间或液体和固体之间，其分界面附近的分子都受到两种介质分子的引力作用，表面的形状取决于相邻两种物质的特性。

当液体与固体接触时，若液体分子间的吸引力大于液体和固体分子间的引力，则液体就自己抱成团，与固体不浸润，如将水银滴在玻璃板上，水银缩成一个小球，这种现象称为不浸润现象。水银对玻璃来说是不浸润液体。当液体分子间的引力小于液体和固体分子间的引力时，液体就能浸润固体表面，如把水滴在清洁的玻璃板上，水滴不但不能缩成小球，而且很快向四周扩散，这种现象称为浸润现象。水对玻璃来说就是浸润液体。

把一根细管插入对它浸润的液体中，管中液面就会比自由液面高，而且在细管中的自由液面呈凹形液面［图 2-33（a）］。如果把细管插入对它不浸润的液体中，则管中的液面要比自由液面低，而且在细管中呈凸形液面［图 2-33（b）］。这种在细管中液面上升或下降的现象称为毛细现象，能发生毛细现象的细管称为毛细管。

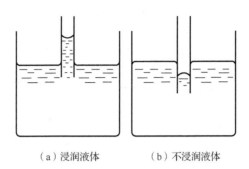

（a）浸润液体　　　　　（b）不浸润液体

图 2-33　浸润与不浸润

下面从浸润和不浸润两种情况讨论在毛细管中液面上升或下降的高度。

1）液体浸润管壁

毛细管刚插入液体中时，管内液面为凹液面，如图 2-34 所示。

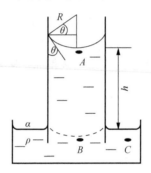

图 2-34　液体浸润管壁液面升高的高度

由于液面下凹，$p_C = p_0$，$p_B < p_0$，B、C 为等高点，因此 $p_B < p_C$，液面不能静止，管内液面将上升，直至 $p_B = p_C$ 为止，此时：

$$p_A = p_0 - \frac{2\sigma}{R} \tag{2-45}$$

$$p_B = p_A + \rho g h = p_0 - \frac{2\sigma}{R} + \rho g h = p_C = p_0 \tag{2-46}$$

由式（2-46）可得液面上升的高度 h：

$$h = \frac{2\sigma}{\rho g R} = \frac{2\sigma \cos\theta}{\rho g r} \tag{2-47}$$

由几何关系可知 $R\cos\theta = r$。

由于毛细管很细，液面可看成半个球面，因此 $\theta = 0$，于是 $R = \dfrac{r}{\cos\theta} = r$，液

面升高的高度 h 为

$$h = \frac{2\sigma}{\rho g R} = \frac{2\sigma}{\rho g r} \tag{2-48}$$

2）液体不浸润管壁

毛细管刚插入水银中时，管内液面为凸液面，如图 2-35 所示。

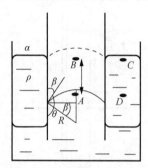

图 2-35　液体不浸润管壁液面降低的高度

$p_C = p_0$，$p_B > p_0$，B、C 为等高点，但 $p_B > p_C$，所以液面不能静止，管内液面将下降，直至找到等压点为止，此时

$$P_A = P_0 + \frac{2\sigma}{R} \tag{2-49}$$

$$P_A = P_C + \rho g h = p_0 + \frac{2\sigma}{R} \tag{2-50}$$

$$h = \frac{2\sigma}{\rho g R} = -\frac{2\sigma \cos\theta}{\rho g r} \tag{2-51}$$

式中，$R\cos\beta = R\cos(\pi - \theta) = -R\cos\theta = r$。由于毛细管很细，液面可看成半个球面，因此 $\theta = \pi$，则 $R = -\dfrac{r}{\cos\theta} = r$，液面下降的高度 h 为

$$h = \frac{2\sigma}{\rho g R} = \frac{2\sigma}{\rho g r} \tag{2-52}$$

【例 2-3】　图 2-36 为一液柱式测压计，测压计细管内径为 2mm，若测得的液柱为高 $h = 150\text{mm}$ 的水柱，试分析测量误差（管内液体对细管是浸润的）。

解： 根据连通器原理，AB 为等压面，于是

$$p_1 = p_2 - p_s + \gamma h \tag{2-53}$$

弯曲压强为

$$p_s = \gamma h' \tag{2-54}$$

式中，h' 是液柱由于毛细现象上升的高度。

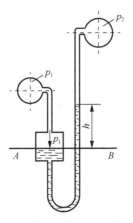

图 2-36　液柱式测压计

合并式（2-53）和式（2-54），得到

$$p_1 - p_2 = \gamma(h - h')$$

$$h' = \frac{2\sigma}{\gamma r} \tag{2-55}$$

将水的 $\sigma = 72.8 \text{mN/m}$，$\gamma = 9789 \text{N/m}^3$ 代入式（2-55），得

$$h' = \frac{2 \times 72.8 \times 10^{-3}}{9789 \times 1 \times 10^{-3}} = 14.87 (\text{mm})$$

因此，测量的相对误差为

$$\frac{h'}{h - h'} = \frac{14.87}{150 - 14.87} = 11\%$$

实际的压强差应为

$$\frac{p_1 - p_2}{\gamma} = h - h' = 150 - 14.87 = 135.13 (\text{mm水柱})$$

历史人物

欧拉（Leohard Euler，1707～1783 年），瑞士科学家，在数学、力学、天文学等多个学科都有重要贡献。欧拉13 岁进入巴塞尔大学主修哲学和法律，同时每周跟随数学家伯努利学习数学。1722 年，年仅 15 岁时便大学毕业，取得了学士学位，1723 年取得了硕士学位，1726年欧拉受到彼得堡科学院的邀请去俄国讲学，1733 年成为彼得堡科学院院士。1741～1766 年他在柏林科学院工作，1766 年又到俄国。1738 年，欧拉右眼失明，1766年后，双目失明。欧拉有很好的记忆力且善于心算，据说他有两个学生同时计算一个十分复杂级数的和，在第 17 项的第 50 位数字上两人结果不一致，而欧拉用心算做出了全部运算，并且答案正确。

欧拉是 18 世纪著述最多的数学家，他的著述涉及当时数学的各个领域，许多数学名词是以欧拉命名的，如欧拉积分、欧拉数、各种欧拉公式等，他同拉格朗日一起完成了数学由用综合方法到用分析方法的过渡。欧拉将数学方法用于力学，在力学各个领域中都有突出贡献，他是刚体动力学和流体力学的奠基者、弹性系统稳定性理论的开创人。在 1736 年出版的两卷集《力学或运动科学的分析解说》中，考虑了自由质点和受约束质点的运动微分方程。在力学原理方面，研究刚体运动学和刚体动力学时，他得出最基本的结果，其中有刚体定点有限运动等价于绕过定点某一轴的转动；刚体定点运动可用三个角度（称为"欧拉角"）的变化来描述；刚体定点转动时角速度变化和外力矩的关系；定点刚体在不受外力矩时的运动规律及自由刚体的运动微分方程等。欧拉认为，质点动力学微分方程可以应用于液体（1750 年）。他曾用两种方法来描述流体的运动，即分别根据空间固定点（1755 年）和确定流体质点（1759 年）描述流体速度场。这两种方法通常称为欧拉法和拉格朗日法。欧拉奠定了理想流体（假设流体不可压缩、黏性可忽略）的运动理论基础，给出反映质量守恒的连续性方程（1752 年）和反应动量变化规律的流体动力学方程（1755 年）。欧拉一生写过 800 多篇论文，在应用力学，如弹道学、船舶理论、月球运动理论等方面也有研究。[以上内容来源于《力学史》[1]，作者武际可，上海辞书出版社，以及《流体力学通论》[2]，作者刘沛清，科学出版社]

帕斯卡（Blaise Pascal，1623～1662 年）是法国的力学家、数学家、哲学家。他 1623 年 6 月 19 日生于法国的克莱蒙（Clermont），从小多病，在短暂的一生中身体一直不好。帕斯卡在数学上的贡献有：射影几何的奠基人之一；发明了一种可做加法运算的机器；曾写过有关圆锥曲线的文章并得到大哲学家和大数学家笛卡儿（René Descartes，1596～1650 年）的赏识；发现二项式展开定律；概率论的创始人之一。在力学上，他的主要工作是提出当液体静止时，密闭容器中液体的压力可以传递，而且在一点的各个方向强度相同。这就是后来所说的帕斯卡原理。帕斯卡利用这一原理制成了水压机，而且曾将虚位移原理用于计算水压。[以上内容来源于《力学史》[1]，作者武际可，上海辞书出版社]

阿基米德（Archimedes，公元前 287～212 年）：两千多年前，在古希腊西西里岛的叙拉古，出现了一位伟大的数学家和力学家，这就是举世闻名的阿基米德。阿基米德的父亲曾想让他学医，他却迷上了数学。他一生如痴如醉地追求科学，淡泊名利和地位。

阿基米德在力学方面的贡献巨大。他建立了流体静力学的基本原理，即物体在液体中所受的浮力等于其排开液体的重量，称为阿基米德原理。他讨论了杠杆平衡的条件，给出了严密的公理陈述及若干定理的证明，这就是至今人们仍在学习的杠杆原理。据说他曾自豪地说："给我一个支点，我可以翘起地球！"他发明了计算一系列图形与物体重心的方法。他给出了正抛物线旋转体浮在液面的平衡稳定性条件。毫不夸张地说，阿基米德是静力学的创始人。[以上内容来源于《力学史》[1]，作者武际可，上海辞书出版社]

习　题

2-1　容器中盛有水和空气（图习题 2-1），已知 $h_1 = h_4 = 0.910\text{m}$，$h_2 = h_3 = 0.305\text{m}$，求 A、B、C 和 D 点的表压强。

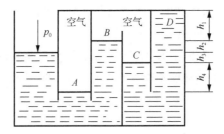

图习题 2-1

2-2　图习题 2-2 中的容器和管充有油，油的相对重度为 0.85，已知 $h_1 = 0.5\text{m}$，$h_2 = 2.0\text{m}$，求 A 和 B 处的相对压强并用水柱高度表示。

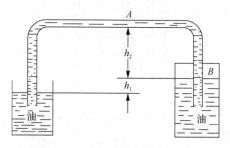

图习题 2-2

2-3　如图习题 2-3 所示，已知 $h_1 = 0.910\text{m}$，$h_2 = 0.610\text{m}$，$h_3 = h_4 = 0.305\text{m}$，设 $\rho_{水} = 1000\text{kg/m}^3$，计算 A、B、C 各点的表压强。

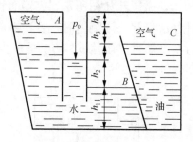

图习题 2-3

2-4　如图习题 2-4 所示，其中 $\rho_1 = 860\text{kg/m}^3$，$\rho_2 = 1000\text{kg/m}^3$，$h_1 = 17\text{cm}$，$h_2 = 8.3\text{cm}$，求 A 点的相对压强（以毫米汞柱表示，$1\text{mmHg} = 1.33322 \times 10^2 \text{Pa}$）。

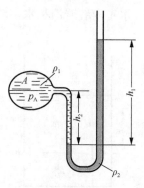

图习题 2-4

2-5　如图习题 2-5 所示，A 中液体的重度为 8400N/m^3，B 中液体的重度为 12300N/m^3，压差计中液体为水银，若 B 中液体压强为 $2 \times 10^5 \text{Pa}$，求 A 的液体压

强。设 $h_1 = 3\text{m}$，$h_2 = 2\text{m}$，$h_3 = 0.4\text{m}$。

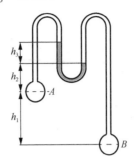

图习题 2-5

2-6　海平面上海水的密度 $\rho_0 = 1024\text{kg/m}^3$，求海洋 8000m 深处的压强（表压），设（1）海水是不可压缩的；（2）海水是可压缩的，其弹性模量 $E = 2.34 \times 10^9 \text{Pa}$。

2-7　如图习题 2-7 所示，微压计如图所示，容器面积 A，U 形管面积 A'，内装液体的密度相近，分别为 ρ 和 ρ'，未测量时，容器内液面齐平，且 U 形管内两边液体分界面齐平，问当 h 已知时，压差 $p_M - p_N$ 是多少？

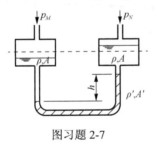

图习题 2-7

2-8　如图习题 2-8 所示，水箱内装着油和水，求作用在 1.2m 宽的侧面 ABC 上的合力。

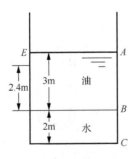

图习题 2-8

2-9　如图习题 2-9 所示，矩形闸门 AB，宽 1m，左侧油深 $h_1 = 1\text{m}$，水深 $h_2 = 2\text{m}$，油的重度 $\gamma = 7.84\text{kN/m}^3$，闸门的倾角 $\alpha = 60°$，求闸门上的液体总压力及作用点

的位置（平板右侧受到大气压强作用）。

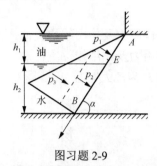

图习题 2-9

2-10　如图习题 2-10 所示，活塞直径 $d = 4\text{cm}$，重物 W 的直径 $D = 24\text{cm}$，当作用在活塞上的力 F 为 981N 时，能举起的重物的重量是多大？

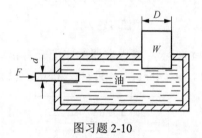

图习题 2-10

2-11　如图习题 2-11 所示，五种形状不同，但底面积相同的容器，当液面高度相同时，底面所受的总压力是否相同？

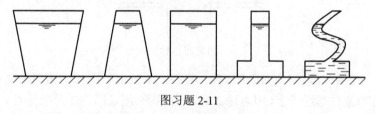

图习题 2-11

2-12　如图习题 2-12 所示，水达到了闸门顶部，问 y 值小于何值时闸门会翻倒？

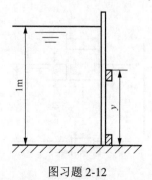

图习题 2-12

2-13 如图习题 2-13 所示，水下有一扇形闸门，$h=3\text{m}$，$r=2\text{m}$（忽略闸门重量，闸门宽 2m）。

（1）求水对闸门的水平作用力及作用线位置；

（2）求水对闸门垂直作用力及作用线位置；

（3）若要打开闸门，力 F 需多大？

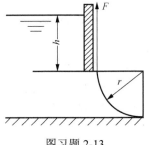

图习题 2-13

2-14 如图习题 2-14 所示，盛水容器的底部开有 $d=5\text{cm}$ 的孔，用空心金属球封住，球重 $G=2.45\text{N}$，$r=4\text{cm}$，水深 $H=20\text{cm}$，试求升起该球所需之力。

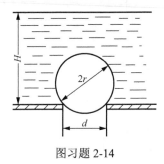

图习题 2-14

2-15 在盛有汽油的容器底部有一直径 $d_2=2\text{cm}$ 的圆阀，该阀用绳系于直径 $d_1=10\text{cm}$ 的圆柱形浮子上（图习题 2-15），设浮子、绳及圆阀的总重量 $G=0.981\text{N}$，汽油的重度 $\gamma=7.36\times10^{-3}\text{N/cm}^3$，绳长 $l=15\text{cm}$。问圆阀将在汽油油面超过什么高度时开启？

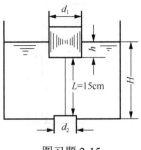

图习题 2-15

2-16　如图习题 2-16 所示，用 U 形管测量汽车加速度，$l=200\text{mm}$，当汽车加速行驶时，测得 $h=100\text{mm}$，求汽车的加速度 a。

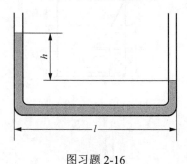

图习题 2-16

2-17　图习题 2-17 表示一开口容器，若容器以 $a_x=4.903\text{m/s}^2$，$a_y=4.903\text{m/s}^2$ 做加速运动，求 A、B、C 各点压强。

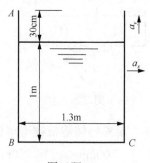

图习题 2-17

2-18　列车上有一正方体开口容器盛满水，当列车等加速启动时，一部分水被甩出，测得剩余水占原体积的 2/3，求列车的加速度 a。

2-19　用汽车搬运一玻璃鱼缸。鱼缸长 0.6m、宽 0.3m、高 0.5m，静止时鱼缸内水位高 $h=0.4\text{m}$，试求：

（1）鱼缸沿汽车前进方向纵向放置时，为了不让水溢出，应控制的汽车最大加速度为多少？

（2）若鱼缸横向放置时，汽车应控制的最大加速度为多少？

2-20　如图习题 2-20 所示，盛有水的圆桶，以角速度 ω 绕自身轴线转动，试问：设水的初始高度为 h，ω 超过多大值时可露出桶底？

2-21　一圆柱形容器，其顶盖中心装有一敞口的测压管（图习题 2-21）。容器装满水，测压管中的水面比顶盖高 h，容器直径为 D，当它绕自身轴以角速度 ω 旋转时，顶盖受到液体向上的作用力有多大？

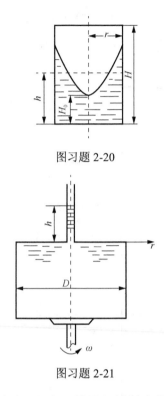

图习题 2-20

图习题 2-21

2-22 为了提高铸件质量，用离心铸造机铸造车轮（图习题 2-22）。已知铁水重度 $\gamma = 70\text{kN/m}^3$，车轮尺寸 $H = 200\text{mm}$，$D = 900\text{mm}$，下箱由基座支承，上箱砂重为 10kN，求转速 $n = 600\text{r/min}$ 时，螺栓群 $A\text{-}A$ 所受的总拉力。

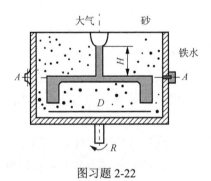

图习题 2-22

2-23 如图习题 2-23 所示，盛水的 U 形管，静止时 2 支管水面距离管口均为 h，当 U 形管绕 z 轴以等角速度 ω 旋转时，为使液体不溢出，管口的最大角速度 $\omega_{\max}$ 为多大？

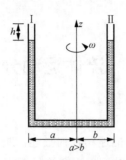

图习题 2-23

2-24 估算水在内径 4mm 的玻璃管中的毛细升高值。

2-25 空气中水滴直径为 0.2mm 时，其内部压强比外部压强大多少？

第3章 流体运动分析基础

本章讨论流体运动的数学描述和几何描述，通过对流体微团运动的分解，得出流体的基本运动形式，即平动、变形和旋转。本章分析中不考虑引起运动的作用力。

3.1 流体运动的描述

流体运动可以用表征流体运动的各种物理量随时间和空间的变化来描述。有两种方法描述流体的运动：拉格朗日法和欧拉法。

3.1.1 拉格朗日法和欧拉法

1. 拉格朗日法

这种方法是从分析流体各个质点的运动着手，来研究整个流体的运动。拉格朗日法分析某一指定流体质点的参数，如速度、加速度、密度等的变化。

取起始瞬时 $t = t_0$ 时各个质点在空间的坐标 (a, b, c) 来标明各个质点。不同的 (a, b, c) 值将代表不同的流体质点。于是，在瞬时 t，任一流体质点的位置，即在空间的坐标 (x, y, z) 可以用 (a, b, c) 及 t 的函数来表示，即

$$\begin{cases} x = F_1(a, b, c, t) \\ y = F_2(a, b, c, t) \\ z = F_3(a, b, c, t) \end{cases} \tag{3-1}$$

式中，四个变数 (a, b, c, t) 称为拉格朗日变数。

当 a、b、c 取确定值时，式（3-1）代表确定流体质点的运动轨迹，当 t 确定时，式（3-1）代表 t 时刻各质点所处的位置，因此式（3-1）可以描述所有质点的运动。

根据式（3-1），任一流体质点的速度和加速度在 x、y、z 三个轴上的投影分别为

$$\begin{cases} v_x = \dfrac{\partial x}{\partial t} = \dfrac{\partial F_1(a,b,c,t)}{\partial t} \\[2mm] v_y = \dfrac{\partial y}{\partial t} = \dfrac{\partial F_2(a,b,c,t)}{\partial t} \\[2mm] v_z = \dfrac{\partial z}{\partial t} = \dfrac{\partial F_3(a,b,c,t)}{\partial t} \end{cases} \qquad （3\text{-}2\text{a}）$$

$$\begin{cases} a_x = \dfrac{\partial v_x}{\partial t} = \dfrac{\partial^2 x}{\partial t^2} = \dfrac{\partial^2 F_1(a,b,c,t)}{\partial t^2} \\[2mm] a_y = \dfrac{\partial v_y}{\partial t} = \dfrac{\partial^2 y}{\partial t^2} = \dfrac{\partial^2 F_2(a,b,c,t)}{\partial t^2} \\[2mm] a_z = \dfrac{\partial v_z}{\partial t} = \dfrac{\partial^2 z}{\partial t^2} = \dfrac{\partial^2 F_3(a,b,c,t)}{\partial t^2} \end{cases} \qquad （3\text{-}2\text{b}）$$

拉格朗日法看起来似乎简单，但是由于函数 F_1、F_2、F_3 难以确定，所以在实际应用中往往比较复杂，目前只是在流体波动、振荡、溅水等少数问题的研究中使用。

2. 欧拉法

这种方法从分析流体占据的空间中各固定点的流体运动着手，研究整个流体的运动。欧拉法分析运动流体所占空间中某指定点上流体参数随时间的变化，以及分析由空间某一点转到另一点时这些参数的变化。欧拉法不关注个别流体质点的整个流动过程，而是研究运动流体所占空间中各点的流体参数变化。因此，在欧拉法中，一切描述流体运动的参数都是空间点坐标 (x,y,z) 和时间 (t) 的函数。以直角坐标系中，点 A 上流体质点的速度为例，它表示为

$$\begin{cases} v_x = \dfrac{\mathrm{d}x}{\mathrm{d}t} = f(x,y,z,t) \\[2mm] v_y = \dfrac{\mathrm{d}y}{\mathrm{d}t} = f(x,y,z,t) \\[2mm] v_z = \dfrac{\mathrm{d}z}{\mathrm{d}t} = f(x,y,z,t) \end{cases} \qquad （3\text{-}3）$$

式中，v_x、v_y、v_z 为速度 $\vec{v}$ 在三个坐标轴上的投影；(x,y,z) 为 A 点坐标；变数 x、y、z、t 称为欧拉变数。

应该注意，在拉格朗日法中，(x,y,z) 是同一个流体质点在空间位置的坐标；而在欧拉法中，(x,y,z) 则是空间点的坐标，在不同瞬时，有许多不同的流体质点通过。

运用欧拉法研究流体运动时，数学上的困难比较少，而且能广泛地运用数学中的场论知识，因此欧拉法得到普遍运用。本书中，若无特别说明均采用欧拉法。

3.1.2　流体运动的分类

根据欧拉法，可以按照流体运动所依赖的变量数目对流动加以分类。

1. 定常流动和非定常流动

在最一般的情形下，分速度 v_x、v_y、v_z，压强 p 和密度 ρ 等流体运动参数都是坐标 (x,y,z) 和时间 (t) 的函数。但是在某些情况下，在任意空间点上，流体质点的全部流动参数都不随时间改变，这种流动称为定常流动。它满足下列条件：

$$\frac{\partial v_x}{\partial t} = \frac{\partial v_y}{\partial t} = \frac{\partial v_z}{\partial t} = \frac{\partial p}{\partial t} = \frac{\partial \rho}{\partial t} = \frac{\partial T}{\partial t} = 0 \tag{3-4}$$

这时流体的全部流动参数仅是坐标的函数：

$$\begin{cases} v_x = f_1(x,y,z) \\ v_y = f_2(x,y,z) \\ v_z = f_3(x,y,z) \\ p = f_4(x,y,z) \\ \rho = f_5(x,y,z) \\ T = f_6(x,y,z) \end{cases} \tag{3-5}$$

在空间任意点上，流体质点的流动参数（全部或一部分）随时间发生变化的流动称为非定常流动。这时式（3-6）中各式同时成立或其中一部分成立。

$$\begin{cases} \dfrac{\partial v_x}{\partial t} \neq 0, \dfrac{\partial v_y}{\partial t} \neq 0, \dfrac{\partial v_z}{\partial t} \neq 0 \\[2mm] \dfrac{\partial p}{\partial t} \neq 0 \\[2mm] \dfrac{\partial \rho}{\partial t} \neq 0 \\[2mm] \dfrac{\partial T}{\partial t} \neq 0 \end{cases} \tag{3-6}$$

对于非定常流动和定常流动举例如下。如图 3-1（a）所示，水从水箱侧壁上的渐缩管流出，用流速仪测量 A、B 两点的流动速度。随着时间的推移，箱内水面位置逐渐下移，同一点（A 或 B 点）上的流速也随之减小，因此是非定常流动。假如使箱内水面高度维持恒定，如图 3-1（b），从流速仪可以看到，在同一点上的流动速度将不随时间变化，此时流动为定常流动。

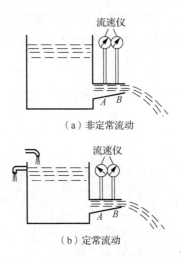

图 3-1　非定常流动和定常流动示例

由于定常流动不考虑时间因素，所分析的问题可大为简化。因此，往往把某些非定常流动作适当的假设，将其简化为定常流动。例如，当分析某种流动时，如果这种流动的物理量非常缓慢地随时间变化，那么在较短的时间间隔内，可以近似地把这种流动作为定常流动来处理。以图 3-1（a）所示的流动为例，假设水箱的容积很大，而渐缩管出口孔径又很小，则箱内水面下降十分缓慢，那么在较短的时间间隔内研究这种流动时，就可近似地认为是定常流动。

流动是否为定常流动，有时与坐标系的选择有关。例如，船在静止的水中等速直线行驶，船两侧的水也随之流动，对于岸上的人看来（即对于固定在岸上的坐标系来讲）是非定常流动。但是对于船上的人来讲（即对于固定在船上的坐标系来讲），则是定常流动，它相当于船不动，水流从远前方以船行驶的速度向船流过来。为了将非定常流动转化为定常流动来分析，常常利用这种转换坐标系的方法。在研究飞机外部流场时也采用这样的处理方式，即将坐标系固定在飞机上，把非定常流动转化为定常流动。

2. 一维流、二维流和三维流

流体在流动中，如果其参数是三个空间坐标的函数，这样的流动称为三维流；如果流动参数是两个空间坐标的函数，就称为二维流；如果仅是一个空间坐标的函数，就叫一维流。把时间也考虑进去，则有一维定常流动、一维非定常流动、二维定常流动、二维非定常流动、三维定常流动和三维非定常流动之分。下面举一些例子来说明。

图 3-2（a）表示气体在发动机尾喷管内流动的情况，在不需要精确设计喷管时，往往可以近似地认为气体的流动参数只沿喷管轴线方向（图中的 x 方向）变

化，在其他方向没有变化，这样的流动就是一维流。若发动机处于稳定工作状态，气体在喷管中的流动就是一维定常流动；在起动及停车过程中，则为一维非定常流动。

（a）气体在发动机尾喷管内的一维流

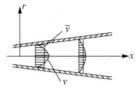

（b）黏性流体在圆锥管内的二维流

图 3-2　一维流和二维流

　　图 3-2（b）表示黏性流体在圆锥管内的流动，流体质点的速度既是半径 r 的函数，又是沿轴线距离 x 的函数，显然这是二维流问题。

　　图 3-3 表示流体绕流机翼的问题，如果机翼的长度（翼展）比宽度（翼弦）大得多（即展弦比很大），且剖面形状相同，则可以忽略机翼两端的影响，将绕机翼的流动看作是二维流。认为流动参数沿翼展方向（z 方向）没有变化，只有在 x 和 y 方向才有变化。如果机翼的展弦比小，必须考虑翼端的影响，这时流动参数由 (x, y, z) 三个坐标来决定，即如图 3-4 所示的三维流。

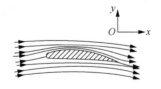

图 3-3　流体绕流机翼（二维流）

图 3-4　流体绕流机翼（三维流）

3.2　随 流 导 数

流体流动过程中，流体质点对应的各物理量将随之发生变化。在流体力学中，把流动过程流体质点对应的物理量 N 随时间的变化率，称为该物理量的随流导数，有时又称质点导数或物质导数，以符号 $\mathrm{D}N/\mathrm{D}t$ 表示。若用拉格朗日法描述质点物理量的变化，方法比较简单；若用欧拉法描述则需特别注意。

假定在 t 瞬间某流体质点位于 $M(x,y,z)$ 处，经过 δt 时间间隔后，该质点沿迹线移到新的位置 $M_1(x_1,y_1,z_1)$ 处，如图 3-5 所示。现以 N 表示质点所具有的物理量，它可以是标量，如压强、温度、密度等，也可以是矢量，如速度、动量等。下面推导随流导数 $\mathrm{D}N/\mathrm{D}t$ 在欧拉法中的表达式。

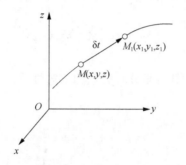

图 3-5　随流导数辅助说明图

对于非定常且不均匀流场，物理量 N 应是空间坐标 (x,y,z) 和时间 t 的函数，即 $N=N(x,y,z,t)$。在 t 瞬时占据空间位置 $M(x,y,z)$ 的流体质点对应的物理量为 N，经过 δt 时间间隔后，该质点由 M 处移到 M_1 处，这时对应物理量变为 $(N+\delta N)$，变化量为 δN。如所取的时间间隔 δt 很小，根据连续性假设，N 又是空间的连续函数，因此变化量可近似地取泰勒级数的一阶项表示，即

$$\delta N = \frac{\partial N}{\partial t}\delta t + \frac{\partial N}{\partial x}\delta x + \frac{\partial N}{\partial y}\delta y + \frac{\partial N}{\partial z}\delta z$$

根据随流导数的定义有

$$\mathrm{D}N/\mathrm{D}t = \lim_{\delta t \to 0}\frac{\delta N}{\delta t} = \frac{\partial N}{\partial t} + \lim_{\delta t \to 0}\frac{\delta x}{\delta t}\frac{\partial N}{\partial x} + \lim_{\delta t \to 0}\frac{\delta y}{\delta t}\frac{\partial N}{\partial y} + \lim_{\delta t \to 0}\frac{\delta z}{\delta t}\frac{\partial N}{\partial z} \qquad (3\text{-}7)$$

由于随流导数是指某一质点沿迹线运动时其物理量随时间的变化率，因此 $\mathrm{D}N(x,y,z,t)/\mathrm{D}t$ 中的 (x,y,z) 并不是空间的任意坐标，只能是迹线上的坐标点 (x,y,z)，也就是说它们本身都是时间 t 的函数，即

$$x = x(t), \quad y = y(t), \quad z = z(t)$$

因此，式（3-7）中，$\lim\limits_{\delta t \to 0}\dfrac{\delta x}{\delta t}$，$\lim\limits_{\delta t \to 0}\dfrac{\delta y}{\delta t}$，$\lim\limits_{\delta t \to 0}\dfrac{\delta z}{\delta t}$ 分别代表流体质点运动速度 v 在三个坐标轴上的速度分量，即

$$v_x = \lim_{\delta t \to 0}\frac{\delta x}{\delta t}, \quad v_y = \lim_{\delta t \to 0}\frac{\delta y}{\delta t}, \quad v_z = \lim_{\delta t \to 0}\frac{\delta z}{\delta t}$$

物理量 N 随时间的变化率即 N 的随流导数为

$$\mathrm{D}N/\mathrm{D}t = \frac{\partial N}{\partial t} + \left(v_x \frac{\partial N}{\partial x} + v_y \frac{\partial N}{\partial y} + v_z \frac{\partial N}{\partial z} \right) \tag{3-8}$$

将随流导数写成矢量形式，即

$$\mathrm{D}N/\mathrm{D}t = \frac{\partial N}{\partial t} + (\vec{v} \cdot \nabla)N \tag{3-9}$$

式中，∇ 为哈密顿算子，具有微分和矢量的双重性质，它在直角坐标系中的表达式为

$$\nabla = \vec{i}\,\frac{\partial}{\partial x} + \vec{j}\,\frac{\partial}{\partial y} + \vec{k}\,\frac{\partial}{\partial z} \tag{3-10}$$

从随流导数的表达式中可以看出，物理量的随流导数由两部分组成：第一部分 $\dfrac{\partial N}{\partial t}$ 表示在给定空间点上 N 随时间的变化率，称为局部导数或当地导数，它是流动的非定常性引起的。对于定常流动，不存在这一项。第二部分 $(\vec{v}\cdot\nabla)N$ 表示物理量 N 在空间分布不均匀时流体质点运动引起 N 的变化率，称为对流导数或迁移导数。对于均匀流场，不存在这一项。

对于不可压缩流体，流体质点在运动过程中密度保持不变，因此它的随流导数等于零，即 $\dfrac{\mathrm{D}\rho}{\mathrm{D}t} = 0$。不过 $\dfrac{\mathrm{D}\rho}{\mathrm{D}t} = 0$ 并不意味着整个流场的密度为常数，只是表示每个流体质点的密度在流动过程中保持不变，但不同的质点，其密度可以互不相同。只有均质不可压缩流体，其密度才处处相等。对于可压缩流体，一般情况下 $\dfrac{\mathrm{D}\rho}{\mathrm{D}t} \neq 0$，但 $\dfrac{\partial \rho}{\partial t}$ 却可以等于 0，$\dfrac{\partial \rho}{\partial t}$ 等于 0 表示固定空间位置上流体的密度不随时间而变化，定常流动就是这种情况。

3.3　体系和控制体

所谓体系，是指某些确定的物质集合。体系以外的物质称为环境。体系的边界定义为将体系和环境分开的假想表面，在边界上，可以有力的作用和能量的交换，但没有质量通过，体系的边界随着流体一起运动。利用体系的概念，在分析问题时，就可以把注意力放在所拟定的体系上，并考虑体系和环境之间的相互作用。

在论述基本的物理定律并把它们写成应用的方程形式时，必须首先明确体系，否则，论述质量、动量、能量等这些术语时是不明确的。因此，基本的物理定律最初总是借助于体系来陈述。

流体的运动是非常复杂的，对于任何有限长的时间，很难确定流体体系的边界，因此采用体系的分析方法是不够方便的。

在分析流体运动时经常采用控制体的分析方法。所谓控制体，是指流体流过的，固定在空间的任意体积。占据控制体的流体是随时间而改变的。控制体的边界称为控制面，它总是封闭表面。通过控制面，可以有流体流入或流出控制体。在控制面上可以有力的作用和能量的交换。利用了控制体的概念，在分析问题时，就可以把注意力放在所确定的控制体上，研究流体流过控制体时诸参数的变化情况，以及控制体内流体与控制体外物质的相互作用。根据所研究的问题不同，控制体可有种种不同的划定方法，有时可以划定有限尺寸的控制体，有时又必须划定无限小的控制体。

体系的分析方法是与研究流体运动的拉格朗日法相适应的，控制体的分析方法则是与研究流体运动的欧拉法相适应的。

为了实际应用控制体的概念，必须将基本物理定律改写成适用于控制体而不是适用于体系的形式。这就需要用到雷诺输运定理。

3.4　雷诺输运定理

流体流动必须遵循的自然界几个基本物理定律的数学表达式最初一般是针对指定的质点或质点系（体系）。由于流体运动十分复杂，在运动过程中很难确定体系的边界，因此直接利用针对指定体系的物理定律表达式来研究流体运动过程参数的变化规律，在一般情况下是比较困难的。研究流体运动通常采用的是控制体分析法，即着眼于研究流体通过空间固定控制体时参数的变化规律。因此，必须把针对具体体系的物理定律数学表达式改写成适合于控制体形式的数学表达式。雷诺输运定理就是把体系中与流体体积有关随流物理量的随流导数以控制体的形式来表示。有了这个定理，就可以很容易地把针对具体体系的基本物理定律数学表达式转换成适用于控制体形式的数学表达式，下面推导雷诺输运定理的数学表达式。

在流场中任意取一有限大小的控制体，体积为 V，控制体的表面为 A，如图 3-6 所示，同时取 t 瞬间位于控制体内的流体作为体系，因此在 t 瞬间控制体与体系占据相同的空间，即占据用 Ⅰ 和 Ⅱ 表示的区域。经过 Δt 时间间隔后，体系顺流移到新的位置，占据区域 Ⅱ 和 Ⅲ，形状也与 t 瞬间的不同，但控制体仍在原来的位置上。

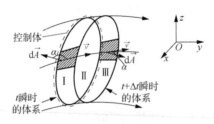

图 3-6　雷诺输运示意图

以 N 表示与体系体积有关的任意随流物理量，如体系内流体的质量、内能、动能、动量等。以 η 表示体系内单位体积流体的随流物理量，因此 η 与 N 之间关系可表示为

$$N = \int_V \eta \mathrm{d}V \tag{3-11}$$

式中，V 是体系的体积；η 与 N 一般情况下是空间坐标和时间坐标的函数，它们可以是标量也可以是矢量。

体系随流物理量 N 对时间的变化率为

$$\left(\frac{\mathrm{d}N}{\mathrm{d}t}\right)_{体系} = \lim_{\Delta t \to 0} \left(\frac{\Delta N}{\Delta t}\right)_{体系} = \lim_{\Delta t \to 0} \left(\frac{N_{t+\Delta t} - N_t}{\Delta t}\right)_{体系}$$

它是一个随流导数，引用随流导数符号，则有

$$\frac{\mathrm{D}N}{\mathrm{D}t} = \left(\frac{\mathrm{d}N}{\mathrm{d}t}\right)_{体系} = \lim_{\Delta t \to 0} \left(\frac{N_{t+\Delta t} - N_t}{\Delta t}\right)_{体系}$$

当考虑到 t 瞬间和 $t + \Delta t$ 瞬间体系所占据的空间位置时，

$$\frac{\mathrm{D}N}{\mathrm{D}t} = \lim_{\Delta t \to 0}\left[\frac{(N_{\mathrm{II}}+N_{\mathrm{III}})_{t+\Delta t}-(N_{\mathrm{I}}+N_{\mathrm{II}})_{t}}{\Delta t}\right]$$

$$= \lim_{\Delta t \to 0}\left[\frac{(N_{\mathrm{II}})_{t+\Delta t}-(N_{\mathrm{II}})_{t}}{\Delta t}\right] + \lim_{\Delta t \to 0}\left[\frac{(N_{\mathrm{III}})_{t+\Delta t}}{\Delta t}\right] - \lim_{\Delta t \to 0}\left[\frac{(N_{\mathrm{I}})_{t}}{\Delta t}\right]$$

由于 $N = \int_{V}\eta\mathrm{d}V$ ，可以得到

$$\frac{\mathrm{D}N}{\mathrm{D}t} = \frac{\mathrm{D}}{\mathrm{D}t}\int_{V}\eta\mathrm{d}V = \lim_{\Delta t \to 0}\left[\frac{(\int_{\mathrm{II}}\eta\mathrm{d}V)_{t+\Delta t}-(\int_{\mathrm{II}}\eta\mathrm{d}V)_{t}}{\Delta t}\right] + \lim_{\Delta t \to 0}\left[\frac{(\int_{\mathrm{III}}\eta\mathrm{d}V)_{t+\Delta t}}{\Delta t}\right] - \lim_{\Delta t \to 0}\left[\frac{(\int_{\mathrm{I}}\eta\mathrm{d}V)_{t}}{\Delta t}\right]$$

$$(3\text{-}12)$$

当 $\Delta t \to 0$ 时，区域 II 和控制体体积 V 相同，因此式（3-12）等号右边第一项表示控制体内随流物理量的时间变化率，即等于 $\dfrac{\partial}{\partial t}\int_{V}\eta\mathrm{d}V$ 。由于控制体位置是固定不动的，故这里用的是对时间的偏导数。等号右边第二项表示在 Δt 时间内体系随流物理量 N 进入区域 III 的数量，它等于从控制面流出的数量，因此第二项表示单位时间内从控制体表面流出的随流物理量 N ，即

$$\lim_{\Delta t \to 0}\left[(\int_{\mathrm{III}}\eta\mathrm{d}V)_{t+\Delta t}/\Delta t\right] = \int_{A_{\text{出}}}\eta\vec{v}\cdot\mathrm{d}\vec{A} \qquad (3\text{-}13)$$

式中，$A_{\text{出}}$ 表示从控制体表面流出的流体穿过控制面的面积。

同理，式（3-12）等号右边第三项表示单位时间内流入控制体的流体带入随流物理量 N 的数量，即

$$\lim_{\Delta t \to 0}\left[(\int_{\mathrm{I}}\eta\mathrm{d}V)_{t}/\Delta t\right] = -\int_{A_{\text{进}}}\eta\vec{v}\cdot\mathrm{d}\vec{A} \qquad (3\text{-}14)$$

式中，$A_{\text{进}}$ 表示从控制体表面流入的流体穿过控制面的面积。由于流进控制体的流体速度 $\vec{v}$ 与 $\mathrm{d}\vec{A}$ 的夹角总是大于 90° 且小于 270°，式（3-14）面积分项结果总是负值，但随流物理量总是正值，故在积分项前加负号。

因此，式（3-12）可写成

$$\frac{\mathrm{D}N}{\mathrm{D}t} = \frac{\partial}{\partial t}\int_{V}\eta\mathrm{d}V + \int_{A_{\text{出}}}\eta\vec{v}\cdot\mathrm{d}\vec{A} - \int_{A_{\text{进}}}\eta\vec{v}\cdot\mathrm{d}\vec{A} \qquad (3\text{-}15)$$

对于固定形状的惯性体，时间导数可放在积分号内，$A_{\text{进}}+A_{\text{出}}=A$ 为控制体的整个表面积。因此，式（3-15）又可写成

$$\frac{\mathrm{D}N}{\mathrm{D}t} = \frac{\partial}{\partial t}\int_{V}\eta\mathrm{d}V + \oint_{A}\eta\vec{v}\cdot\mathrm{d}\vec{A} \qquad (3\text{-}16)$$

式（3-16）就是雷诺输运定理的数学表达式。它说明某瞬间控制体内的流动构成的体系随流物理量的随流导数，等于同一瞬间控制体中同一随流物理量的增加率与该物理量通过控制面的净流出率之和。

3.5　描述流场的几个概念

运动流体占有的空间称为流场。为了形象地描述流场，常引用迹线、流线、脉线、流面和流管等概念。

3.5.1　迹线、流线及脉线

1. 迹线

迹线是流体质点在流场中的运动轨迹，迹线是与拉格朗日观点相对应的概念。在欧拉观点下求迹线，需要跟定流体质点，此时欧拉变数 x、y、z 成为 t 的函数，因此迹线的微分方程为

$$\frac{\mathrm{d}x}{v_x\left[x(t),y(t),z(t),t\right]} = \frac{\mathrm{d}y}{v_y\left[x(t),y(t),z(t),t\right]} = \frac{\mathrm{d}z}{v_z\left[x(t),y(t),z(t),t\right]} = \mathrm{d}t \quad （3-17）$$

方程的未知变量为质点未知坐标 (x,y,z)，它是 t 的函数。给定初始时刻质点的位置坐标，就可以积分得到迹线。

2. 流线

流线是一条假象的曲线。某一瞬时，该曲线上各点速度矢量相切于这条曲线，见图 3-7。

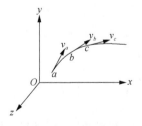

图 3-7　流线示意图

流线可用流线方程进行描述，其导出过程如下。图 3-8 中的曲线 S 是一条流线。流线上任意一点 A 上的流体质点速度 $\vec{v}$ 在 x、y、z 三个坐标轴上的分量为 v_x、v_y、v_z，由 A 点取一微段流线 $\mathrm{d}\vec{S}$。$\mathrm{d}\vec{S}$ 的三个分量为 $\mathrm{d}x$、$\mathrm{d}y$、$\mathrm{d}z$，由于 S 是一

条流线，速度 $\vec{v}$ 和 $\mathrm{d}\vec{S}$ 的方向一致，因此，它们的分量对应成比例。从而得到

$$\frac{\mathrm{d}x}{v_x} = \frac{\mathrm{d}y}{v_y} = \frac{\mathrm{d}z}{v_z} \qquad (3\text{-}18\mathrm{a})$$

或写成向量形式

$$\mathrm{d}\vec{S} \times \vec{v} = 0 \qquad (3\text{-}18\mathrm{b})$$

这就是流线方程式。

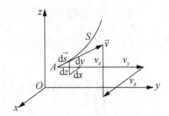

图 3-8　推导流线方程

由上述分析可知，迹线是某一流体质点在一段时间内经过的路径，是同一流体质点不同时刻所在位置的连线。流线是某一瞬时各流体质点的运动方向线。

在非定常流动中，由于空间同一点上流体运动速度的方向会随时间而变，所以通过该点的流线形状一般也会发生变化，显然，在这种流动中，流线和迹线是不同的。在定常流动中，由于流动与时间无关，流线不随时间改变，流体质点沿着这条流线运动，因此流线与迹线重合。

在一般情况下，流线彼此不会相交。如果有两条流线彼此相交的话，那么位于交点上的流体质点势必要有两个不同方向的速度，这是不可能的。但有三种例外情况：

（1）在速度为零的点上，如图 3-9（a）中的前驻点 A；

（2）在速度为无限大的点上，如图 3-9（b）点源中的源点 O，通常称它为奇点；

（3）流线相切，如图 3-9（a）中的 B 点，上、下两股速度不等的流体在 B 点相切。

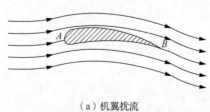

（a）机翼扰流

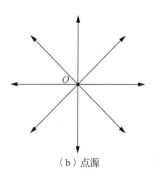

（b）点源

图 3-9 流线相交

【例 3-1】 设已知流体运动的各速度分量为 $v_x = x+t, v_y = -y+t, v_z = 0$。试求流线族及 $t = 0$ 时通过点 $A(-1,1)$ 的流线。

解： 由已知条件，$v_z = 0$，在 v_x 和 v_y 中都包含时间 t，所以这是平面非定常流动。

在本题中，流线的微分方程式（3-18a）为

$$\frac{\mathrm{d}x}{x+t} = \frac{\mathrm{d}y}{-y+t}$$

求某一瞬时 t 的流线时，应把时间 t 看作常数，因此积分可得到

$$\ln(x+t) = -\ln(-y+t) + \ln C$$

或

$$(x+t)(t-y) = C_1$$

即任一瞬时的流线族是一双曲线族。

为了找到瞬时 $t = 0$ 时经过点 $A(-1,1)$ 的流线，把 t, x, y 的数值代入流线方程，得到 $C_1 = -1$，从而得到要求的流线方程是

$$xy = 1$$

在图 3-10 中表示了这一条流线。为了确定流线的运动方向，可以这样来分析，由 $t = 0$ 时，$v_x = x$，对于 $x < 0$ 的点，$v_x < 0$，因此流体是逆时针运动的。

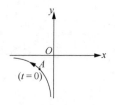

图 3-10 例 3-1 中流线

3. 脉线

流场中除了迹线和流线，还有一种描述流场的概念，即脉线。脉线是在某一时间间隔内相继经过空间一固定点的流体质点依次串连而成的曲线。在观察流场流动时，可以将红色墨水用针管缓缓地顺流推入缓慢流动的水中，红色墨水形成的线，即为脉线。在定常流场中，脉线的形状不变，与流线、迹线重合。但在非定常流动中脉线与流线不重合，不能将它误认为流线。脉线与迹线是密切相关的。在流体力学的实验技术中，有很多种使脉线可视化的方法。例如，利用随流而动的染色液、烟丝、氢气泡等显示流动图像，通过结合现代数字摄像技术和计算机图像处理，能使流场的几何描述更形象、更生动。

3.5.2　流管及流面

在流场中划一任意封闭曲线 C（不是流线），通过曲线 C 的每一点作一流线，这些流线便形成一条流管，如图 3-11 所示。若流管的横截面尺寸为无限小时，则这种流管就称为基元流管。在基元流管任一截面上的流动参数都可以认为是均一的。

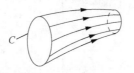

图 3-11　流管

流面则是通过一条不封闭或封闭曲线的每一点所作的流线组成的曲面，如图 3-12 所示。

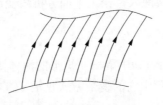

图 3-12　流面示意图

因为流管的侧表面是由流线组成的，根据流线的定义，流线上各点没有垂直于流线的法向分速，所以流管表面上流体质点的速度方向总是和表面相切的。在定常流动中，流管的形状不随时间改变，因此在流管以内或以外的流体质点只能始终在流管以内或以外流动，不能穿越管壁。从这个意义上看，对于无黏性流体（无黏流）的定常流动，可以用流管来代替一个具有固体壁面的管道。因此，流管虽然只是一个假想的管子，但它却像真的固体壁面一样，把管内外的流体完全隔开。

3.6 流体微团的运动和变形

3.6.1 流体微团的运动分析

流体微团与流体质点是不同的概念。在连续介质中，流体质点是可以忽略线性尺度效应（膨胀、变形、转动等）的最小单元。流体微团是由大量流体质点组成的具有线性尺度效应的微小流体团。流场的性质与流体微团的运动形式密切相关，流体微团所受应力也与流体微团的变形相联系。为了分析整个流场的流体运动形态，需要首先分析流体微团运动的基本形式。流体微团除了具有像刚体一样的平动和旋转外，通常还带有非常复杂的变形运动。变形包括流体微团伸长或压缩引起的线变形，以及切应力引起的剪切变形。流体微团的运动形式可用图 3-13 表示。

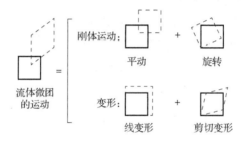

图 3-13　流体微团运动形式

平动比较简单这里不做深入讨论。下面分析线变形、剪切变形和旋转。

1. 线变形

假定 t 时刻在二维平面流动中取出一矩形的流体微团 $ABCD$，见图 3-14。x 方向的长度为 $\mathrm{d}x$，在运动过程中它的变形方式仅沿 x 方向伸长，该微团左侧边的运

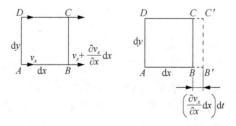

图 3-14　线变形示意图

动速度为 v_x，则右侧边的运动速度可表示为 $v_x + \dfrac{\partial v_x}{\partial x}dx$。在 $t + dt$ 时刻，流体微团 x 方向的长度为 $dx + \dfrac{\partial v_x}{\partial x}dxdt$。

流体微团相对伸缩量为 $\left[\left(dx + \dfrac{\partial V_x}{\partial x}dxdt\right) - dx\right]\bigg/ dx = \dfrac{\partial v_x}{\partial x}dt$，那么单位时间的相对伸缩量为

$$\left[\left(dx + \frac{\partial v_x}{\partial x}dxdt\right) - dx\right]\bigg/ dxdt = \frac{\partial v_x}{\partial x} = \varepsilon_x \tag{3-19a}$$

式中，ε_x 称为 x 方向线变形速率。

同理，y 方向线变形速率为

$$\varepsilon_y = \frac{\partial v_y}{\partial y} \tag{3-19b}$$

z 方向线变形速率为

$$\varepsilon_z = \frac{\partial v_z}{\partial z} \tag{3-19c}$$

下面分析只考虑 x 方向线性伸缩时流体微团的相对体积相对变化率。

t 时刻的流体微团体积为 $dxdydz$，$t + dt$ 时刻流体微团体积为 $\left(dx + \dfrac{\partial v_x}{\partial x}dxdt\right)dydz$，流体微团 x 方向线性变形导致的体积增长量为 $\dfrac{\partial v_x}{\partial x}dxdydzdt$，单位时间流体微团 x 方向线性变形导致的体积相对变化率为

$$\frac{1}{\delta V}\frac{d(\delta V)}{dt} = \frac{1}{dxdydz}\frac{\dfrac{\partial v_x}{\partial x}dxdydzdt}{dt} = \frac{\partial v_x}{\partial x} = \varepsilon_x \tag{3-20}$$

可以看出，只考虑 x 方向线性伸缩时，体积的相对变化率即 x 方向的线变形速率。同理，可以推导出同时考虑 x, y, z 三个方向的线性伸缩时，体积相对变化率为

$$\frac{1}{\delta V}\frac{d(\delta V)}{dt} = \frac{\partial v_x}{\partial x} + \frac{\partial v_y}{\partial y} + \frac{\partial v_z}{\partial z} = \varepsilon_x + \varepsilon_y + \varepsilon_z = \nabla \cdot \vec{v} \tag{3-21}$$

拓展延伸

散度及其意义

　　三个相互垂直方向的线变形率之和在向量分析中称为速度 $\vec{v}$ 的散度，符号为 $\mathrm{div}\vec{v}$，即

$$\mathrm{div}\vec{v} = \nabla \cdot \vec{v} = \frac{\partial v_x}{\partial x} + \frac{\partial v_y}{\partial y} + \frac{\partial v_z}{\partial z}$$

散度在流体力学里表示流体微团的相对体积膨胀率，即单位时间单位体积的增长量。在运动中不论流体微团的形状怎么变，体积怎么变，它的质量总是不变的。质量等于体积乘密度，因此在密度不变的不可压缩流动里，微团的体积不变，其速度的散度必为零。

$$\mathrm{div}\vec{v} = \nabla \cdot \vec{v} = \frac{\partial v_x}{\partial x} + \frac{\partial v_y}{\partial y} + \frac{\partial v_z}{\partial z} = 0$$

如果是密度有变化的流动，那么散度一般不等于零。

2. 剪切变形

在 xy 平面内，当流体微团的 AB 和 AD 边各转动一个角度时，造成了 $\angle BAD$ 的改变，见图 3-15，此时流体微团发生了剪切变形。

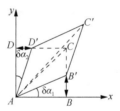

图 3-15　剪切变形示意图

剪切变形以流体微团上任意两条相互垂直的流体线夹角时间变化率的一半表示，即采用剪切变形角速度表示。流体线是指由流体质点组成的线段，在流动过程中它随流体的运动而运动，并改变其形状，但不会产生断裂。现在以相互垂直的流体微团边线 AB 和 AD 作为考虑的流体线。在 $\mathrm{d}t$ 时间内，AB 和 AD 分别转过了角度 $\delta\alpha_1$ 和 $\delta\alpha_2$。$\delta\alpha_1$ 是由 AB 边逆时针旋转形成的，因 $\delta\alpha_1$ 非常小，可近似地由 $\mathrm{tg}(\delta\alpha_1)$ 表示。B 点的 y 向速度为 $v_y + \frac{\partial v_y}{\partial x}\mathrm{d}x$，$\mathrm{d}t$ 时间内 B 点移动的距离可用 $\left(v_y + \frac{\partial v_y}{\partial x}\mathrm{d}x\right)\mathrm{d}t$ 表示，因此 $\delta\alpha_1$ 的变化率可以表示为

$$\delta\dot{\alpha}_1 = \frac{\left(v_y + \dfrac{\partial v_y}{\partial x}\mathrm{d}x - v_y\right)\mathrm{d}t}{\mathrm{d}x} \bigg/ \mathrm{d}t = \frac{\partial v_y}{\partial x} \tag{3-22a}$$

同理，假设 A 点 x 方向速度为 v_x，则 D 点的方 x 向速度为 $v_x + \dfrac{\partial v_x}{\partial y}\mathrm{d}y$，$\mathrm{d}t$ 时间内 D 点移动的距离可用 $\left(v_x + \dfrac{\partial v_x}{\partial y}\mathrm{d}y\right)\mathrm{d}t$ 表示，因此 $\delta\alpha_2$ 的变化率可以表示为

$$\delta\dot{\alpha}_2 = \frac{\left(v_x + \dfrac{\partial v_x}{\partial y}\mathrm{d}y - v_x\right)\mathrm{d}t}{\mathrm{d}y} \bigg/ \mathrm{d}t = \frac{\partial v_x}{\partial y} \tag{3-22b}$$

剪切变形角速度为

$$\gamma_z = \frac{1}{2}(\delta\dot{\alpha}_1 + \delta\dot{\alpha}_2) = \frac{1}{2}\left(\frac{\partial v_y}{\partial x} + \frac{\partial v_x}{\partial y}\right) \tag{3-23a}$$

zx 和 zy 平面内的剪切变形角速度为

$$\gamma_y = \frac{1}{2}\left(\frac{\partial v_x}{\partial z} + \frac{\partial v_z}{\partial x}\right) \tag{3-23b}$$

$$\gamma_x = \frac{1}{2}\left(\frac{\partial v_z}{\partial y} + \frac{\partial v_y}{\partial z}\right) \tag{3-23c}$$

3. 旋转运动

由于流体微团有变形，由微团中某一点引出的各条流体线的旋转角速度是互不相同的，所以必须用平均旋转的概念来描述流体微团的转动。流体微团的旋转角速度是指微团上两条互相垂直流体线的平均旋转角速度，即两条互相垂直流体线角平分线的旋转角速度。仍以微团的两条边线 AB 和 AD 作为考虑的互相垂直的流体线，规定逆时针旋转角速度为正，顺时针为负，AB 线和 AD 线的旋转角速度分别为

$$\delta\dot{\alpha}_1 = \frac{\partial v_y}{\partial x}, \quad \delta\dot{\alpha}_2 = -\frac{\partial v_x}{\partial y}$$

微团绕 z 轴旋转角速度为 AB 线和 AD 线旋转角速度的平均值，即

$$\omega_z = \frac{1}{2}\left(\frac{\partial v_y}{\partial x} - \frac{\partial v_x}{\partial y}\right) \tag{3-24a}$$

绕 x 轴和 y 轴的旋转角速度分别为

$$\omega_x = \frac{1}{2}\left(\frac{\partial v_z}{\partial y} - \frac{\partial v_y}{\partial z}\right) \tag{3-24b}$$

$$\omega_y = \frac{1}{2}\left(\frac{\partial v_x}{\partial z} - \frac{\partial v_z}{\partial x}\right) \tag{3-24c}$$

式（3-24）是流体微团在三个轴向旋转角速度的分量，通常以矢量表示流体微团的合旋转角速度，因此有

$$\vec{\omega} = \omega_x \vec{i} + \omega_y \vec{j} + \omega_z \vec{k} = \frac{1}{2}\left(\frac{\partial v_z}{\partial y} - \frac{\partial v_y}{\partial z}\right)\vec{i} + \frac{1}{2}\left(\frac{\partial v_x}{\partial z} - \frac{\partial v_z}{\partial x}\right)\vec{j} + \frac{1}{2}\left(\frac{\partial v_y}{\partial x} - \frac{\partial v_x}{\partial y}\right)\vec{k} \tag{3-25a}$$

在场论中速度矢量的旋度表示为

$$\vec{\xi} = \mathrm{rot}\vec{v} = \left(\frac{\partial v_z}{\partial y} - \frac{\partial v_y}{\partial z}\right)\vec{i} + \left(\frac{\partial v_x}{\partial z} - \frac{\partial v_z}{\partial x}\right)\vec{j} + \left(\frac{\partial v_y}{\partial x} - \frac{\partial v_x}{\partial y}\right)\vec{k} \tag{3-25b}$$

因此，

$$\vec{\xi} = 2\vec{\omega} = \nabla \times \vec{v} \tag{3-25c}$$

3.6.2　亥姆霍兹速度分解定理

在一般情况下，流体微团的运动由平动、线变形、剪切变形、旋转四种基本运动复合而成。在某瞬间 t，流体微团中心 $M(x, y, z)$ 处质点运动速度为 $\vec{v}$，邻近于 M 点流体微团上另一点 $M_1(x + \delta x, y + \delta y, z + \delta z)$ 处的流体质点的运动速度为 $\vec{v}_1$，应用泰勒级数展开式，并略去二阶以上微量，M_1 处的三个速度分量可表示为

$$v_{x1} = v_x + \left(\frac{\partial v_x}{\partial x}\right)_M \delta x + \left(\frac{\partial v_x}{\partial y}\right)_M \delta y + \left(\frac{\partial v_x}{\partial z}\right)_M \delta z \tag{3-26a}$$

$$v_{y1} = v_y + \left(\frac{\partial v_y}{\partial x}\right)_M \delta x + \left(\frac{\partial v_y}{\partial y}\right)_M \delta y + \left(\frac{\partial v_y}{\partial z}\right)_M \delta z \tag{3-26b}$$

$$v_{z1} = v_z + \left(\frac{\partial v_z}{\partial x}\right)_M \delta x + \left(\frac{\partial v_z}{\partial y}\right)_M \delta y + \left(\frac{\partial v_z}{\partial z}\right)_M \delta z \tag{3-26c}$$

从式（3-26）可以看出，M_1 点的速度是由 M 点的速度及速度分量的偏导数表示的。下面改写速度分量的偏导数项，将其组成线变形、剪切变形、旋转角速度的表达式。

以式（3-26a）为例，在等号右边加上 $\pm\frac{1}{2}\left(\frac{\partial v_y}{\partial x}\right)\delta y$ 和 $\pm\frac{1}{2}\left(\frac{\partial v_z}{\partial x}\right)\delta z$，进行整理得

$$v_{x1} = v_x + \left(\frac{\partial v_x}{\partial x}\right)\delta x + \frac{1}{2}\left(\frac{\partial v_x}{\partial y} + \frac{\partial v_y}{\partial x}\right)\delta y + \frac{1}{2}\left(\frac{\partial v_z}{\partial x} + \frac{\partial v_x}{\partial z}\right)\delta z$$

$$+\frac{1}{2}\left(\frac{\partial v_x}{\partial z}-\frac{\partial v_z}{\partial x}\right)\delta z-\frac{1}{2}\left(\frac{\partial v_y}{\partial x}-\frac{\partial v_x}{\partial y}\right)\delta y$$

即

$$v_{x1}=v_x+[\varepsilon_x\delta x+(\gamma_z\delta y+\gamma_y\delta z)]+(\omega_y\delta z-\omega_z\delta y) \tag{3-27a}$$

同理，式（3-26b）、式（3-26c）可写成如下形式：

$$v_{y1}=v_y+[\varepsilon_y\delta y+(\gamma_x\delta z+\gamma_z\delta x)]+(\omega_z\delta x-\omega_x\delta z) \tag{3-27b}$$

$$v_{z1}=v_z+[\varepsilon_z\delta z+(\gamma_y\delta x+\gamma_x\delta y)]+(\omega_x\delta y-\omega_y\delta x) \tag{3-27c}$$

式（3-27）称为亥姆霍兹速度分解定理，说明微团中相邻两点速度的差别是线变形、剪切变形和旋转运动所造成的。流场中任一点的速度一般可认为是由平动、线变形、剪切变形、旋转组成。

3.7　有旋流动及无旋流动

为探讨流体运动的特殊规律，根据 3.6 节流体微团的基本运动形式可将流体运动进一步分类。按流体微团有无旋转运动，可将流体运动分为有旋流动和无旋流动。

3.7.1　有旋流动及旋涡强度

有旋流动是指流场中流体微团的旋转角速度不等于零的流动。有旋流动又称旋涡流动。涡的存在对整个流场都会起作用。涡有两种形式，一种涡是肉眼可以看得出流体在旋转，称为集中涡或物理涡，如龙卷风、台风和桥墩后的旋流等；另一种是肉眼看不出流体在旋转，有时称为数学涡，如物体在流体中运动时，表面形成一层很薄的边界层流动，在这个薄层中就存在大量的小旋涡，虽然肉眼看不出流体在旋转，但通过测得的速度分布，可以算出其旋转角速度。

1. 涡线和涡管

有旋流动流场中处处存在旋转角速度 $\vec{\omega}=\omega_x\vec{i}+\omega_y\vec{j}+\omega_z\vec{k}$，旋转轴线按右手定则确定。当把角速度矢量场作为研究对象时，称之为旋涡场。与流场中流线和流管的概念类似，在旋涡场中有涡线和涡管的概念。

涡线是这样一条曲线，某一瞬间曲线上每一点处角速度矢量的方向都与该处曲线的切线方向相同，见图 3-16，所以与流线的微分方程类似，涡线的微分方程为

$$\frac{\mathrm{d}x}{\omega_x} = \frac{\mathrm{d}y}{\omega_y} = \frac{\mathrm{d}z}{\omega_z} \qquad\qquad （3\text{-}28a）$$

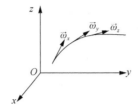

图 3-16　涡线图

矢量形式为

$$\mathrm{d}\vec{l} \times \vec{\omega} = 0 \qquad\qquad （3\text{-}28b）$$

如果在旋涡场中任取一条封闭曲线，通过曲线上的每一点作一条涡线，所有涡线形成的管形曲面称之为涡管，如图 3-17 所示。

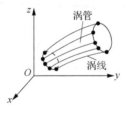

图 3-17　涡管图

2. 速度环量

在旋涡场中，一般采用旋涡强度衡量涡的强弱，为了方便地计算旋涡强度，首先学习速度环量的概念。所谓速度环量是指流场中流动速度沿给定封闭曲线的线积分。在流体力学中，它是一个很重要的物理量，可以作为旋涡运动定量分析的代表量。

速度环量的计算如下。在流场中取一条任意的空间封闭曲线 C，如图 3-18 所示，沿该曲线流体运动速度是连续变化的。根据环量定义有

$$\Gamma_C = \oint_C \vec{v} \cdot \mathrm{d}\vec{l} \qquad\qquad （3\text{-}29）$$

式中，$\mathrm{d}\vec{l}$ 代表曲线 C 上一个长度为 $\mathrm{d}l$ 的无限小弧段，其方向与曲线在该处的切线方向重合，α 为 $\vec{v}$ 与 $\mathrm{d}\vec{l}$ 之间的夹角。由于

$$\vec{v} = v_x \vec{i} + v_y \vec{j} + v_z \vec{k}$$

$$d\vec{l} = dx\vec{i} + dy\vec{j} + dz\vec{k}$$

故

$$\Gamma_C = \oint_C (v_x dx + v_y dy + v_z dz) \tag{3-30}$$

这是速度环量的一般表达式。根据惯例，环量的积分方向取逆时针方向为正，顺时针方向为负。无论是有旋流动，还是无旋流动，都可利用式（3-29）或式（3-30）来计算沿指定封闭曲线的环量。

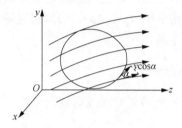

图 3-18　速度环量示意图

3. 有旋流动中环量与旋涡强度的关系

利用高等数学中线积分与面积分关系的斯托克斯公式建立旋涡强度与速度环量之间的关系式。高等数学中斯托克斯公式如下：

$$\Gamma_C = \oint_C (Pdx + Qdy + Rdz) = \int_A \left[\left(\frac{\partial R}{\partial y} - \frac{\partial Q}{\partial z} \right) dydz + \left(\frac{\partial P}{\partial z} - \frac{\partial R}{\partial x} \right) dzdx + \left(\frac{\partial Q}{\partial x} - \frac{\partial P}{\partial y} \right) dxdy \right] \tag{3-31}$$

根据斯托克斯公式（3-31）、式（3-30）可改写成

$$\Gamma_C = \oint_C (V_x dx + V_y dy + V_z dz) = \int_A \left[\left(\frac{\partial v_z}{\partial y} - \frac{\partial v_y}{\partial z} \right) dydz + \left(\frac{\partial v_x}{\partial z} - \frac{\partial v_z}{\partial x} \right) dzdx \right.$$
$$\left. + \left(\frac{\partial v_y}{\partial x} - \frac{\partial v_x}{\partial y} \right) dxdy \right] \tag{3-32}$$

式（3-32）中小括号内各项分别代表旋度在 x 向、y 向和 z 向的分量，因此得到

$$\Gamma_C = \oint_C (v_x dx + v_y dy + v_z dz) = \int_A (\xi_x dA_x + \xi_y dA_y + \xi_z dA_z) = \int_A (\nabla \times \vec{v}) \cdot d\vec{A} \tag{3-33}$$

式中，C 为空间的封闭曲线；A 为以 C 为边界的空间曲面；dA_x 表示空间曲面上微元面积 dA 在垂直于 x 轴方向的投影；dA_y 表示空间曲面上微元面积 dA 在垂直于 y 轴方向的投影；dA_z 表示空间曲面上微元面积 dA 在垂直于 z 轴方向的投影。

式（3-33）等号右边表示面积 A 上的旋涡强度，或称之为通过面积 A 的涡通量。

式（3-33）说明，沿空间任意封闭曲线的速度环量，等于该曲线上任意空间连续曲面的旋涡强度。有了斯托克斯定理，在研究旋涡运动时，就可以用速度环量作为旋涡运动定量分析的代表量。由于速度可以测量，速度环量是线积分，而旋度不能直接测量，旋涡强度又是面积分，因此用速度环量代替旋涡强度在研究涡运动时进行实验和理论分析就更方便些。

这里要强调，使用式（3-33）是有条件的，它要求曲面是连续的，曲面上速度和速度的偏导数也必须是连续的，因而曲面是单连域。对于复连域，要计算沿封闭曲线的环量，不能直接引用式（3-33），必须引进辅助线，把复连域变成单连域，然后再引用斯托克斯定理。

3.7.2　无旋流动及速度势函数

无旋流动是指流场中各处的旋度（或者旋转角速度）都等于零的流动，无旋流动的条件可写成

$$\vec{\xi}=0 \quad \text{或} \quad \frac{\partial v_z}{\partial y}=\frac{\partial v_y}{\partial z}, \quad \frac{\partial v_x}{\partial z}=\frac{\partial v_z}{\partial x}, \quad \frac{\partial v_y}{\partial x}=\frac{\partial v_x}{\partial y} \qquad （3-34）$$

此处需注意，流体运动是无旋还是有旋，仅仅取决于流体微团是否有旋转运动，与流体微团的运动轨迹无关。在图 3-19 所示的流体中，尽管图 3-19（a）所示流体微团的运动轨迹是曲线，但流体微团运动过程并没有发生旋转，故是无旋流动；图 3-19（b）所示流体微团的运动轨迹是直线，但微团在运动过程有旋转运动，所以是有旋运动。当运动流体需要考虑黏性时，由于存在摩擦力，这时的流动为有旋流动。例如，均匀气流流过平板，在紧靠壁面的边界层内，需要考虑黏性影响，因此边界层内的流动是有旋流动。边界层以外，黏性影响可以忽略，因此可视为无旋流动。

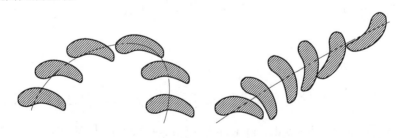

（a）无旋流动　　　　　　　　　　（b）有旋流动

图 3-19　无旋流动与有旋流动

流体无旋运动的条件为

$$\nabla \times \vec{v} = 0 \qquad\qquad (3\text{-}35)$$

根据矢量运算法则，对于任何标量 φ，有

$$\nabla \times \nabla \varphi = 0 \qquad\qquad (3\text{-}36)$$

对比式（3-35）和式（3-36），可以定义一个标量 φ，它与速度的关系为

$$\vec{v} = \nabla \varphi \qquad\qquad (3\text{-}37a)$$

写成分量形式：

$$v_x = \frac{\partial \varphi}{\partial x}, \quad v_y = \frac{\partial \varphi}{\partial y}, \quad v_z = \frac{\partial \varphi}{\partial z} \qquad\qquad (3\text{-}37b)$$

函数 φ 称为速度势函数，由于它的梯度等于速度矢量，故又称速度势。单连通域的流场，φ 是单值函数，否则一般是多值函数。由于无旋流动一定存在势函数，故无旋流动又称有势流动，简称势流。

从式（3-37b）可以看出，速度势 φ 对于三个坐标的偏导数等于速度在对应坐标方向上的分量。速度势的这一重要性质在任何方向上都成立，证明过程如下。

设在无旋流动中，M 点的速度是 $\vec{v}$，v_S 是在任一方向 $\vec{S}$ 上的投影（图 3-20），则

$$v_S = v_x \cos(\vec{S}, x) + v_y \cos(\vec{S}, y) + v_z \cos(\vec{S}, z) \qquad\qquad (3\text{-}38)$$

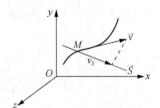

图 3-20　速度势函数示意图

速度势沿 S 方向的偏导数为

$$\frac{\partial \varphi}{\partial S} = \frac{\partial \varphi}{\partial x}\frac{\mathrm{d}x}{\mathrm{d}S} + \frac{\partial \varphi}{\partial y}\frac{\mathrm{d}y}{\mathrm{d}S} + \frac{\partial \varphi}{\partial z}\frac{\mathrm{d}z}{\mathrm{d}S} = v_x \frac{\mathrm{d}x}{\mathrm{d}S} + v_y \frac{\mathrm{d}y}{\mathrm{d}S} + v_z \frac{\mathrm{d}z}{\mathrm{d}S}$$

但

$$\frac{\mathrm{d}x}{\mathrm{d}S} = \cos(\vec{S}, x), \qquad \frac{\mathrm{d}y}{\mathrm{d}S} = \cos(\vec{S}, y), \qquad \frac{\mathrm{d}z}{\mathrm{d}S} = \cos(\vec{S}, z)$$

故

$$\frac{\partial \varphi}{\partial S} = v_x \cos(\vec{S}, x) + v_y \cos(\vec{S}, y) + v_z \cos(\vec{S}, z) \tag{3-39}$$

比较式（3-38）与式（3-39），得

$$\frac{\partial \varphi}{\partial S} = v_S \tag{3-40}$$

即有势流中，沿任意方向的速度分量等于速度势在该方向的方向导数。

【例 3-2】　有一速度场，其速度分布

$$v_x = x + t, \quad v_y = -y + t$$

试判断该流场是否为无旋流场，若为无旋流动，求其速度势。

解：因为 $\frac{\partial v_x}{\partial y} = 0$，$\frac{\partial v_y}{\partial x} = 0$，所以 $\frac{\partial v_x}{\partial y} = \frac{\partial v_y}{\partial x}$，则流动为无旋流动。

$$\varphi(x, y, z, t) = \int \frac{\partial \varphi}{\partial x} \mathrm{d}x + f(y, t) = \int (x + t) \mathrm{d}x + f(y, t)$$

$$= \frac{x^2}{2} + xt + f(y, t)$$

$$v_y = \frac{\partial \varphi}{\partial y} = f(y, t) = -y + t$$

$$f(y, t) = -\frac{1}{2} y^2 + yt + g(t)$$

所以

$$\varphi(x, y, z, t) = \frac{1}{2} x^2 - \frac{1}{2} y^2 + (x + y)t + g(t)$$

为简单起见，令 $x = y = 0$ 时 $\varphi = 0$，则有 $g(t) = 0$，所以流场的速度势为

$$\varphi(x, y, z, t) = \frac{1}{2}(x^2 - y^2) + (x + y)t$$

〉〉〉历史人物〈〈〈

　　拉格朗日（Joseph-Louis Lagrange）是数学和力学史上的一位重要人物。他的一生可分为三个时期：早期在意大利的都灵（1736～1766 年），中期在普鲁士的柏林（1766～1787 年），后期在法国的巴黎（1787～1813 年）。他在 18 岁时开始写论文。1755 年，他致信欧拉参加关于变分原理的讨论，给出了求泛函极值的分

析方法，此工作被欧拉赏识。拉格朗日在 21 岁时，以他为首的一批青年组成了都灵科学协会，并创办了一本杂志——《都灵科学论丛》（1759 年出版）。杂志前三卷大部分登的是拉格朗日的论文。大约从 19 岁开始，当他介入变分法讨论时，便开始了《分析力学》的构思。1766 年，欧拉应聘彼得堡科学院并要离开柏林普鲁士科学院，他举荐拉格朗日接替他的位置。从此，拉格朗日成为该院数学部主任。这一段是他一生中的鼎盛期。他在三体问题、行星运动、流体力学、微分方程、数论、概率论等方面都有重要贡献。1787 年，他来到巴黎科学院，在那里出版了《分析力学》，并且参加了法国大革命后科学院成立的度量衡委员会的工作。1813 年 4 月 10 日，拉格朗日去世了，在弥留之际所说的话是："我过完了我的一生，我在数学中得到了一些名声。我从不恨任何人，我没有做过什么坏事，死会是很好的，但是我的妻子不希望我死。"他就这样坦然地离开了人世。拿破仑称赞他是"数学学科高耸的金字塔"。他去世后近 200 年来，现代科学技术的发展越来越证明他开拓的分析力学的重要性，无论从数学上还是力学上它仍然是人们进入现代科学必须掌握的工具。[以上内容来源于《力学史》[1]，作者武际可，上海辞书出版社]

亥姆霍兹（Hermann Ludwig Ferdinand von Helmholtz，1821～1894 年），亥姆霍兹出生于柏林波茨坦，生物物理学家和数学家，能量守恒定律的创始人。1842 年，亥姆霍兹获得博士学位。1847 年 7 月 23 日，他向物理学会作了题为《论力的守恒》的著名报告，其结论与 1843 年焦耳的实验完全一致，很快就被人们称为"自然界最高又最重要的原理"。值得介绍的是亥姆霍兹在德国科学家发展中所起的组织作用。1870 年，他的老师马格努斯（Heinrich Gustav Magnus，1802～1870 年），德国最早的物理研究所所长逝世了，当时还是副教授的亥姆霍兹继任所长。那时德国的科学研究水平比起英国与法国要落后得多。不久普法战争结束，德国从法国得到一大笔赔款，德国的经济状况有所改善，亥姆霍兹得到了 300 万马克的经费去筹建新的研究所，经过五年的努力建成新研究所。这个研究所后来吸引了大批优秀的年轻学者，而且他的研究课题同工业的发展紧密联系，后来形成德国科学研究的一个十分好的传统。亥姆霍兹担任德国物理协会会长长达数十年之久，被人称为"德国物理学的宰相"。[以上内容来源于《力学史》[1]，作者武际可，上海辞书出版社]

习　题

3-1　已知速度场 $u_x = 2t + 2x + 2y$，$u_y = t - y + z$，$u_z = t + x - z$。试求点（2,2,1）

在 $t=3$ 时的加速度。

3-2　一平面流场的速度为 $\vec{u}=2xt\vec{i}-2yt\vec{j}$，试求：

（1）在 x 和 y 方向的局部加速度和对流加速度；

（2）$t=0$ 时，$x=1,y=1$ 点速度和加速度的方向和大小。

3-3　流场中，$v_x=3yz^2$，$v_y=xz$，$v_z=y$，求直角坐标系 x、y、z 方向的加速度分量表达式。

3-4　陨星坠落时在天空划过的线是什么线？烟囱中冒出的烟是什么线？飞机尾部拉出的白线是什么线？

3-5　已知平板边界层内速度分布为 $\dfrac{v_x}{v_\infty}=\left(\dfrac{y}{\delta}\right)^{1/7}$ 试问该流动是有旋流动还是无旋流？

3-6　圆管中的层流流动，当取管轴线与 x 轴重合时，其速度分布表达式为

$$v_x=v_m-k(y^2+z^2),v_y=v_z=0$$

其中，v_m 为管轴处速度，k 为常数，试问该流动是有旋流动还是无旋流动？

3-7　证明下列二维流场是连续的无旋流动，并求经过（1，2）点的流线方程。

$$v_x=x^2-y^2+x,\quad v_y=-(2xy+y)$$

3-8　已知非定常流动的速度分布为

$$u_x=x+t,\quad u_y=-y+2t$$

试求 $t=1$ 时经过坐标原点的流线方程。

3-9　已知速度分量为 $v_x=x^2+y^2+z^2$，$v_y=xy+yz+z^2$，$v_z=-3xz-\dfrac{z^2}{2}+4$。

（1）该流场是否为无旋流场？

（2）求相对体积膨胀率，并解释结果。

3-10　有一平面流场，其速度分布为 $v_x=x^2y+y^2,v_y=x^2-y^2x$，试求流场在（1，2）点处的旋转角速度、剪切变形角速度和体积膨胀率。

3-11　已知有旋流动的速度场为

$$u_x=2y+3z,\quad u_y=2z+3x,\quad u_z=2x+3y$$

试求旋转角速度和剪切变形角速度。

3-12　已知速度场 $u_x=xy^2$，$u_y=-\dfrac{1}{3}y^3$，$u_z=xy$，试求点（1,2,3）的加速度。

3-13　图习题 3-13 中某二维速度场 $v_x=x+2y$，$v_y=-y$，试分别用速度环量定义式和斯托克斯定理求沿图所示封闭周线的速度环量。

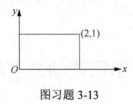

图习题 3-13

3-14　已知 $\vec{v} = x^2 y \vec{i} - xy^2 \vec{j}$，求流场的旋度。

3-15　已知速度场 $u_x = 3(x^2 - y^2)$，$u_y = -6xy$，该流动是否为无旋流，若是，求速度势。

第4章 理想流体动力学的基本方程

一般把黏性系数为零的流体称为理想流体。理想流体模型是一种简化的流动模型。真实流体都是有黏性的，当某些情况下黏性力的作用影响很小时，忽略黏性的作用，采用理想流体模型依然能够揭示出实际流动的主要规律，这样做给分析过程带来很大的便利，使研究变得简单。

无论是理想流体和还是黏性流体，方程都有积分形式和微分形式两种。本章将推导理想流体动力学基本方程的微分形式和积分形式。黏性流体动力学控制方程的积分形式和微分形式方程将在第6章进行推导。两种形式的基本方程在本质上是一样的，因此数学上是可以相互变换的。请注意，在应用方面两种形式的基本方程有所区别。当需要了解流体动力学问题的总体性能，如流体作用在物体上的合力，总的能量传递等，可用积分形式的基本方程求解，这种方法简单方便。如果要详细了解流体流动过程各参数的变化规律，就必须采用微分形式的基本方程。

本章介绍描述理想流体动力学的基本方程。

4.1 连 续 方 程

4.1.1 积分形式连续方程

连续方程是质量守恒定律应用于运动流体的数学表达式，因此又叫质量方程。

在流动流体中任取一体积为 V 的流体微团作为研究的体系，该体系的流体质量为 $\int_V \rho dV$，根据质量守恒定律，该体系的质量在流动过程中是不会随时间变化的，即

$$\frac{\mathrm{D}}{\mathrm{D}t} \int_V \rho dV = 0 \qquad (4\text{-}1)$$

现利用雷诺输运定理式（3-16）把它转变成控制体形式的积分方程。令 $\eta = \rho$，则 $N = \int_V \rho dV$，式（4-1）变成

$$\frac{\mathrm{D}}{\mathrm{D}t}\int_V \rho\mathrm{d}V = \int_V \frac{\partial \rho}{\partial t}\mathrm{d}V + \oint_A \rho\vec{v}\cdot\mathrm{d}\vec{A} = 0$$

因而有

$$\int_V \frac{\partial \rho}{\partial t}\mathrm{d}V = -\oint_A \rho\vec{v}\cdot\mathrm{d}\vec{A} \tag{4-2}$$

　　式（4-2）就是适用于控制体的积分形式连续方程。式（4-2）说明，控制体内流体质量的增加率，等于流过控制面的流体净流进率。

　　积分形式的连续方程有如下几种特殊情况：

　　1）不可压缩流体流动

　　对于不可压缩流体，式（4-2）可写成

$$\oint_A \vec{v}\cdot\mathrm{d}\vec{A} = 0 \tag{4-3a}$$

将流入面和流出面分开写作：

$$\int_{A_{\text{进}}} \vec{v}\cdot\mathrm{d}\vec{A} = \int_{A_{\text{出}}} \vec{v}\cdot\mathrm{d}\vec{A} \tag{4-3b}$$

说明对于不可压缩流体流动，当不存在内部源时，经过控制面流进控制体的流体容积流量等于流出控制体的容积流量。注意，式（4-3）对定常流动和非定常流动都适用。

　　2）可压缩流体定常流动

　　由于 $\frac{\partial \rho}{\partial t}=0$，式（4-2）可写成

$$\oint_A \rho\vec{v}\cdot\mathrm{d}\vec{A} = 0 \tag{4-4a}$$

或写成

$$\int_{A_{\text{进}}} \rho\vec{v}\cdot\mathrm{d}\vec{A} = -\int_{A_{\text{出}}} \rho\vec{v}\cdot\mathrm{d}\vec{A} \tag{4-4b}$$

　　说明对于可压缩流体定常流动，当不存在内部源时，流进控制体的质量流量，等于流出控制体的质量流量。

　　3）一维定常流动

　　对一维定常流动，式（4-2）可写成

$$\rho_1 v_1 A_1 = \rho_2 v_2 A_2 \tag{4-5a}$$

或写成

$$\rho v A = \mathrm{const} \tag{4-5b}$$

说明一维定常流动通过各横截面的质量流量都相等，可压缩或不可压缩一维定常流动均适用。

4.1.2　微分形式连续方程

在充满流动流体的空间取一相对于坐标系位置固定不变的微元六面体作为控制体，其棱边分别平行于各坐标轴，如图 4-1 所示。根据质量守恒定律建立通过控制面的流量与控制体内流体质量变化率之间的关系。

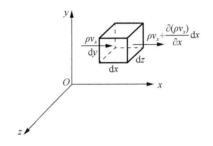

图 4-1　微元六面体

首先计算通过微元控制体表面的流体质量。单位时间内经过微元控制体左边界面单位面积上沿 x 轴方向的质量流量为 ρv_x。单位时间内流过右边界面单位面积上的质量可按泰勒公式求得 $\rho v_x + \dfrac{\partial(\rho v_x)}{\partial x}\mathrm{d}x$。因此，单位时间内沿 x 轴方向经过 $\mathrm{d}y\mathrm{d}z$ 表面净流出的流体质量为

$$\frac{\partial(\rho v_x)}{\partial x}\mathrm{d}x\mathrm{d}y\mathrm{d}z$$

同理，单位时间内沿 y 轴方向经过 $\mathrm{d}x\mathrm{d}z$ 表面净流出的流体质量为

$$\frac{\partial(\rho v_y)}{\partial y}\mathrm{d}x\mathrm{d}y\mathrm{d}z$$

单位时间内沿 z 轴方向经过 $\mathrm{d}x\mathrm{d}y$ 表面净流出的流体质量为

$$\frac{\partial(\rho v_z)}{\partial z}\mathrm{d}x\mathrm{d}y\mathrm{d}z$$

因此，单位时间内从微元控制体表面净流出的流体质量为

$$\left[\frac{\partial(\rho v_x)}{\partial x}+\frac{\partial(\rho v_y)}{\partial y}+\frac{\partial(\rho v_z)}{\partial z}\right]\mathrm{d}x\mathrm{d}y\mathrm{d}z$$

由于流体不断从控制体中流出，控制体内的流体不断减少。但控制体的体积

不变，密度随之不断减小，其变化率为 $-\dfrac{\partial \rho}{\partial t}$，单位时间控制体内流体质量将减少

$-\dfrac{\partial \rho}{\partial t}\mathrm{d}x\mathrm{d}y\mathrm{d}z$。

根据质量守恒定律，单位时间净流出微元控制体的质量应该等于控制体内流体质量的减少量，即

$$\left[\frac{\partial(\rho v_x)}{\partial x}+\frac{\partial(\rho v_y)}{\partial y}+\frac{\partial(\rho v_z)}{\partial z}\right]\mathrm{d}x\mathrm{d}y\mathrm{d}z = -\frac{\partial \rho}{\partial t}\mathrm{d}x\mathrm{d}y\mathrm{d}z$$

化简后得到

$$\frac{\partial \rho}{\partial t}+\frac{\partial(\rho v_x)}{\partial x}+\frac{\partial(\rho v_y)}{\partial y}+\frac{\partial(\rho v_z)}{\partial z}=0 \tag{4-6a}$$

这就是直角坐标系微分形式连续方程。写成矢量形式：

$$\frac{\partial \rho}{\partial t}+\nabla\cdot\left(\rho\vec{v}\right)=0 \tag{4-6b}$$

将方程（4-6b）展开，有

$$\frac{\partial \rho}{\partial t}+v_x\frac{\partial \rho}{\partial x}+v_y\frac{\partial \rho}{\partial y}+v_z\frac{\partial \rho}{\partial z}+\rho\left(\frac{\partial v_x}{\partial x}+\frac{\partial v_y}{\partial y}+\frac{\partial v_z}{\partial z}\right)=0 \tag{4-6c}$$

式（4-6c）前四项之和表示密度 ρ 的随流导数，故式（4-6c）可改写成：

$$\frac{\mathrm{D}\rho}{\mathrm{D}t}+\rho\left(\frac{\partial v_x}{\partial x}+\frac{\partial v_y}{\partial y}+\frac{\partial v_z}{\partial z}\right)=0 \tag{4-6d}$$

写成矢量形式为

$$\frac{\mathrm{D}\rho}{\mathrm{D}t}+\rho\nabla\cdot\vec{v}=0 \tag{4-6e}$$

式（4-6）是微分形式连续方程的不同表达形式。

微分形式连续方程有如下几种特殊情况：

1）不可压缩流体

对于不可压缩流体，不管是定常流动还是非定常流动，因 $\mathrm{D}\rho/\mathrm{D}t=0$，其微分形式方程为

$$\frac{\partial v_x}{\partial x}+\frac{\partial v_y}{\partial y}+\frac{\partial v_z}{\partial z}=0 \tag{4-7a}$$

矢量形式为

$$\nabla \cdot \vec{v} = 0 \qquad (4\text{-}7b)$$

2）可压缩流体定常流动

对于可压缩流体定常流动，因 $\dfrac{\partial \rho}{\partial t} = 0$，其连续方程为

$$\frac{\partial(\rho v_x)}{\partial x} + \frac{\partial(\rho v_y)}{\partial y} + \frac{\partial(\rho v_z)}{\partial z} = 0 \qquad (4\text{-}8)$$

3）一维定常流动

对于一维定常流动，根据连续性要求，流过各截面的流体质量不变，因此连续方程的微分形式是

$$\mathrm{d}(\rho A v) = 0 \qquad (4\text{-}9a)$$

还可以写成

$$\frac{\mathrm{d}\rho}{\rho} + \frac{\mathrm{d}A}{A} + \frac{\mathrm{d}v}{v} = 0 \qquad (4\text{-}9b)$$

4.1.3　微分与积分形式的转换

无论是积分形式还是微分形式的方程，它们都是守恒定律应用于运动流体的数学表达式，因此二者是可以相互推导的。本小节将通过数学变换，直接由微分形式的连续方程得到积分形式的连续方程。将式（4-6b）在一流动参数连续的控制体内进行积分得

$$\int_V \left[\frac{\partial \rho}{\partial t} + \nabla \cdot \left(\rho \vec{v} \right) \right] \mathrm{d}V = 0$$

根据高斯定理可得

$$\int_V \frac{\partial \rho}{\partial t} \mathrm{d}V + \oint_A \rho \vec{v} \cdot \mathrm{d}\vec{A} = 0 \qquad (4\text{-}10a)$$

因而有

$$\int_V \frac{\partial \rho}{\partial t} \mathrm{d}V = -\oint_A \rho \vec{v} \cdot \mathrm{d}\vec{A} \qquad (4\text{-}10b)$$

由积分形式向微分形式转换方法是类似的。这里请注意，由于连续方程不涉及作用力的问题，实际上是一个运动学方程。因此，各种形式的连续方程，不仅适用于无黏性流体，也适用黏性流体。

4.2　动　量　方　程

动量方程是牛顿第二定律应用于运动流体的数学表达式。下面分别介绍其积分形式和微分形式。

4.2.1　积分形式动量方程

本节通过对微元控制体进行分析得到微分形式动量方程，这种推导方式物理意义明确，推导过程如下。

对于某瞬间占据空间固定体积的流体构成的体系，牛顿第二定律可描述为体系所具有的动量对时间的变化率等于作用于该体系上所有外力的合力，即

$$\frac{\mathrm{D}}{\mathrm{D}t}\int_V \rho\vec{v}\mathrm{d}V = \sum\vec{F} \tag{4-11}$$

下面把它转变成适用于控制体的形式。取上述体系占据的空间为控制体，利用雷诺输运定理式（3-16），并令 $\eta = \rho\vec{v}$ ，$N = \int_V \eta\mathrm{d}V$ ，则式（4-11）可改写为

$$\int \frac{\partial(\rho\vec{v})}{\partial t}\mathrm{d}V + \oint_A (\vec{n}\cdot\vec{v})\rho\vec{v}\mathrm{d}A = \sum\vec{F} \tag{4-12}$$

式中，$\vec{n}$ 为控制面上微元面积 $\mathrm{d}A$ 的单位法向矢量；$\sum\vec{F}$ 为作用于控制体内流体所有外力的合力。外力分质量力和表面力。如以 $\vec{R}$ 表示单位质量流体所受到的质量力，则作用于控制体内所有流体的质量力的合力为

$$\vec{F}_b = \int_V \vec{R}\rho\mathrm{d}V$$

表面力又分法向力和切向力。对于理想流体，切向力为零，因此表面力仅为法向压力，作用于控制体表面的表面力合力为

$$\vec{F}_s = \oint_A -p\vec{n}\mathrm{d}A$$

式中，负号表示压强是指向控制体内部，而面积的方向则指向外法线方向。于是外力的合力为

$$\sum\vec{F} = \vec{F}_b + \vec{F}_s = \int_V \vec{R}\rho\mathrm{d}V - \oint_A p\vec{n}\mathrm{d}A \tag{4-13}$$

把式（4-13）代入式（4-12），就可得到适用于控制体的动量方程：

$$\int \frac{\partial(\rho\vec{v})}{\partial t}\mathrm{d}V + \oint_A (\vec{n}\cdot\vec{v})\rho\vec{v}\mathrm{d}A = \int_v \vec{R}\rho\mathrm{d}v - \oint_A p\vec{n}\mathrm{d}A \qquad (4\text{-}14)$$

式（4-14）左边第一项表示控制体内流体的动量随时间的变化率。对于定常流动，这一项等于零。第二项表示穿过控制体表面流体的动量通量，它等于单位时间流出控制体的流体带走的动量与流进控制体的流体带进的动量之差。因此，对于控制体而言，作用在控制体内流体上所有外力的合力，等于控制体内流体的动量随时间的变化率，加上单位时间内穿过控制面流出控制体的流体带走的动量与流进控制体的流体带进的动量之差。

4.2.2　微分形式动量方程

在运动流体中取一六面体微团（图 4-2），其质量为 $\rho\delta x\delta y\delta z$，根据牛顿第二定律，有

$$\vec{F} = \rho\delta x\delta y\delta z \frac{\mathrm{D}\vec{v}}{\mathrm{D}t} \qquad (4\text{-}15)$$

式中，作用于流体微团上的外力 $\vec{F}$ 包括质量力和表面力。设单位质量流体微团受到的质量力为 $\vec{R}$，则流体微团受到的质量力为 $\rho\delta x\delta y\delta z\vec{R}$。表面力分法向压力和切向力。这里研究的是理想流体，因此黏性力为零，表面力中只考虑法向压力。

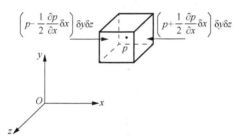

图 4-2　六面体微团

以六面体中心点处为参考点，流体微团沿坐标轴 x、y、z 方向的压力合力分别如下：沿 x 轴正方向压力的合力为 $\left(-\dfrac{\partial p}{\partial x}\delta x\right)\delta y\delta z$；沿 y 轴正方向压力的合力为 $\left(-\dfrac{\partial p}{\partial y}\delta y\right)\delta x\delta z$；沿 z 轴正方向压力的合力为 $\left(-\dfrac{\partial p}{\partial z}\delta z\right)\delta x\delta y$。因此，流体微团所受总的压力的合力可表示为

$$-\left(\vec{i}\frac{\partial p}{\partial x} + \vec{j}\frac{\partial p}{\partial y} + \vec{k}\frac{\partial p}{\partial z}\right)\delta x\delta y\delta z = -\nabla p\delta x\delta y\delta z$$

作用在流体微团上的所有外力的合力可表示为

$$\vec{F} = (\rho\vec{R} - \nabla p)\delta x\delta y\delta z \tag{4-16}$$

将式（4-16）代入式（4-15），整理后得

$$\rho\frac{\mathrm{D}\vec{v}}{\mathrm{D}t} = -\nabla p + \rho\vec{R} \tag{4-17a}$$

$$\frac{\mathrm{D}\vec{v}}{\mathrm{D}t} = -\frac{1}{\rho}\nabla p + \vec{R} \tag{4-17b}$$

这就是理想流体微分形式动量方程，又称欧拉运动微分方程。式（4-17）说明单位质量流体的惯性力与该流体受到的压力和质量力相平衡。

欧拉运动微分方程在直角坐标系中分量形式为

$$\frac{\partial v_x}{\partial t} + v_x\frac{\partial v_x}{\partial x} + v_y\frac{\partial v_x}{\partial y} + v_z\frac{\partial v_x}{\partial z} = f_x - \frac{1}{\rho}\frac{\partial p}{\partial x} \tag{4-18a}$$

$$\frac{\partial v_y}{\partial t} + v_x\frac{\partial v_y}{\partial x} + v_y\frac{\partial v_y}{\partial y} + v_z\frac{\partial v_y}{\partial z} = f_y - \frac{1}{\rho}\frac{\partial p}{\partial y} \tag{4-18b}$$

$$\frac{\partial v_z}{\partial t} + v_x\frac{\partial v_z}{\partial x} + v_y\frac{\partial v_z}{\partial y} + v_z\frac{\partial v_z}{\partial z} = f_z - \frac{1}{\rho}\frac{\partial p}{\partial z} \tag{4-18c}$$

在流场中，可用张量形式写出如下微分形式的动量方程：

$$\rho\frac{\partial v_i}{\partial t} + \rho v_j\frac{\partial v_i}{\partial x_j} = -\frac{\partial p}{\partial x_i} + \rho R_i \tag{4-19}$$

无论是积分形式的动量方程还是微分形式的动量方程，都是由牛顿第二定律推导出来的。由物理学原理可知，牛顿第二定律只适用于惯性系统，或相对于惯性系统做匀速直线运动的参照系，而在所有相对于惯性系统作变速运动的坐标系中，牛顿第二定律的形式就不适用了，这时必须考虑一些附加项。因此，动量方程的适用范围与牛顿第二定律是一致的。当采用非惯性坐标系时，需要加上科里奥利力或惯性力，并把速度改为相对速度。

〖拓展延伸〗

矢量、张量的分量表示

为了方便书写，本书在部分章节使用了矢量和张量的分量表示法，为了方便读者阅读，对此写法进行简单介绍，重点介绍笛卡儿坐标系下的写法。

1. 矢量分量表示法

在笛卡儿坐标系下，设其三个基矢量 $\vec{i}$、$\vec{j}$ 和 $\vec{k}$，则一个矢量 $\vec{a}$ 可以写成

$$\vec{a} = a_x\vec{i} + a_y\vec{j} + a_z\vec{k} \qquad\qquad (\text{a})$$

式中，$a_i(i = x, y, z)$ 分别表示三个方向的分量。由于基矢量 $\vec{i}$、$\vec{j}$ 和 $\vec{k}$ 固定，因此只需要确定三个分量就可以确定该矢量了，可以将 $\vec{a}$ 记为

$$\vec{a} = (a_x, a_y, a_z) \qquad\qquad (\text{b})$$

式（b）可以简写为

$$\vec{a} = a_i \qquad\qquad (\text{c})$$

式中，$i = x, y, z$，也可以用数字 1、2 和 3 表示 x、y 及 z，这样 $i = 1, 2, 3$。假设还有另外一个矢量 $\vec{b} = b_i$，则他们的点积为

$$\vec{a} \cdot \vec{b} = \sum_{i=x}^{z} a_i b_i \overset{\text{或者}}{=} \sum_{i=1}^{3} a_i b_i \qquad\qquad (\text{d})$$

为了方便，约定在计算式中，如果出现了两个下标相同的表示，针对该下标进行求和，该约定被称为爱因斯坦求和约定。这样式（d）可以简写为

$$\vec{a} \cdot \vec{b} = a_i b_i \qquad\qquad (\text{e})$$

在式（c）中，由于指标 i 只出现了一次，表示要遍历 x、y 及 z，此时它表示一个矢量，被称为自由标。在式（e）中，指标 i 出现了两次，表示针对其进行求和，此时它被称为哑标。指标的 i 可以用其他符号来代替，例如：

$$\vec{a} = a_j, \quad \vec{a} \cdot \vec{b} = a_j b_j = a_k b_k \qquad\qquad (\text{f})$$

2. 张量分量表示法

类似地，一个二阶张量 $\vec{\vec{T}}$ 可以用分量表示为

$$\vec{\vec{T}} = \begin{bmatrix} T_{xx} & T_{xy} & T_{xz} \\ T_{yx} & T_{yy} & T_{yz} \\ T_{zx} & T_{zy} & T_{zz} \end{bmatrix} \overset{\text{或}}{=} \begin{bmatrix} T_{11} & T_{12} & T_{13} \\ T_{21} & T_{22} & T_{23} \\ T_{31} & T_{32} & T_{33} \end{bmatrix} \overset{\text{简写}}{=} T_{ij} \qquad\qquad (\text{g})$$

在式（g）中，i 和 j 各只出现了一次，因此它们是自由标。一个矢量 $\vec{a}$ 和张量 $\vec{\vec{T}}$ 的点积，或者一个张量 $\vec{\vec{T}}$ 和矢量 $\vec{a}$ 的点积分别可以表示为

$$\vec{a} \cdot \vec{\vec{T}} = a_i T_{ij} \left(= \sum_{i=1}^{2} a_i T_{ij} \right) \qquad\qquad (\text{h})$$

$$\vec{T} \cdot \vec{a} = T_{ij} a_j \left(= \sum_{i=1}^{2} T_{ij} a_j \right) \tag{i}$$

注意式（h）中的指标 i 可以用任何一个不同于 j 的指标来代替，式（i）中的指标 j 也可以用任何一个不同于 i 的指标来代替。

3. 各个导数的分量表示法

根据上述分量表示，可以将一个函数 $f(\vec{r}) = f(x, y, z)$ 简写为 $f(x_i)$，其中 $x_i (i = 1, 2, 3)$ 分别表示 x、y、z。这样函数对于 x、y、z 的导数就可以表示为 $\dfrac{\partial f}{\partial x_i}$，由于一个函数的梯度可以表示为

$$\operatorname{grad}(f) = \frac{\partial f}{\partial x} \vec{i} + \frac{\partial f}{\partial y} \vec{j} + \frac{\partial f}{\partial z} \vec{k} \tag{j}$$

根据矢量的分量表示法，式（j）可以简写为

$$\operatorname{grad}(f) = \frac{\partial f}{\partial x_i} \tag{k}$$

根据爱因斯坦求和约定，可以将一个物理量的对流项简写为

$$\vec{u} \cdot \operatorname{grad}(f) = u_i \frac{\partial f}{\partial x_i} \tag{1}$$

式中，$\vec{u}$ 表示速度。

4.2.3　微分与积分形式的转换

本小节将通过数学变换，直接由微分形式的动量方程得到积分形式的动量方程。将式（4-19）对参数连续变化、体积为 V 的控制体进行积分，可得

$$\int_V \left(\rho \frac{\partial v_i}{\partial t} + \rho v_j \frac{\partial v_i}{\partial x_j} \right) \mathrm{d}V = \int_V \left(-\frac{\partial p}{\partial x_i} + \rho R_i \right) \mathrm{d}V$$

$$\int_V \rho \frac{\partial v_i}{\partial t} \mathrm{d}V + \int_V \rho v_j \frac{\partial v_i}{\partial x_j} \mathrm{d}V = -\int_V \frac{\partial p}{\partial x_i} \mathrm{d}V + \int_V \rho R_i \mathrm{d}V \tag{4-20}$$

将式（4-20）左侧进行变换可得

$$\int_V \left[\frac{\partial (\rho v_i)}{\partial t} - v_i \frac{\partial \rho}{\partial t} \right] \mathrm{d}V + \int_V \left[\frac{\partial (\rho v_j v_i)}{\partial x_j} - v_i \frac{\partial (\rho v_j)}{\partial x_j} \right] \mathrm{d}V = -\int_V \frac{\partial p}{\partial x_i} \mathrm{d}V + \int_V \rho R_i \mathrm{d}V$$

整理得

$$\int_V \left[\frac{\partial(\rho v_i)}{\partial t} + \frac{\partial(\rho v_j v_i)}{\partial x_j} \right] \mathrm{d}V - \int_V \left\{ v_i \left[\frac{\partial \rho}{\partial t} + \frac{\partial(\rho v_j)}{\partial x_j} \right] \right\} \mathrm{d}V = -\int_V \frac{\partial p}{\partial x_i} \mathrm{d}V + \int_V \rho R_i \mathrm{d}V \quad (4\text{-}21)$$

由连续方程可知,式(4-21)等号左侧第二项中 $\dfrac{\partial \rho}{\partial t} + \dfrac{\partial(\rho v_j)}{\partial x_j} = 0$,于是式(4-21)可写成如下形式:

$$\int_V \left[\frac{\partial}{\partial t}(\rho v_i) + \frac{\partial}{\partial x_j}(\rho v_i v_j) \right] \mathrm{d}V = -\int_V \frac{\partial p}{\partial x_i} \mathrm{d}V + \int_V \rho R_i \mathrm{d}V \quad (4\text{-}22)$$

式(4-22)等号左侧展开,可得

$$\int_V \frac{\partial}{\partial t}(\rho v_i)\mathrm{d}V + \int_V \frac{\partial}{\partial x_j}(\rho v_i v_j)\mathrm{d}V = -\int_V \frac{\partial p}{\partial x_i}\mathrm{d}V + \int_V \rho R_i \mathrm{d}V \quad (4\text{-}23\mathrm{a})$$

式(4-23a)即积分形式的动量方程,等号左侧应用雷诺输运定理可得

$$\frac{\mathrm{D}}{\mathrm{D}t}\int_V \rho v_i \mathrm{d}V = \int_V \frac{\partial}{\partial t}(\rho v_i)\mathrm{d}V + \int_V \frac{\partial}{\partial x_j}(\rho v_i v_j)\mathrm{d}V \quad (4\text{-}23\mathrm{b})$$

式(4-23a)等号右侧第一项和第二项分别为表面力和质量力,因此

$$\sum F_i = -\int_V \frac{\partial p}{\partial x_i}\mathrm{d}V + \int_V \rho R_i \mathrm{d}V \quad (4\text{-}23\mathrm{c})$$

综合式(4-23b)与式(4-23c),有

$$\sum F_i = \frac{\mathrm{D}}{\mathrm{D}t}\int_V \rho v_i \mathrm{d}V \quad (4\text{-}23\mathrm{d})$$

式(4-23d)为适用于体系的积分形式动量方程。

对于一维流,有

$$\sum \vec{F} = \dot{m}(\vec{v}_2 - \vec{v}_1) \quad (4\text{-}23\mathrm{e})$$

拓展延伸

动量矩方程

在叶轮机械中经常会用到动量矩方程。动量矩定理对某一体系可描述为体系对某轴动量矩的时间变化率等于作用在该体系上所有外力对于同一轴力矩的总和,即

$$\sum \vec{F} \times \vec{r} = \frac{\mathrm{D}}{\mathrm{D}t} \int_V \rho(\vec{v} \times \vec{r}) \mathrm{d}V \qquad (\text{m})$$

式中，$\vec{r}$ 为由任一力矩中心发出的径矢。

现在利用雷诺输运定理把式（m）转变成适用于控制体的形式。取上述体系在给定瞬间占据的空间为控制体，并令

$$N = \int_V \rho(\vec{v} \times \vec{r}) \mathrm{d}V \ , \quad \eta = \rho(\vec{v} \times \vec{r})$$

则有

$$\sum \vec{F} \times \vec{r} = \frac{\partial}{\partial t} \int_V \rho(\vec{v} \times \vec{r}) \mathrm{d}V + \oint_A \rho(\vec{v} \times \vec{r})(\vec{v} \cdot \vec{n}) \mathrm{d}A \qquad (\text{n})$$

这就是适用于控制体形式的动量矩方程。它说明，作用于控制体内流体上的所有外力矩之和等于控制体内流体的动量矩随时间变化率加上通过控制面的动量矩通量。

在定常流动条件下，控制体内流体动量矩的变化率等于零，故方程（n）变为

$$\sum \vec{F} \times \vec{r} = \oint_A \rho(\vec{v} \times \vec{r})(\vec{v} \cdot \vec{n}) \mathrm{d}A \qquad (\text{o})$$

考虑到外力包含质量力与表面力，因此对于理想流体，方程（n）可写成

$$\int_V \rho(\vec{R} \times \vec{r}) \mathrm{d}V - \oint_A p(\vec{n} \times \vec{r}) \mathrm{d}A = \frac{\partial}{\partial t} \int_V p(\vec{v} \times \vec{r}) \mathrm{d}V + \oint_A \rho(\vec{v} \times \vec{r})(\vec{v} \cdot \vec{n}) \mathrm{d}A$$

方程（o）可写成

$$\int_V \rho(\vec{R} \times \vec{r}) \mathrm{d}V - \oint_A p(\vec{n} \times \vec{r}) \mathrm{d}A = \oint_A \rho(\vec{v} \times \vec{r})(\vec{v} \cdot \vec{n}) \mathrm{d}A \qquad (\text{p})$$

式（p）给出的动量矩方程是矢量形式，实际计算时要用它的分量形式。在叶轮机中，叶轮是绕固定轴旋转的。因此，在分析流体在叶轮机通道中流动时参数变化规律与叶轮机的功率关系时，常用到对旋转轴（z 轴）的动量矩方程。

4.3　伯努利方程

欧拉运动微分方程沿流线积分，称为伯努利方程。

4.3.1　伯努利方程导出过程

对于定常流动，直角坐标系欧拉运动微分方程为

$$v_x \frac{\partial v_x}{\partial x} + v_y \frac{\partial v_x}{\partial y} + v_z \frac{\partial v_x}{\partial z} = f_x - \frac{1}{\rho}\frac{\partial p}{\partial x} \qquad (4\text{-}24a)$$

$$v_x \frac{\partial v_y}{\partial x} + v_y \frac{\partial v_y}{\partial y} + v_z \frac{\partial v_y}{\partial z} = f_y - \frac{1}{\rho}\frac{\partial p}{\partial y} \qquad (4\text{-}24b)$$

$$v_x \frac{\partial v_z}{\partial x} + v_y \frac{\partial v_z}{\partial y} + v_z \frac{\partial v_z}{\partial z} = f_z - \frac{1}{\rho}\frac{\partial p}{\partial z} \qquad (4\text{-}24c)$$

把式（4-24a）、式（4-24b）、式（4-24c）分别乘以 $\mathrm{d}x$、$\mathrm{d}y$ 和 $\mathrm{d}z$，再利用流线方程 $v_x\mathrm{d}y = v_y\mathrm{d}x$，$v_y\mathrm{d}z = v_z\mathrm{d}y$，$v_z\mathrm{d}x = v_x\mathrm{d}z$，可把偏微分的欧拉运动微分方程变成全微分形式：

$$\mathrm{d}\left(\frac{v^2}{2}\right) + \frac{1}{\rho}\mathrm{d}p - \mathrm{d}U = 0 \qquad (4\text{-}25)$$

沿流线对式（4-25）进行积分，得

$$\frac{v^2}{2} + \int \frac{1}{\rho}\mathrm{d}p - U = C \qquad (4\text{-}26)$$

式（4-26）是理想流体定常有旋流动沿流线的伯努利方程。由于上述积分是沿流线进行的，因此在有旋流动中沿同一流线，积分常数 C 才相等。不同流线，积分常数互不相同。常数 C 是代表单位质量流体所具有的总机械能，因此式（4-26）说明，理想流体在有位势的质量力场下作定常有旋流动时，单位质量的流体所具有的总机械能沿任意流线保持不变，但各种形式机械能可以互相转换，不同流线流体所具有的总机械能互不相同。

不可压缩流中，方程（4-26）可写成如下形式：

$$\frac{v^2}{2} + \frac{p}{\rho} - U = C \qquad (4\text{-}27)$$

若力势函数只考虑重力，式（4-27）可写成

$$\frac{v^2}{2} + \frac{p}{\rho} + gz = C \qquad (4\text{-}28a)$$

式（4-28a）两端同除以重力加速度 g，可得

$$\frac{v^2}{2g} + \frac{p}{\rho g} + z = C \qquad (4\text{-}28b)$$

式（4-28b）称为不可压缩流的伯努利方程。

从力学观点来看，伯努利方程表示无黏流体定常流动中的能量守恒。$v^2/2g$ 表示单位重量流体所具有的动能，$p/\rho g$ 表示单位重量流体的压力能，z 表示单位重量流体所具有的位能，因此式（4-28b）表明，对于无黏流体的定常流动，单位重量流体的压力能、位能和动能的总和沿流管是一常数。

在流体力学中还常用图 4-3 所示的各种曲线直观地表示流管中各种能量的大小。在伯努利方程中，z 项表示流管截面中心距基准面的高度，这个高度称为位置水头，流管各截面中心连成的曲线称为位置水头线。方程中的 $p/\rho g$ 项称为压强水头，同样是具有长度的因次，其大小也可用高度来表示。若在位置水头线上加上表示压力水头的高度，则可得到反映 $p/\rho g$ 和 z 之和的静水头线。$v^2/2g$ 称为速度水头，也具有高度的因次，在静水头线上，加上反映各截面上速度水头大小的高度，得到一条反映单位重量流体总机械能量的曲线，称为总水头线。

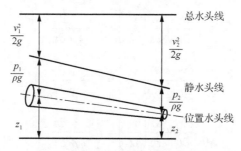

图 4-3　伯努利方程各项物理意义

如果流动是在同一水平面内进行，或者流场中坐标 z 的变化与其他流动参量相比可以忽略不计时，则从式（4-28）可得

$$p + \frac{\rho v^2}{2} = C = p^* \tag{4-29}$$

式中，p、$\rho v^2/2$、p^* 分别称为静压、动压、总压。式（4-29）表示，流管每个横截面上的总压相等。

4.3.2　非定常无旋流的伯努利方程

将式（4-18a）同时加减 $v_y\dfrac{\partial v_y}{\partial x}$、$v_z\dfrac{\partial v_z}{\partial x}$，得

$$\frac{\partial v_x}{\partial t} + \left(v_x\frac{\partial v_x}{\partial x} + v_y\frac{\partial v_y}{\partial x} + v_z\frac{\partial v_z}{\partial x} \right) + v_y\left(\frac{\partial v_x}{\partial y} - \frac{\partial v_y}{\partial x} \right) + v_z\left(\frac{\partial v_x}{\partial z} - \frac{\partial v_z}{\partial x} \right) = f_x - \frac{1}{\rho}\frac{\partial p}{\partial x}$$

因此，式（4-18a）可改写为

$$\frac{\partial v_x}{\partial t} + \frac{\partial}{\partial x}\left(\frac{v^2}{2}\right) + 2(\omega_y v_z - \omega_z v_y) = f_x - \frac{1}{\rho}\frac{\partial p}{\partial x} \tag{4-30a}$$

同理式（4-18b）、式（4-18c）可写为

$$\frac{\partial v_y}{\partial t} + \frac{\partial}{\partial y}\left(\frac{v^2}{2}\right) + 2(\omega_z v_x - \omega_x v_z) = f_y - \frac{1}{\rho}\frac{\partial p}{\partial y} \tag{4-30b}$$

$$\frac{\partial v_z}{\partial t} + \frac{\partial}{\partial z}\left(\frac{v^2}{2}\right) + 2(\omega_x v_y - \omega_y v_x) = f_z - \frac{1}{\rho}\frac{\partial p}{\partial z} \tag{4-30c}$$

式（4-30）称为葛罗米柯方程。

对于无旋流动有 $\omega_x = \omega_y = \omega_z = 0$，这时葛罗米柯方程简化为

$$\frac{\partial v_x}{\partial t} + \frac{\partial}{\partial x}\left(\frac{v^2}{2}\right) = f_x - \frac{1}{\rho}\frac{\partial p}{\partial x} \tag{4-31a}$$

$$\frac{\partial v_y}{\partial t} + \frac{\partial}{\partial y}\left(\frac{v^2}{2}\right) = f_y - \frac{1}{\rho}\frac{\partial p}{\partial y} \tag{4-31b}$$

$$\frac{\partial v_z}{\partial t} + \frac{\partial}{\partial z}\left(\frac{v^2}{2}\right) = f_z - \frac{1}{\rho}\frac{\partial p}{\partial z} \tag{4-31c}$$

利用速度势偏导数与速度分量之间关系，即

$$\begin{cases} v_x = \dfrac{\partial \varphi}{\partial x} \\[2mm] v_y = \dfrac{\partial \varphi}{\partial y} \\[2mm] v_z = \dfrac{\partial \varphi}{\partial z} \end{cases} \tag{4-32}$$

并考虑到微商值与微分顺序无关的性质，即

$$\frac{\partial v_x}{\partial t} = \frac{\partial}{\partial t}\left(\frac{\partial \varphi}{\partial x}\right) = \frac{\partial}{\partial x}\left(\frac{\partial \varphi}{\partial t}\right) \tag{4-33a}$$

$$\frac{\partial v_y}{\partial t} = \frac{\partial}{\partial t}\left(\frac{\partial \varphi}{\partial y}\right) = \frac{\partial}{\partial y}\left(\frac{\partial \varphi}{\partial t}\right) \tag{4-33b}$$

$$\frac{\partial v_z}{\partial t} = \frac{\partial}{\partial t}\left(\frac{\partial \varphi}{\partial z}\right) = \frac{\partial}{\partial z}\left(\frac{\partial \varphi}{\partial t}\right) \tag{4-33c}$$

将式（4-33）代入式（4-31），葛罗米柯方程变为

$$\frac{\partial}{\partial x}\left(\frac{\partial \varphi}{\partial t}\right)+\frac{\partial}{\partial x}\left(\frac{v^2}{2}\right)=f_x-\frac{1}{\rho}\frac{\partial p}{\partial x} \qquad (4\text{-}34\text{a})$$

$$\frac{\partial}{\partial y}\left(\frac{\partial \varphi}{\partial t}\right)+\frac{\partial}{\partial y}\left(\frac{v^2}{2}\right)=f_y-\frac{1}{\rho}\frac{\partial p}{\partial y} \qquad (4\text{-}34\text{b})$$

$$\frac{\partial}{\partial z}\left(\frac{\partial \varphi}{\partial t}\right)+\frac{\partial}{\partial z}\left(\frac{v^2}{2}\right)=f_z-\frac{1}{\rho}\frac{\partial p}{\partial z} \qquad (4\text{-}34\text{c})$$

将式（4-34a）、式（4-34b）和式（4-34c）分别乘以 dx、dy 和 dz，并相加，从而使葛罗米柯运动微分方程变成全微分形式

$$\mathrm{d}\left(\frac{\partial \varphi}{\partial t}\right)+\mathrm{d}\left(\frac{v^2}{2}\right)=\mathrm{d}U-\frac{1}{\rho}\mathrm{d}p \qquad (4\text{-}35)$$

积分得

$$\frac{\partial \varphi}{\partial t}+\frac{v^2}{2}+\int\frac{1}{\rho}\mathrm{d}p-U=C(t)\;（整个流场） \qquad (4\text{-}36)$$

式（4-36）就是理想流体非定常无旋流动伯努利方程，又称柯西-拉格朗日积分。与式（4-26）相比，式（4-36）不仅多了一项非定常项 $\partial \varphi/\partial t$，而且在整个流场上具有相同的积分常数，不过这时的积分常数是时间的函数。式（4-36）说明理想流体非定常无旋流动，对于给定瞬间，流场处处总机械能都相等，但各处各种形式的机械能所占比例由于相互转换的结果可能不同；不同瞬间，流体所具有的总机械能不一样。

若为定常流动，则

$$\frac{v^2}{2}+\int\frac{1}{\rho}\mathrm{d}p-U=C \qquad (4\text{-}37)$$

式（4-37）在形式上与有旋流沿流线积分得到的伯努利方程式（4-26）几乎一样，不同的仅是积分常数 C，式（4-37）中整个流场 C 都为常数，而式（4-26）中沿流线 C 为常数。

4.3.3　伯努利方程的应用

1. 皮托管

将一直角玻璃管放入水流中，玻璃管距离水面高度为 z，开口正对水流方向，

如图 4-4 所示。

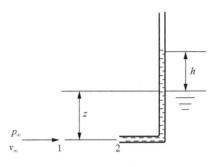

图 4-4　简单皮托管示意图

当管内水面高出自由液面 h 时，管内水柱处于平衡状态。这时存在这样一条流线，流体达到入口截面速度减小为零，这条流线称为滞止流线。在滞止流线上取两点，点 1 为远前方一点，点 2 为速度为零的滞止点，对该两点列伯努利方程，这里注意 $z_1 = z_2$，于是有

$$\frac{p_1}{\gamma} + \frac{v_1^2}{2g} = \frac{p_2}{\gamma} + \frac{v_2^2}{2g}$$

因此，远前方来流速度为

$$v_1 = \sqrt{2gh} \tag{4-38}$$

皮托（Pitot）在 1732 年曾用直角弯管测量塞纳河水的流速，后来这样的装置被称作简单皮托管或总压管。从上述分析看出，点 2 的总压与未经过扰动的点 1 总压是相同的，$p_2 - p_1$ 实际上是点 1 的总压和静压之差，由此可见，只要测得某点的总压和静压，就可求得该点的流速。在管道流动中，可用图 4-5 所示的方法，在驻点之后适当距离的外壁上沿圆周钻几个小孔，称为静压孔。将静压孔的通路和皮托管的通路分别连接于压差计的两端，压差计给出总压和静压的差值。这种将静压管和皮托管组成一体的管子，称为皮托-静压管，简称皮托管。只要测出液柱高度差 h，就可用式（4-39）计算出流速：

$$v = \sqrt{\frac{2gh(\rho' - \rho)}{\rho}} \tag{4-39}$$

需要注意的是，按（4-39）计算出的流速为理论值，由于实际流体有黏性且皮托管构造不同，因此需要采用实验方法修正理论计算结果：

$$v = \xi \sqrt{\frac{2gh(\rho' - \rho)}{\rho}} \tag{4-40}$$

式中，ξ 称为皮托管校正系数。

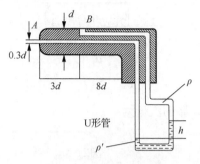

图 4-5　皮托管示意图

2. 文丘里管

文丘里管是常用的测量管道流量的仪器，也称文丘里流量计。它由收缩型和扩张型的两段圆锥管及一段等截面短直管组成，短管的截面积最小，称为文丘里管的喉部。在收缩段进口和喉部设置测压管，将它与 U 形管压差计相连。通常，文丘里管直接安装在管道中，通过测量进口截面与喉部截面压强的差值计算通过管道的流量。具体测量原理见图 4-6，取 1-1、2-2 两截面列伯努利方程：

$$\frac{p_1}{\gamma}+\frac{v_1^2}{2g}=\frac{p_2}{\gamma}+\frac{v_2^2}{2g}$$

$$\frac{p_1-p_2}{\gamma}=\frac{v_2^2-v_1^2}{2g}=\Delta h\left(\frac{\gamma_{Hg}}{\gamma}-1\right) \tag{4-41}$$

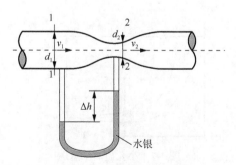

图 4-6　文丘里流量计示意图

列出连续性方程：

$$v_1\cdot\frac{\pi}{4}d_1^2=v_2\cdot\frac{\pi}{4}d_2^2 \tag{4-42}$$

联立式（4-41）和式（4-42），得

$$v_1 = \sqrt{\dfrac{2g\Delta h\left(\dfrac{\gamma_{\text{Hg}}}{\gamma}-1\right)}{\left(\dfrac{d_1}{d_2}\right)^4-1}} \qquad (4\text{-}43)$$

根据管道的截面积计算的流量为

$$Q = v_1\frac{\pi}{4}d_1^2 = \frac{\pi}{4}d_1^2\sqrt{\dfrac{2g\Delta h\left(\dfrac{\gamma_{\text{Hg}}}{\gamma}-1\right)}{\left(\dfrac{d_1}{d_2}\right)^4-1}} \qquad (4\text{-}44\text{a})$$

需要注意的是，按式（4-44a）计算的流量并未考虑黏性，称为理论流量。若要考虑黏性，应再乘以流量系数 C_d，因此实际文丘里管的流量为

$$Q = C_d v_1\frac{\pi}{4}d_1^2 = C_d\frac{\pi}{4}d_1^2\sqrt{\dfrac{2g\Delta h\left(\dfrac{\gamma_{\text{Hg}}}{\gamma}-1\right)}{\left(\dfrac{d_1}{d_2}\right)^4-1}} \qquad (4\text{-}44\text{b})$$

3. 小孔出流

有一大容器内装满水，在侧壁距水面 h 的地方开一小孔，水从小孔流入大气，如图 4-7 所示。

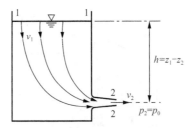

图 4-7　小孔出流示意图

在容器中，流线是从自由液面到出口 2 处，沿流线可列出 1-1 面至 2-2 面之间的伯努利方程为

$$\frac{p_1}{\gamma} + \frac{v_1^2}{2g} + z_1 = \frac{p_2}{\gamma} + \frac{v_2^2}{2g} + z_2$$

由于 $p_1 = p_2 = p_0$，有

$$v_2^2 - v_1^2 = 2g(z_1 - z_2) = 2gh \qquad (4\text{-}45)$$

将式（4-45）联立连续方程 $A_1 v_1 = A_2 v_2$，解得

$$v_2^2 = \frac{2gh}{1 - A_2^2 / A_1^2} \qquad (4\text{-}46)$$

由于自由表面面积 A_1 远远大于小孔出流的面积 A_2，有

$$A_2^2 / A_1^2 \approx 0$$

于是出流速度为

$$v_2 \approx (2gh)^{1/2} \qquad (4\text{-}47)$$

因此，小孔处流速与质点从自由液面自由下落到达小孔时的速度相同，式（4-47）称为托里拆利公式。这里需要注意的是式（4-47）是按照理想流体计算的，在实际流体中由于黏性力，射流的速度更小。

4. 虹吸管

具有自由液面的液体，通过一弯管使其绕过周围较高的障碍物，然后流至低于自由液面的位置，这种用途的管子称为虹吸管，这类现象称为虹吸现象。

用一倒置 U 形管作为虹吸管从水槽中吸水，如图 4-8 所示，水从虹吸管末端 2 处流入大气。虹吸管最高截面中心线距离水槽中液面的高度为 H，末端 2 处距离液面的距离为 L。假设水槽足够大，在虹吸过程中，自由水面的下降速度为零。

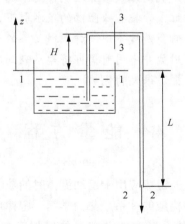

图 4-8　虹吸现象示意图

图 4-8 中 1-1 面和 3-3 面的伯努利方程为

$$\frac{p_a}{\gamma} + 0 + 0 = \frac{p_a}{\gamma} + \frac{v_2^2}{2g} - L$$

于是得到出流速度为

$$v_2 = \sqrt{2gL} \tag{4-48}$$

图 4-8 中 3-3 面至 2-2 面的伯努利方程为

$$\frac{p_3}{\gamma} + H + \frac{v_3^2}{2g} = \frac{p_a}{\gamma} + \frac{v_2^2}{2g} - L$$

联立连续方程 $A_2 v_2 = A_3 v_3$，可得

$$\frac{p_3 - p_a}{\gamma} = -(H + L) \tag{4-49}$$

　　由式（4-48）可见，引起虹吸管内流动的是虹吸管出口截面与自由液面间存在位置高度差，水流的动能由重力势能转换而来，理论上位置高度差 L 越大，则流出虹吸管水流的速度越大。由式（4-49）可以看出，在虹吸管最高截面处压强小于当地物理大气压，其真空度等于 $(H + L)$。

〰〰 拓展延伸 〰〰

虹吸原理

　　中国人很早就懂得应用虹吸原理。东汉末年出现了灌溉用的渴乌，渴乌是指中国古代吸水用的曲管，是利用虹吸管原理制作的水利装置。宋朝曾公亮《武经总要》中，有用竹筒制作虹吸管把峻岭阻隔的泉水引下山的记载。中国古代还应用虹吸原理制作了唧筒。唧筒是战争中一种守城必备的灭火器。宋代苏轼《东坡志林》卷四中，记载了四川盐井中用唧筒可将盐水吸到地面。另外，虹吸原理在雨水的排水设计方面也发挥了很大的优势。

4.4 能 量 方 程

　　能量方程是热力学第一定律应用于运动流体时的数学表达式。对于某瞬间占据固定空间体积 V 的流体构成的体系，热力学第一定律可表述为单位时间内外界传给体系的热量，等于体系贮存的总能量的增加率加上体系对外界输出的功率，即

$$\dot{Q} = \frac{\mathrm{D}E}{\mathrm{D}t} + \dot{W} \tag{4-50}$$

式中，$\dot{Q}$ 为单位时间内外界传给体系的热量；$\dfrac{\mathrm{D}E}{\mathrm{D}t}$ 为体系所贮存的总能量的增加率；$\dot{W}$ 为体系对外界的做功率。体系对外界的热量交换形式有热传导、对流、辐射和燃烧等，本节不考虑详细的换热过程，因此只以 $\dot{Q}$ 代表体系与外界的热量交换率，并规定外界向体系传热时 $\dot{Q}$ 取正值。

4.4.1　积分形式能量方程

体系贮存的能量包括内能和动能，以 e 表示单位质量流体贮存能，$e = u + \dfrac{v^2}{2}$，则整个体系总贮存能为

$$E = \int_V \rho e \mathrm{d}V = \int \rho \left(u + \frac{v^2}{2} \right) \mathrm{d}V$$

故体系的能量方程式（4-50）写为

$$\dot{Q} = \frac{\mathrm{D}}{\mathrm{D}t} \int_V \rho \left(u + \frac{v^2}{2} \right) \mathrm{d}V + \dot{W} \tag{4-51}$$

利用雷诺输运定理可直接把式（4-51）转变成适用于控制体的形式：

$$\dot{Q} = \int_V \frac{\partial}{\partial t} \left[\rho \left(u + \frac{v^2}{2} \right) \right] \mathrm{d}V + \oint_A \left(u + \frac{v^2}{2} \right) (\rho \vec{v} \cdot \vec{n}) \mathrm{d}A + \dot{W} \tag{4-52}$$

由于控制体内流体所受外力包括质量力和表面力，做功功率也分为克服质量力所做的功率和克服表面力所做的功率。规定控制体内流体对外做功取正值，外界对控制体内流体做功取负值。

1）质量力做功

设控制体内单位质量流体受到的质量力为 $\vec{R}$，若质量力有势，如重力场，则 $\vec{R} = \nabla U$，U 为质量力势函数，重力场中 $U = -gz$，因此控制体内流体克服质量力做功的功率为

$$\dot{W}_R = -\int_V \rho \vec{R} \cdot \vec{v} \mathrm{d}V = -\int_V \nabla U \cdot \rho \vec{v} \mathrm{d}V = -\int_V \nabla \cdot (U \rho \vec{v}) \mathrm{d}V + \int_V U \nabla \cdot (\rho \vec{v}) \mathrm{d}V \tag{4-53}$$

将连续方程 $\nabla \cdot (\rho \vec{v}) = -\dfrac{\partial \rho}{\partial t}$ 代入式（4-53），并利用高斯定理，则有

$$\dot{W}_R = -\oint_A U(\rho\vec{v}\cdot\vec{n})\mathrm{d}A - \int_V U\frac{\partial\rho}{\partial t}\mathrm{d}V \qquad (4\text{-}54)$$

假定质量力势函数在固定点处不随时间变化，即 $\dfrac{\partial U}{\partial t}=0$ （一般情况下总是这样的)，则式（4-54）可改写为

$$\dot{W}_R = -\oint_A U(\rho\vec{v}\cdot\vec{n})\mathrm{d}A - \int_V \frac{\partial(\rho U)}{\partial t}\mathrm{d}V$$

2）表面力做功

当研究流体克服表面力做功的功率时，如考虑流体与旋转机械之间的能量交换情况，则可取控制体如图 4-9 所示，控制面由两部分组成，即 $A = A_1 + A_2$，其中 A_1 为控制面中有流体进出的那部分面积，A_2 为控制面与旋转轴相切割的那部分面积。作用于控制面 A_1 部分的表面力一般情况下应包括法向压力和切向力两种，本章研究的是理想流体，只有法向压力。控制体内流体克服法向压力做功的功率为

$$\dot{W}_n = \oint_{A_1} p(\vec{v}\cdot\vec{n})\mathrm{d}A = \oint_{A_1} \frac{p}{\rho}(\rho\vec{v}\cdot\vec{n})\mathrm{d}A$$

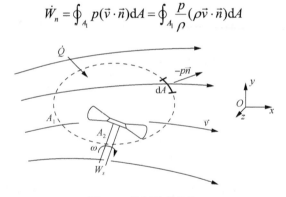

图 4-9　控制体的选取

由于它是表示流体流动过程克服压强所做的功，称之为流动功。控制面 A_2 部分不存在流体的流动，也不存在流动功，因此改写成对整个控制面的积分，即

$$\dot{W}_n = \oint_A \frac{p}{\rho}(\rho\vec{v}\cdot\vec{n})\mathrm{d}A$$

在控制面 A_2 部分上存在剪切力，流体克服该剪切力做功的功率称为轴功，以 $\dot{W}_s$ 表示。

将上述各功率表达式代入式（4-52），整理后得

$$\dot{Q} = \int_V \frac{\partial}{\partial t}\left[\rho\left(u+\frac{v^2}{2}-U\right)\right]\mathrm{d}V + \oint_A\left(u+\frac{v^2}{2}-U+\frac{p}{\rho}\right)(\rho\vec{v}\cdot\vec{n})\mathrm{d}A + \dot{W}_s \qquad (4\text{-}55)$$

这是积分形式能量方程的一般形式。

对于气体可忽略质量力，并用比焓 h 代替内能 u 与流动功 p/ρ 之和，式（4-55）可写成

$$\dot{Q} = \int_V \frac{\partial}{\partial t}\left[\rho\left(u + \frac{v^2}{2}\right)\right]\mathrm{d}V + \oint_A \left(h + \frac{v^2}{2}\right)(\rho\vec{v}\cdot\vec{n})\mathrm{d}A + \dot{W}_s \qquad (4\text{-}56)$$

对于一维定常流动，有

$$\dot{Q} = \dot{m}\left(\frac{v_2^2 - v_1^2}{2} + h_2 - h_1\right) + \dot{W}_s \qquad (4\text{-}57)$$

式中，$\dot{m} = \rho v A$，表示通过管道的质量流量。

4.4.2　微分形式能量方程

1. 微分形式能量方程的推导过程

在流场中取一个六面体的流体微团 $\delta x \delta y \delta z$，如图 4-10。设单位时间内加给单位质量流体的热量为 $\dot{q}$，则流体微团在单位时间内从外界所吸入的热量为

$$\dot{Q} = (\rho \delta x \delta y \delta z)\dot{q} \qquad (4\text{-}58)$$

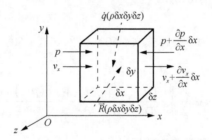

图 4-10　微元六面体示意图

流体微团贮存能的变化率为

$$\frac{\mathrm{D}E}{\mathrm{D}t} = \rho \delta x \delta y \delta z \frac{\mathrm{D}}{\mathrm{D}t}\left(u + \frac{v^2}{2}\right) \qquad (4\text{-}59)$$

作用在流体微团上的质量力为 $\vec{R}\rho\delta x\delta y\delta z$，设质量力有势，势函数为 U，则质量力可写成 $\vec{R} = \nabla U$，因此，作用在微团上的质量力的做功功率为

$$-\nabla U \cdot \vec{v}\rho\delta x\delta y\delta z = \left(-\frac{\mathrm{D}U}{\mathrm{D}t} + \frac{\partial U}{\partial t}\right)\rho\delta x\delta y\delta z$$

设势函数 U 的当地变化率为零，则

$$-\nabla U \cdot \vec{v} \rho \delta x \delta y \delta z = -\frac{\mathrm{D}U}{\mathrm{D}t}\rho \delta x \delta y \delta z$$

流体微团克服 x 向压强对外做功的功率为

$$\left(p+\frac{\partial p}{\partial x}\delta x\right)\delta y \delta z\left(v_x+\frac{\partial v_x}{\partial x}\delta x\right)-(p\delta y \delta z)v_x$$

展开并略去高阶微量，则有

$$\frac{\partial}{\partial x}(pv_x)\delta x \delta y \delta z$$

考虑到流体微团同时还要克服 y 向和 z 向压力而对外做功，则流体微团克服各向压力对外总做功功率为

$$\left[\frac{\partial (pv_x)}{\partial x}+\frac{\partial (pv_y)}{\partial y}+\frac{\partial (pv_z)}{\partial z}\right]\delta x \delta y \delta z$$

因此，流体微团对外的总做功功率为

$$\dot{W}=-\frac{\mathrm{D}U}{\mathrm{D}t}\rho \delta x \delta y \delta z+\left[\frac{\partial (pv_x)}{\partial x}+\frac{\partial (pv_y)}{\partial y}+\frac{\partial (pv_z)}{\partial z}\right]\delta x \delta y \delta z \qquad （4\text{-}60）$$

将式（4-58）、式（4-59）、式（4-60）代入式（4-50），方程左右两侧都除以 $\rho \delta x \delta y \delta z$ 得

$$\dot{q}=\frac{\mathrm{D}}{\mathrm{D}t}\left(u+\frac{v^2}{2}\right)-\frac{\mathrm{D}U}{\mathrm{D}t}+\frac{1}{\rho}\left[\frac{\partial (pv_x)}{\partial x}+\frac{\partial (pv_y)}{\partial y}+\frac{\partial (pv_z)}{\partial z}\right] \qquad （4\text{-}61）$$

将式（4-61）等号右边第三项展开得

$$\frac{1}{\rho}\left[\frac{\partial (pv_x)}{\partial x}+\frac{\partial (pv_y)}{\partial y}+\frac{\partial (pv_z)}{\partial z}\right]=\frac{1}{\rho}\left(v_x\frac{\partial p}{\partial x}+v_y\frac{\partial p}{\partial y}+v_z\frac{\partial p}{\partial z}\right)+\frac{p}{\rho}\left(\frac{\partial v_x}{\partial x}+\frac{\partial v_y}{\partial y}+\frac{\partial v_z}{\partial z}\right)$$

$$=\frac{1}{\rho}\left(\frac{\mathrm{D}p}{\mathrm{D}t}-\frac{\partial p}{\partial t}\right)+\frac{p}{\rho}\left(-\frac{1}{\rho}\frac{\mathrm{D}\rho}{\mathrm{D}t}\right)=\frac{\mathrm{D}}{\mathrm{D}t}\left(\frac{p}{\rho}\right)-\frac{1}{\rho}\left(\frac{\partial p}{\partial t}\right)$$

$$（4\text{-}62）$$

将式（4-62）代入式（4-61），整理后得到

$$\dot{q}=\frac{\mathrm{D}}{\mathrm{D}t}\left(u+\frac{p}{\rho}+\frac{v^2}{2}-U\right)-\frac{1}{\rho}\frac{\partial p}{\partial t} \qquad （4\text{-}63）$$

这就是微分形式的能量方程。

各类泵、压缩机和涡轮机的基本作用就是改变流体的总能量 $\left(u+\dfrac{p}{\rho}+\dfrac{v^2}{2}-U\right)$，从方程（4-63）可以得出结论：在定常流动条件下，如果没有黏性力和热交换，这类装置就无法工作。

2. 特殊情况的微分形式能量方程

（1）对于气体，质量力势能可以略去，并令 $h=u+p/\rho$，则式（4-63）可改写成

$$\dot{q}=\frac{\mathrm{D}}{\mathrm{D}t}\left(h+\frac{v^2}{2}\right)-\frac{1}{\rho}\frac{\partial p}{\partial t} \tag{4-64a}$$

（2）当质量力只有重力，流体流动过程与外界无热量交换，且是定常流动时，式（4-63）可简化为

$$\frac{\mathrm{D}}{\mathrm{D}t}\left(u+\frac{p}{\rho}+\frac{v^2}{2}+gz\right)=0 \tag{4-64b}$$

根据随流导数的物理意义可知，式（4-64b）表明在绝热定常流动，即绝能流动过程中，单位质量流体具有的总能量将保持不变，即

$$u+\frac{p}{\rho}+\frac{v^2}{2}+gz=C(\text{沿流线}) \tag{4-64c}$$

（3）速度 $\vec{v}$ 与欧拉运动微分方程点乘，可得微分形式的动能方程：

$$\vec{v}\cdot\frac{\mathrm{D}\vec{v}}{\mathrm{D}t}=\vec{v}\cdot\vec{R}-\frac{1}{\rho}\vec{v}\cdot\nabla p \tag{4-65}$$

当质量力有势，即 $\vec{R}=\nabla U$，并利用随流导数公式，式（4-65）可变为

$$\frac{\mathrm{D}}{\mathrm{D}t}\left(\frac{v^2}{2}\right)=\frac{\mathrm{D}U}{\mathrm{D}t}-\frac{\partial U}{\partial t}-\frac{1}{\rho}\left(\frac{\mathrm{D}p}{\mathrm{D}t}-\frac{\partial p}{\partial t}\right) \tag{4-66}$$

一般情况下 $\dfrac{\partial U}{\partial t}=0$，故式（4-66）可写成

$$\frac{1}{\rho}\frac{\partial p}{\partial t}=\frac{\mathrm{D}}{\mathrm{D}t}\left(\frac{v^2}{2}\right)-\frac{\mathrm{D}U}{\mathrm{D}t}+\frac{1}{\rho}\frac{\mathrm{D}p}{\mathrm{D}t} \tag{4-67}$$

将式（4-67）代入式（4-63），得

$$\dot{q} = \frac{D}{Dt}\left(u + \frac{p}{\rho}\right) - \frac{1}{\rho}\frac{Dp}{Dt} \qquad (4\text{-}68a)$$

或写成

$$\dot{q} = \frac{Dh}{Dt} - \frac{1}{\rho}\frac{Dp}{Dt} \qquad (4\text{-}68b)$$

对于低速气流，流动可视为不可压缩，由式（4-68）可得

$$\dot{q} = \frac{Du}{Dt} \qquad (4\text{-}69a)$$

或写成

$$\dot{q} = c_v \frac{DT}{Dt} \qquad (4\text{-}69b)$$

式中，c_v 为定容热容。

对于液体，$c_p \approx c_v$，故式（4-69b）写成

$$\dot{q} = c_p \frac{DT}{Dt} \qquad (4\text{-}69c)$$

由式（4-69b）和（4-69c）可以看出，对于不可压缩流，流动过程与外界有热量交换时，热交换只会引起流体的温度变化而不会引起其他流动参数发生变化，速度和压强的变化可从单独联立连续方程和运动方程求得。

习　　题

4-1　判断下列速度场是否满足不可压流的条件：

（1）$\vec{v} = 3x^2 y\vec{i} + 2yz\vec{j} - 3x^2 z\vec{k}$；

（2）$\vec{v} = (x+y)\vec{i} + (x-y+z)\vec{j} + (x+y+z)\vec{k}$；

（3）$\vec{v} = (xyzt)\vec{i} - (xyzt^2)\vec{j} + \dfrac{z^2}{2}(xt^2 - yt)\vec{k}$。

4-2　某圆管高 4m，并逐渐变细，出口面积变为入口面积的四分之一，水从其中流过，已知入口处水流压强高于大气压 20kPa，出口处水流速度为 15m/s，压强等于大气压。试计算入口处的水流速度。

4-3　若流场的速度和密度分别为 $\vec{v} = -\dfrac{x}{t}\vec{i} + 3z^2\vec{j} - \left(\dfrac{z^3}{y} + y\right)\vec{k}$、$\rho = 4ty$，试问能否满足连续方程。

4-4　试推导如图习题 4-4 所示文丘里管的流量与水银压差计读数的关系：

$$Q = \frac{\frac{\pi}{4}d_1^2}{\sqrt{\left(\frac{d_1}{d_2}\right)^4 - 1}}\sqrt{2g\left(\frac{\rho_p}{\rho} - 1\right)h_p}$$

图习题 4-4

4-5　两个相距为 a m 的平行板间流体流动的速度分布为 $u = -10\frac{y}{a} + 20\frac{y}{a}\left(1 - \frac{y}{a}\right)$，试确定单位宽度平行板间的体积流量和平均流速。

4-6　如图习题 4-6 所示，水以均匀速度 U 流入一个二维通道，由于通道弯曲了 90°，出口端的速度变为 $v = C\left(3.5 - \frac{x}{h}\right)$，设通道宽度 h 为常数且为定常流动，求常数 C。

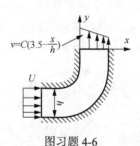

图习题 4-6

4-7　有一高超音速风洞系统，利用空压机出来的压缩空气通过风洞后排入真空罐的方法，使风洞实验段达到所需的设计 Ma（马赫数）。如已知进入风洞的压缩空气流量为 0.3kg/s，真空罐容积为 400m³，最大真空度为 750mmHg，为维持风洞正常工作，真空罐最小真空度为 690mmHg。假设真空罐充气过程为绝热过程，试求该风洞每次正常工作的时间。

4-8　有两个不可压缩流体连续流场：

① $v_x = ax^2 + by$ ，　$v_z = 0$；② $v_x = e^{-x}\cos y + 1$，$v_z = 0$，试分别求另一速度分量 v_y。

4-9　已知二维不可压缩流的一个速度分量 $v_x = \dfrac{\partial f}{\partial y}$，$f = f(x, y)$，且 x 轴是一条流线，试证明另一速度分量 $v_y = -\dfrac{\partial f}{\partial x} + \left(\dfrac{\partial f}{\partial x}\right)_{y=0}$。

4-10　如图习题 4-10 所示，压强为 $1.08 \times 10^5\,\text{Pa}$ 的空气以 $30\,\text{m/s}$ 的速度从 A、B 两个进口流进箱内，进口面积都为 5cm^2，箱内的空气经过 C 排气口排入大气，排气压强等于大气压强。假设进出口流动为定常流动，密度为 1.225kg/m^3，试求反作用力 R_1 和 R_2。

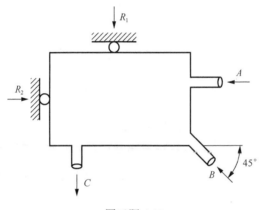

图习题 4-10

4-11　如图习题 4-11 所示，一旋转水利机械，$d = 25\text{mm}$，$R = 0.6\text{m}$，单个喷嘴流量 $Q = 7\text{L/s}$，转动角速度 $\omega = 100\text{r/min}$，求功率 P。

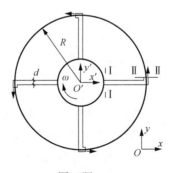

图习题 4-11

4-12　为了测定直径为 d 的圆柱体在低速气流中的阻力，将其放在风洞中进行吹风。现测得 1-1、2-2 截面的速度分布如图习题 4-12 所示，压强是均匀分布的，都等于 p_∞。设流动为定常不可压缩，试确定圆柱体的阻力系数 $\left[C_D = X \middle/ \left(\dfrac{1}{2}\rho v^2 d\right)\right]$。

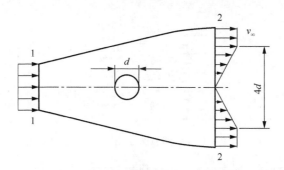

图习题 4-12

4-13　如图习题 4-13 所示，某飞行器模型在风洞中进行吹风实验，风洞直径为 $1\,\mathrm{m}$，截面①上的速度分布是均匀的，$v_1 = 40\mathrm{m/s}$，压强为 $1.10\times10^5\,\mathrm{Pa}$，截面②上的速度与半径成线性分布，压强为 $1.05\times10^5\,\mathrm{Pa}$。若不计风洞壁面的摩擦力，试求：

（1）截面②处的最大速度 v_m；

（2）飞行器模型所受阻力。

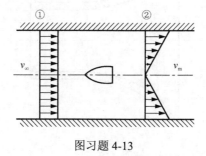

图习题 4-13

4-14　如图习题 4-14 所示，一块单位宽度垂直于纸面的平板放在气流中，平板上游的气流速度均匀分布，下游的速度分布为

$$v \begin{cases} v(y), |y| \leqslant h \\ v_0, \quad |y| > h \end{cases}$$

若上、下游的气体压强都相同，试证明平板收到的气流作用力为

$$F = 2\int_0^h \rho v(v_0 - v)\mathrm{d}y$$

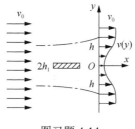

图习题 4-14

4-15　如图习题 4-15 所示，一轴流风机，已知 $v = 50\text{m/s}$，$R = 30\text{cm}$，空气密度为 1.225kg/m^3，试求：

（1）作用在整台风机（包括叶轮和壳体）上的力；

（2）作用在叶轮上的力。

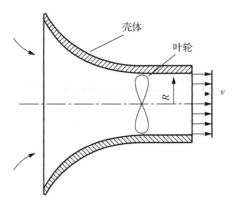

图习题 4-15

4-16　如图习题 4-16 所示，有一水流喷射泵，喷口面积为 0.01m^2，水流以 30m/s 的速度自喷口喷入速度为 5m/s 的另一水流中，两股水流在混合室中掺混后以均匀的速度排出，如已知混合室的面积为 0.1m^2，在喷口出口处两股水流的压强相等。试求泵出口的速度 v_3 和压强升高值 $p_3 - p_1$，其中 p_3 为出口压强，p_1 为入口压强。

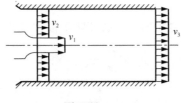

图习题 4-16

4-17　已知无黏不可压缩流体直角转角流的速度势为 $\varphi = a(x^2 - y^2)$，试分析壁面处的压强分布，设静止处的压强为 p_0。

4-18　如图习题 4-18 所示，一个压缩空气罐与文丘里式的引射管连接，d_1、d_2、h 均已知，试确定气罐压强 p_0 多大才能将 B 池水抽出。

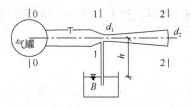

图习题 4-18

4-19　烟囱的简化模型如图习题 4-19 所示，外面的大气具有不变的密度 ρ_0，烟囱内部的气体具有不变的密度 ρ_1，且 $\rho_0 > \rho_1$，对此理想化的无摩擦烟囱，试证出口速度 $v_2 = \sqrt{2gh\dfrac{\rho_0 - \rho_1}{\rho_1}}$（提示：联立连续方程、能量方程和静力学平衡方程证得）。

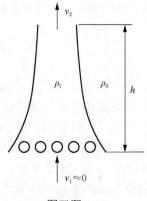

图习题 4-19

第5章　理想不可压缩流体平面有势流动

第4章建立了理想流体的运动方程，利用流体运动方程求解流动是流体力学的基本问题之一。由于流体运动方程的高度非线性，对于一般流动问题，不可能获得这些问题的解析解。但是对于某些特殊问题，流体运动方程得到大大简化，可以通过求解流体运动方程获得解析解，本章涉及的理想不可压缩流体平面有势流动就是这类问题。由于流函数的存在，理论求解这一类问题成为可能。对于平面的无旋流动问题，势函数同样为理论求解这一类问题提供极大的帮助。本章首先建立描述该流动的势函数方程和流函数方程。其次介绍几种重要的基本平面有势流动，同时介绍如何利用简单势流的叠加求解较为复杂的绕流问题。最后，介绍在空气动力学中一个非常基础的定理——库塔-茹科夫斯基升力定理。

拓展延伸

理想流体及其发展简介

理想流体的流动是流体力学研究的重要问题，在某些方面取得巨大的成就，虽然某些结果与实际相差较远。1738年伯努利（丹尼尔·伯努利，Daniel Bernoulli，1700～1782年，瑞士数学家和物理学家）出版了《流体动力学》，在这本书里，伯努利将力学中的"活力守恒原理"引入流体力学，并基于这一原理，通过实验发现了伯努利方程。虽然，伯努利实验中的流体并非理想流体，但伯努利方程本身是一个关于理想流体的结果。需要指出的是，伯努利研究流体的管道运动是从研究血液流速和血压关系开始的，他还设计一种测量血压的方式，即把一根细管铅直插入动脉血管，然后测量细管内血液的高度，从而获得血压，令人惊奇的是，这种测量血压的方法竟然被应用了170年。1755年，欧拉（莱昂哈德·欧拉，Leonhard Euler，1707～1783年，瑞士数学家）在柏林工作时推导出了流体平衡与运动方程，即理想流体的流动方程，今天称之为欧拉方程。在推导欧拉方程时，欧拉采用了欧拉描述法。拉格朗日（约瑟夫-路易斯·拉格朗日，Joseph-Louis Lagrange，1736～1813年，法国数学家）对欧拉的工作的评价很高。值得注意的是欧拉1727年曾是伯努利的助手，后来还接替了伯努利在俄国彼得堡科学院的数学院士职位。欧拉方程的建立标志着流体力学进入一个全新的阶段，通过数学方法得到了大量流体力学的著名结论，其中就包括本章涉及的不可压缩流体平面有势流动。马格努斯（海因里希·古斯塔夫·马格努斯，Heinrich Gustav Magnus，1802～1870年，德国物理学家）于 1853 年发现了马格努斯效应，即将旋转圆柱垂直置于气流中，圆柱将受到一个侧向力。很多体育活动中都能见到与马格努斯效应相关的现象，如足球中的香蕉球，乒乓球中的弧旋球等。1878 年，瑞利（约翰·威廉·瑞利，John William Rayleigh，1842 ~ 1919 年，英国物理学家）研究了绕圆柱体的流动问题，他发现在平行流动外加上一个环形流动，则会产生一个侧向力，从理论上解释了马格努斯效应。瑞利研究的绕圆柱体的流动问题成为近代航空工业的理论基础，因为这个侧向力相当于升力，而航空中一个重要的问题是如何产生升力。1902 ~ 1909 年，茹科夫斯基（1847 ~ 1921 年，俄国力学家）独立地建立了升力的理论基础。茹科夫斯基针对平面物体绕流问题，假设空气流动是理想流体的无旋流动（即势流），并推导出了速度势的拉普拉斯方程。通过巧妙地引入茹科夫斯基变换将一般二维物体的绕流问题转化为二维圆柱的绕流问题，茹科夫斯基得到了一般二维物体的升力公式，此公式成为现代航空的基础理论之一。根据茹科夫斯基的升力公式，计算升力需要速度环量，茹科夫斯基又提出了确定环量的方法。库塔（马丁·威廉·库塔，Martin Wilhelm Kutta，1867 ~ 1944 年，德国物理学家）几乎与茹科夫斯基同一时期研究了升力问题，因此今天把上面提到的升力公式和确定环量的方法分别称为库塔-茹科夫斯基升力公式及库塔-茹科夫斯基条件。1910 年，布拉休斯（保罗·理查德·海因里希·布拉休斯，Paul Richard Heinrich Blasius，1883 ~ 1970 年，德国力学家）利用势流理论和复变函数理论得到二维物体受力的布拉休斯公式，根据此公式，只要知道复速度势，就可以采用复变函数理论中的留数定理计算二维物体的受力，避免了繁琐的计算。[以上内容来源于《力学史》[1]，作者武际可，上海辞书出版社]

5.1　平面流动中的流函数和速度势函数

5.1.1　流函数

对于平面不可压缩流动（即二维不可压缩流动），连续方程为

$$\frac{\partial v_x}{\partial x} + \frac{\partial v_y}{\partial y} = 0 \qquad (5\text{-}1)$$

如果令 $A = -v_y$，$B = v_x$，$C = v_z = 0$，则根据式（5-1）有

$$\frac{\partial B}{\partial x} - \frac{\partial A}{\partial y} = 0 \qquad (5\text{-}2a)$$

同时，注意到 A 和 B 只是坐标 x 和 y 的函数，则

$$\frac{\partial C}{\partial y} - \frac{\partial B}{\partial z} = 0, \quad \frac{\partial A}{\partial z} - \frac{\partial C}{\partial x} = 0 \qquad (5\text{-}2\text{b})$$

式（5-2）是保证 $A\mathrm{d}x + B\mathrm{d}y + C\mathrm{d}z$ 为某个函数全微分的充分必要条件[4]，由于 $C = v_z = 0$，那么存在函数 $\psi(x, y)$，使得 $\mathrm{d}\psi = -v_y\mathrm{d}x + v_x\mathrm{d}y$，即

$$v_y = -\frac{\partial \psi}{\partial x}, \quad v_x = \frac{\partial \psi}{\partial y} \qquad (5\text{-}3)$$

在极坐标下，式（5-1）变为

$$\frac{\partial(rv_r)}{\partial r} + \frac{\partial v_\theta}{\partial \theta} = 0 \qquad (5\text{-}4)$$

此时，可以令 $A = -v_\theta$，$B = rv_r$，$C = v_z = 0$，采用上面类似的方法，可以得到

$$v_r = \frac{1}{r}\frac{\partial \psi}{\partial \theta}, \quad v_\theta = -\frac{\partial \psi}{\partial r} \qquad (5\text{-}5)$$

从上面的推导过程中可以看出，对于二维流问题，流函数的存在只需要不可压缩条件成立，因此只要流体是不可压缩的，无论流体是否有黏性，流动是否无旋，流函数均存在。如果确定了流函数，那么就可以根据式（5-3）确定流场，从而可以根据动量方程计算压强分布。下面分析流函数的物理意义。首先，分析 $\psi = \mathrm{const}$ 的曲线，即

$$\mathrm{d}\psi = -v_y\mathrm{d}x + v_x\mathrm{d}y = 0 \qquad (5\text{-}6)$$

由此可以得到

$$\frac{\mathrm{d}x}{v_x} = \frac{\mathrm{d}y}{v_y} \qquad (5\text{-}7)$$

式（5-7）为流线方程，这就是说流函数为常数的曲线是流线。在流线上，不存在法向速度，即流体不能穿越流线，由于流体同样不能穿越固体表面，因此二维固体表面也可以看作一条流线，即流函数为常数的曲线。

再来分析流函数和体积流量之间的关系。定义一条曲线 $\bar{s}(\tau) = (x(\tau), y(\tau))$ 连接着平面上的两个点 A 和 B，$\bar{s}(0)$ 为 A 点，$\bar{s}(1)$ 为 B 点，如图 5-1 所示。对于这条曲线，有两个法线方向，只取其中一个法线方向。将曲线切线方向逆时针旋转90°得到曲线的一个法线方向，计算此方向的流量。曲线的切线为 $\mathrm{d}\bar{s}/\mathrm{d}\tau = (\mathrm{d}x/\mathrm{d}\tau, \mathrm{d}y/\mathrm{d}\tau)$，将此向量逆时针旋转90°，得到一个新向量 $(-\mathrm{d}y/\mathrm{d}\tau, \mathrm{d}x/\mathrm{d}\tau)$，由此可知曲线的法线方向为

$$\vec{n} = \frac{1}{\sqrt{\left(\dfrac{\mathrm{d}x}{\mathrm{d}\tau}\right)^2 + \left(\dfrac{\mathrm{d}y}{\mathrm{d}\tau}\right)^2}}\left(-\frac{\mathrm{d}y}{\mathrm{d}\tau}, \frac{\mathrm{d}x}{\mathrm{d}\tau}\right) \tag{5-8}$$

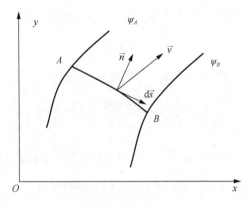

图 5-1 流量的计算

在微弧 $\mathrm{d}\vec{s}$ 上的体积流量为

$$\mathrm{d}Q = \vec{v}\cdot\vec{n}\left|\mathrm{d}\vec{s}\right|\cdot 1 = \frac{-v_x\dfrac{\mathrm{d}y}{\mathrm{d}\tau} + v_y\dfrac{\mathrm{d}x}{\mathrm{d}\tau}}{\sqrt{\left(\dfrac{\mathrm{d}x}{\mathrm{d}\tau}\right)^2 + \left(\dfrac{\mathrm{d}y}{\mathrm{d}\tau}\right)^2}}\sqrt{\left(\frac{\mathrm{d}x}{\mathrm{d}\tau}\right)^2 + \left(\frac{\mathrm{d}y}{\mathrm{d}\tau}\right)^2}\,\mathrm{d}\tau = -v_x\mathrm{d}y + v_y\mathrm{d}x = \mathrm{d}\psi \tag{5-9}$$

由此可以看出，流函数的微分与流量的微分相等。积分式（5-9），可以得到流过曲线 $\vec{s}(\tau)$ 的流量：

$$Q = \int_A^B \mathrm{d}\psi = \psi_B - \psi_A \tag{5-10}$$

式（5-10）说明，流场中任意两点流函数的差是连接着两点任意曲线的流量。若 A 和 B 两点恰在一条流线上，由前面的讨论可知 $\psi_B = \psi_A$，即 $Q = 0$，这与流体不能穿过流线的性质是一致的。

5.1.2 速度势函数

速度势函数存在的充分必要条件是流动无旋，即涡量各个分量为零，$\omega_x = \omega_y = \omega_z = 0$。对于平面流动问题，由于速度分量 v_x 和 v_y 与 z 无关，同时速度分量 $v_z = 0$，容易验证：

$$\omega_x = \frac{\partial v_z}{\partial y} - \frac{\partial v_y}{\partial z} = 0 \ , \quad \omega_y = \frac{\partial v_x}{\partial z} - \frac{\partial v_z}{\partial x} = 0$$

因此，对于二维流，无旋条件为

$$\omega_z = \frac{\partial v_y}{\partial x} - \frac{\partial v_x}{\partial y} = 0 \tag{5-11}$$

对于无旋流动，存在速度势函数 $\varphi(x, y, z)$，使得

$$\vec{v} = \nabla \varphi \tag{5-12}$$

在直角坐标系下，将式（5-12）写成分量形式为

$$v_x = \frac{\partial \varphi}{\partial x}, \quad v_y = \frac{\partial \varphi}{\partial y}, \quad v_z = \frac{\partial \varphi}{\partial z} \tag{5-13}$$

对于平面流动，由于 $v_z = \dfrac{\partial \varphi}{\partial z} = 0$，因此速度势函数与 z 无关，具有形式为 $\varphi(x, y)$，而速度分量 v_x 和 v_y 可根据式（5-13）进行计算。

需要注意的是，不可压缩平面流动中的流函数和势函数存在的条件不一样，流函数存在的条件是连续方程，与流动是否有旋无关；而势函数存在的条件为流动无旋，因此不可压缩平面流动中流函数比势函数具有更加普遍的意义。但是对于一般三维势流，速度势函数总是存在的，此时流函数一般不存在。

5.2　不可压缩平面势流的求解

5.2.1　不可压缩平面势流的势函数方程和流函数方程

将式（5-13）代入连续方程式（5-1），则有

$$\frac{\partial^2 \varphi}{\partial x^2} + \frac{\partial^2 \varphi}{\partial y^2} = 0 \tag{5-14}$$

或者

$$\Delta \varphi = \nabla^2 \varphi = 0 \tag{5-15}$$

式中，算子" Δ "称为拉普拉斯算子，其对函数的作用效果与算子" ∇^2 "一致。式（5-14）和式（5-15）称作拉普拉斯方程。这说明，对于不可压缩平面无旋流动，速度势函数满足拉普拉斯方程。需要指出的是，对于不可压缩三维无旋流动，速度势函数同样满足拉普拉斯方程（此时，拉普拉斯方程具有三维形式）。

在极坐标中，有

$$v_r = \frac{\partial \varphi}{\partial r}, \quad v_\theta = \frac{1}{r}\frac{\partial \varphi}{\partial \theta} \tag{5-16}$$

将式（5-16）代入极坐标中的连续方程式（5-4），可得

$$\frac{\partial^2 \varphi}{\partial r^2} + \frac{1}{r}\frac{\partial \varphi}{\partial r} + \frac{1}{r^2}\frac{\partial^2 \varphi}{\partial \theta^2} = 0 \tag{5-17}$$

这就是拉普拉斯方程式（5-15）的极坐标形式。

对于流函数，利用无旋流条件式（5-11）同样可以得到流函数的控制方程。将式（5-3）代入方程式（5-11），有

$$\frac{\partial^2 \psi}{\partial x^2} + \frac{\partial^2 \psi}{\partial y^2} = 0 \tag{5-18}$$

或者

$$\Delta \psi = \nabla^2 \psi = 0 \tag{5-19}$$

由此可见，对于不可压缩二维无旋流动，流函数同样满足拉普拉斯方程。对比式（5-15）和式（5-19），参照式（5-17），可以立即得到流函数控制方程的极坐标形式：

$$\frac{\partial^2 \psi}{\partial r^2} + \frac{1}{r}\frac{\partial \psi}{\partial r} + \frac{1}{r^2}\frac{\partial^2 \psi}{\partial \theta^2} = 0 \tag{5-20}$$

对于三维无旋不可压缩流动，不存在流函数，因此也就不存在类似于式（5-19）的方程。

5.2.2　不可压缩平面势流的势函数和流函数关系

由于流函数和势函数存在的条件不同，因此得到流函数方程和势函数方程的过程是不同的。为了得到势函数方程，需要不可压缩连续方程；为了得到流函数方程，需要无旋条件（即势流条件）。图 5-2 说明了得到势函数方程和流函数方程的条件和过程。

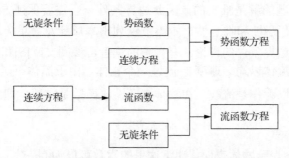

图 5-2　势函数方程和流函数方程的推导过程

对于不可压缩二维势流，流函数等值线和势函数等值线是正交的，如图 5-3 所示。根据梯度的几何意义可以知道，势函数 $\varphi(x,y)$ 的梯度 $\nabla\varphi = \left(\dfrac{\partial\varphi}{\partial x}, \dfrac{\partial\varphi}{\partial y}\right)$ 就是

$\varphi(x,y) = \text{const}$ 曲线法线，同理，流函数 $\psi(x,y)$ 的梯度 $\nabla\psi = \left(\dfrac{\partial\psi}{\partial x}, \dfrac{\partial\psi}{\partial y}\right)$ 就是

$\psi(x,y) = \text{const}$ 曲线法线。根据式（5-3）和式（5-13），可以计算流函数等值线的法线和势函数等值线的法线两者之间的夹角，即

$$\frac{(\nabla\varphi)\cdot(\nabla\psi)}{|\nabla\varphi||\nabla\psi|} = \frac{\dfrac{\partial\varphi}{\partial x}\dfrac{\partial\psi}{\partial x} + \dfrac{\partial\varphi}{\partial y}\dfrac{\partial\psi}{\partial y}}{|\nabla\varphi||\nabla\psi|} = \frac{-v_x v_y + v_y v_x}{|\nabla\varphi||\nabla\psi|} = 0 \tag{5-21}$$

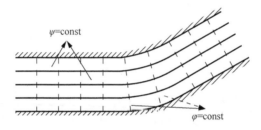

图 5-3　势函数等值线和流函数等值线

这说明流函数等值线的法线和势函数等值线的法线正交，也就是流函数等值线和势函数等值线正交。由于流函数等值线就是流线，势函数等值线与流线是正交的。

5.2.3　边界条件

通过前面的分析，对于不可压缩二维无旋流动，可以通过求解方程（5-15）或者方程（5-19）得到势函数或者流函数，从而可以计算流场的速度分布，在此基础上，根据动量方程或者伯努利方程确定压强分布。数学上，方程（5-15）和方程（5-19）是椭圆型偏微分方程，需要边界条件才能确定对于特定问题的解。物理上，特定问题的解是唯一的，因此边界条件一般需要保证方程（5-15）和方程（5-19）解的存在性和唯一性。本小节仅列出本章涉及简单流动的边界条件，对于一般情况的边界条件的讨论，有兴趣的读者可参阅文献[5]和[6]。

假设远前方流体以均匀速度 $\vec{v}_\infty$ 流过一个物体，由于流体不能穿透物体表面，因此物体表面可以看作是流线，在物体表面，流函数是常数，即

$$\psi\big|_{\text{w}} = \text{const} \tag{5-22}$$

式中，下标"w"表示物体表面；通常这里的常数可以为 0。对于理想流体，在物

体表面必须有

$$v_n\big|_w = 0 \tag{5-23}$$

式中，下标"n"表示物体表面外法向。物体前方来流速度为 $\vec{v}_\infty$，在远前方还必须有

$$\frac{\partial \psi}{\partial y}\bigg|_\infty = v_{x\infty} \ \text{及} \ \frac{\partial \psi}{\partial x}\bigg|_\infty = -v_{y\infty} \tag{5-24}$$

式中，下标"∞"表示远前方。通常可以让远前方流体的速度的方向与 x 轴方向平行，则式（5-24）可以简化为

$$\frac{\partial \psi}{\partial y}\bigg|_\infty = v_\infty \ \text{及} \ \frac{\partial \psi}{\partial x}\bigg|_\infty = 0 \tag{5-25}$$

类似地，对于理想流体，势函数应满足如下边界条件：

$$\begin{cases} \dfrac{\partial \varphi}{\partial n}\bigg|_w = 0 \\ \nabla \varphi\big|_\infty = \vec{v}_\infty \end{cases} \tag{5-26}$$

如果远前方流体的速度的方向与 x 轴方向平行，则式（5-26）的第二式可以简化为

$$\begin{cases} \dfrac{\partial \varphi}{\partial x}\bigg|_\infty = v_\infty \\ \dfrac{\partial \varphi}{\partial y}\bigg|_\infty = 0 \end{cases} \tag{5-27}$$

5.2.4　基本解的叠加原理

平面不可压缩势流的势函数方程和流函数方程都是拉普拉斯方程，拉普拉斯方程是一个线性偏微分方程，这样的方程有一个重要性质就是解的线性叠加原理，即对于任何满足拉普拉斯方程的两个解 $\varphi_1(x,y)$ 和 $\varphi_2(x,y)$，其线性叠加 $\varphi(x,y) = \lambda_1\varphi_1(x,y) + \lambda_2\varphi_2(x,y)$ 仍然是拉普拉斯方程的一个解，这里的 λ_1 和 λ_2 是两个实数。下面证明这一性质。由于

$$\frac{\partial^2 \varphi}{\partial x^2} = \lambda_1\frac{\partial^2 \varphi_1}{\partial x^2} + \lambda_2\frac{\partial^2 \varphi_2}{\partial x^2}, \quad \frac{\partial^2 \varphi}{\partial y^2} = \lambda_1\frac{\partial^2 \varphi_1}{\partial y^2} + \lambda_2\frac{\partial^2 \varphi_2}{\partial y^2} \tag{5-28}$$

则

$$\frac{\partial^2 \varphi}{\partial x^2} + \frac{\partial^2 \varphi}{\partial y^2} = \lambda_1 \frac{\partial^2 \varphi_1}{\partial x^2} + \lambda_2 \frac{\partial^2 \varphi_2}{\partial x^2} + \lambda_1 \frac{\partial^2 \varphi_1}{\partial y^2} + \lambda_2 \frac{\partial^2 \varphi_2}{\partial y^2}$$

$$= \lambda_1 \left(\frac{\partial^2 \varphi_1}{\partial x^2} + \frac{\partial^2 \varphi_1}{\partial y^2} \right) + \lambda_2 \left(\frac{\partial^2 \varphi_2}{\partial x^2} + \frac{\partial^2 \varphi_2}{\partial y^2} \right)$$

$$= 0 \tag{5-29}$$

式（5-29）最后一步是因为 $\varphi_1(x,y)$ 和 $\varphi_2(x,y)$ 均满足拉普拉斯方程，说明如果 $\varphi_1(x,y)$ 和 $\varphi_2(x,y)$ 是两个速度势函数，则 $\varphi(x,y)$ 也是一个速度势函数，并且有

$$\begin{cases} v_x = \dfrac{\partial \varphi}{\partial x} = \lambda_1 \dfrac{\partial \varphi_1}{\partial x} + \lambda_2 \dfrac{\partial \varphi_2}{\partial x} = \lambda_1 v_{x1} + \lambda_2 v_{x2} \\ v_y = \dfrac{\partial \varphi}{\partial y} = \lambda_1 \dfrac{\partial \varphi_1}{\partial y} + \lambda_2 \dfrac{\partial \varphi_2}{\partial y} = \lambda_1 v_{y1} + \lambda_2 v_{y2} \end{cases} \tag{5-30}$$

即速度也满足线性叠加原理。

类似地，两个不同的流函数 $\psi_1(x,y)$ 和 $\psi_2(x,y)$ 的线性叠加 $\psi(x,y) = \lambda_1 \psi_1(x,y) + \lambda_2 \psi_2(x,y)$ 同样是一个流函数，且对应速度也满足与式（5-30）类似的叠加原理。显然，上面叠加原理对于多个势函数和流函数的情况也是适用的。

叠加原理对于解决流体力学问题具有非常重要的意义。如果有若干已知的势函数或者流函数，就可以通过线性叠加得到一个新的势函数或者流函数，从而得到一个新的流场，这为解决流体力学问题提供了一种重要思路和方法。当然，新的势函数或流函数得到的流场还需要满足特定的边界条件，实际应用中，需要不断试算来达到这一要求。

5.3　部分简单平面势流的叠加

5.3.1　直匀流

最简单的流动就是均匀直线流动（简称"直匀流"），即流场各处的速度均为 $\vec{v}_\infty$，即

$$\begin{cases} v_x = v_\infty \cos \alpha \\ v_y = v_\infty \sin \alpha \end{cases} \tag{5-31}$$

式中，v_∞ 为速度；α 为 $\vec{v}_\infty$ 与 x 轴的夹角。根据式（5-13），有

$$\mathrm{d}\varphi = \frac{\partial \varphi}{\partial x}\mathrm{d}x + \frac{\partial \varphi}{\partial y}\mathrm{d}y = v_x \mathrm{d}x + v_y \mathrm{d}y = v_\infty \cos\alpha \mathrm{d}x + v_\infty \sin\alpha \mathrm{d}y \tag{5-32}$$

对式（5-32）两端积分，则有

$$\varphi = xv_\infty \cos\alpha + yv_\infty \sin\alpha + C_1 \tag{5-33}$$

式中，C_1 为一任意常数，很显然，C_1 的取值并不影响速度的分布。φ 就是直匀流的势函数。根据式（5-3），采用上面类似的方法，同样可以得到直匀流的流函数 ψ，即

$$\psi = yv_\infty \cos\alpha - xv_\infty \sin\alpha + C_2 \tag{5-34}$$

式中，C_2 为一任意常数，同样地，C_2 的取值并不影响速度的分布。为了方便，通常令 $C_1 = 0$ 和 $C_2 = 0$，此时式（5-33）和式（5-34）可以简化为

$$\begin{cases} \varphi = xv_\infty \cos\alpha + yv_\infty \sin\alpha \\ \psi = yv_\infty \cos\alpha - xv_\infty \sin\alpha \end{cases} \tag{5-35}$$

图 5-4 给出了直匀流的势函数和流函数的等值线分布。

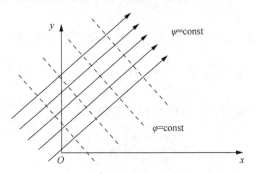

图 5-4　直匀流的势函数和流函数的等值线分布

5.3.2　点源和点汇

点源和点汇是流体力学中的两个理论模型，实际中并不存在。首先介绍点源。设想在流场的某个位置 (ξ,η) 存在一个点，流体不断从这个点以常体积流量 $Q > 0$ 流入流场中，且流体速度只有径向速度而没有周向速度，这就是点源。下面计算流场的径向速度。以点 (ξ,η) 为原点建立一个新的极坐标 (r,θ)，其中 $r = \sqrt{(x-\xi)^2 + (y-\eta)^2}$，$\theta = \tan^{-1}\left(\dfrac{y-\eta}{x-\xi}\right)$。根据质量守恒定律，在以 (ξ,η) 为原点，半径为 r 的圆周上体积流量也应为 Q，则

$$2\pi r v_r = Q \tag{5-36}$$

同时，已经假定周向速度为零，则对于点源形成的流场有

$$\begin{cases} v_r = \dfrac{Q}{2\pi r} = \dfrac{Q}{2\pi\sqrt{(x-\xi)^2+(y-\eta)^2}} \\ v_\theta = 0 \end{cases} \tag{5-37}$$

此处的 Q 又称为点源的强度。显然，在点 (ξ,η) 处 $v_r = \infty$，实际中这是不可能的，但是在解决具体问题时，可以将此点去掉并不影响计算结果。

根据式（5-16）和式（5-37），势函数的微分满足：

$$\mathrm{d}\varphi = \frac{\partial\varphi}{\partial r}\mathrm{d}r + \frac{\partial\varphi}{\partial\theta}\mathrm{d}\theta = v_r\mathrm{d}r + rv_\theta\mathrm{d}\theta = \frac{Q\mathrm{d}r}{2\pi r} \tag{5-38}$$

对式（5-38）两端积分，并忽略积分常数（因为积分常数的取值不影响速度分布），有

$$\varphi = \frac{Q}{2\pi}\ln r = \frac{Q}{2\pi}\ln\sqrt{(x-\xi)^2+(y-\eta)^2} \tag{5-39}$$

类似地，根据式（5-5）和式（5-37），流函数的微分满足：

$$\mathrm{d}\psi = \frac{\partial\psi}{\partial r}\mathrm{d}r + \frac{\partial\psi}{\partial\theta}\mathrm{d}\theta = -v_\theta\mathrm{d}r + rv_r\mathrm{d}\theta = \frac{Q\mathrm{d}\theta}{2\pi} \tag{5-40}$$

对式（5-40）两端积分，并忽略积分常数，有

$$\psi = \frac{Q\theta}{2\pi} = \frac{Q}{2\pi}\tan^{-1}\left(\frac{y-\eta}{x-\xi}\right) \tag{5-41}$$

在直角坐标系中，容易求得各个速度分量为

$$\begin{cases} v_x = \dfrac{\partial\varphi}{\partial x} = \dfrac{Q(x-\xi)}{2\pi[(x-\xi)^2+(y-\eta)^2]} \\ v_y = \dfrac{\partial\varphi}{\partial y} = \dfrac{Q(y-\eta)}{2\pi[(x-\xi)^2+(y-\eta)^2]} \end{cases} \tag{5-42}$$

如果将 (ξ,η) 移动至原点，则式（5-39）、式（5-41）和式（5-42）可简化为

$$\begin{cases} \varphi = \dfrac{Q}{2\pi}\ln\sqrt{x^2+y^2} \\ \psi = \dfrac{Q}{2\pi}\tan^{-1}\left(\dfrac{y}{x}\right) \end{cases} \tag{5-43}$$

和

$$\begin{cases} v_x = \dfrac{Qx}{2\pi(x^2 + y^2)} \\[3mm] v_y = \dfrac{Qy}{2\pi(x^2 + y^2)} \end{cases} \qquad （5\text{-}44）$$

若流场的流体以常体积流量 $Q < 0$ 从流场均匀流入某点,则这个点就是一个点汇。可见,点汇和点源是相似的,只是前者的体积流量为负值,后者体积流量为正值,而两者的势函数和流函数形式上是一致的。图 5-5 和图 5-6 分别是点源和点汇的势函数和流函数等值线分布图。

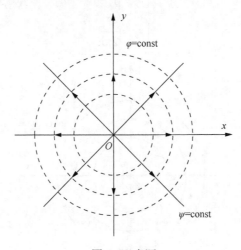

图 5-5　点源

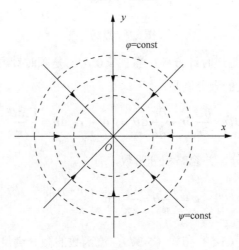

图 5-6　点汇

5.3.3 点涡

对于点源（或点汇），流场只有径向速度，而对于点涡，流场只有周向速度。如图 5-7 所示，设想在流场的某点 (ξ,η)，周围的流体绕其进行匀速圆周运动，而没有径向速度，且周向速度大小与流体微元和此点的距离成反比。与 5.3.2 小节类似，以点 (ξ,η) 为原点建立极坐标系 (r,θ)，即 $r = \sqrt{(x-\xi)^2 + (y-\eta)^2}$ 及 $\theta = \tan^{-1}\left(\dfrac{y-\eta}{x-\xi}\right)$。根据点涡的定义，可以得到流场速度分布：

$$\begin{cases} v_r = 0 \\ v_\theta = \dfrac{\Gamma_0}{2\pi r} \end{cases} \tag{5-45}$$

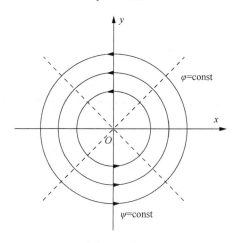

图 5-7　点涡

当 $\Gamma_0 > 0$ 时，v_θ 是逆时针方向；当 $\Gamma_0 < 0$，v_θ 是顺时针方向。根据式（5-16）和式（5-37），势函数的微分满足：

$$\mathrm{d}\varphi = \frac{\partial \varphi}{\partial r}\mathrm{d}r + \frac{\partial \varphi}{\partial \theta}\mathrm{d}\theta = v_r\mathrm{d}r + rv_\theta\mathrm{d}\theta = \frac{\Gamma_0\mathrm{d}\theta}{2\pi} \tag{5-46}$$

对式（5-46）两端积分，并忽略积分常数，有

$$\varphi = \frac{\Gamma_0}{2\pi}\theta = \frac{\Gamma_0}{2\pi}\tan^{-1}\left(\frac{y-\eta}{x-\xi}\right) \tag{5-47}$$

类似地，根据式（5-5）和式（5-37），流函数的微分满足：

$$\mathrm{d}\psi = \frac{\partial \psi}{\partial r}\mathrm{d}r + \frac{\partial \psi}{\partial \theta}\mathrm{d}\theta = -v_\theta\mathrm{d}r + rv_r\mathrm{d}\theta = -\frac{\Gamma_0\mathrm{d}r}{2\pi r} \tag{5-48}$$

对式（5-48）两端积分，并忽略积分常数，就得到流函数为

$$\psi = -\frac{\Gamma_0}{2\pi}\ln r = -\frac{\Gamma_0}{2\pi}\ln\sqrt{(x-\xi)^2+(y-\eta)^2} \tag{5-49}$$

根据式（5-47），容易计算出速度分量 v_x 和 v_y：

$$\begin{cases} v_x = \dfrac{\partial\varphi}{\partial x} = -\dfrac{\Gamma_0(y-\eta)}{2\pi[(x-\xi)^2+(y-\eta)^2]} \\[3mm] v_y = \dfrac{\partial\varphi}{\partial y} = \dfrac{\Gamma_0(x-\xi)}{2\pi[(x-\xi)^2+(y-\eta)^2]} \end{cases} \tag{5-50}$$

显然，除了点 (ξ,η) 外，流场各处均无旋，但是从式（5-45）可知，在点 (ξ,η) 处 $v_\theta=\infty$，这在现实中是不可能的。因此，与处理点源（或点汇）的方法类似，需要在计算时除去点涡所在位置。由于 $\dfrac{\partial v_\theta}{\partial r}=-\dfrac{\Gamma_0}{2\pi r^2}$，在点 (ξ,η) 处 $\dfrac{\partial v_\theta}{\partial r}=\infty$，这表明在点 (ξ,η) 处的周向黏性应力 $\tau=\mu\dfrac{\partial v_\theta}{\partial r}=\infty$，因此在点 (ξ,η)，黏性应力很大，以至于在此点的所有流体微团均被黏性力拖曳着进行刚体旋转运动。容易计算绕点涡的圆周上的速度环量：

$$\Gamma = \int_0^{2\pi} v_\theta r\mathrm{d}\theta = \int_0^{2\pi}\frac{\Gamma_0}{2\pi}\mathrm{d}\theta = \Gamma_0 \tag{5-51}$$

原点以外的流动为无旋流动，无旋流动的速度环量应为零，而绕点涡圆周上的速度环量却不等于零，说明在原点附近的流动必定是有旋流，旋涡强度为 Γ_0，而原点以外无旋的圆周运动是原点附近有旋运动诱导的结果，也正是这个原因才称之为点涡，有时也称自由涡。还存在一种所谓的兰金涡，其原点附近有旋流区域为有限大小，而本节点涡附近的有旋流区域却是无穷小。

若点 (ξ,η) 在原点，则式（5-47）、式（5-49）和式（5-50）简化为

$$\begin{cases} \varphi = \dfrac{\Gamma_0}{2\pi}\tan^{-1}\left(\dfrac{y}{x}\right) \\[3mm] \psi = -\dfrac{\Gamma_0}{2\pi}\ln\sqrt{x^2+y^2} \end{cases} \tag{5-52}$$

$$\begin{cases} v_x = -\dfrac{\Gamma_0 y}{2\pi(x^2+y^2)} \\[3mm] v_y = \dfrac{\Gamma_0 x}{2\pi(x^2+y^2)} \end{cases} \tag{5-53}$$

5.3.4　偶极子

偶极子是点源和点汇的叠加，如图 5-8 所示。在 $(-\varepsilon,0)$ 和 $(\varepsilon,0)$ 两点分别放置强度为 $Q>0$ 的点源和强度为 $-Q$ 的点汇。

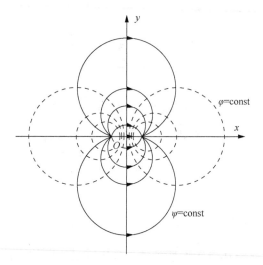

图 5-8　点源和点汇的叠加

根据叠加原理，将得到一种新的有势流动，根据式（5-39）和式（5-41），其势函数和流函数分别为

$$\varphi = \frac{Q}{2\pi} \ln \sqrt{(x+\varepsilon)^2 + y^2}$$
$$- \frac{Q}{2\pi} \ln \sqrt{(x-\varepsilon)^2 + y^2}$$
$$= \frac{Q}{2\pi} \ln \frac{\sqrt{(x+\varepsilon)^2 + y^2}}{\sqrt{(x-\varepsilon)^2 + y^2}} \tag{5-54}$$

$$\psi = \frac{Q}{2\pi} \left[\tan^{-1} \left(\frac{y}{x+\varepsilon} \right) - \tan^{-1} \left(\frac{y}{x-\varepsilon} \right) \right] \tag{5-55}$$

图 5-8 是新得到的势函数和流函数等值线分布。如果令点源和点汇的距离无限小，且 Q 在此过程中为一常数，则势函数趋于无穷大，而流函数趋于零，对应的流场没有意义。但是如果 Q 为 ε 的某个函数，则可能得到由距离为零的点源和点汇产生的有势流动。因此，令

$$Q = \frac{M}{2\varepsilon} \tag{5-56}$$

式中，M 是一常数。则根据极限的运算（利用洛必达法则），有

$$\lim_{\varepsilon \to 0}\frac{Q}{2\pi}\ln\frac{\sqrt{(x+\varepsilon)^2+y^2}}{\sqrt{(x-\varepsilon)^2+y^2}}=\frac{M}{4\pi}\lim_{\varepsilon \to 0}\frac{1}{\varepsilon}\ln\frac{\sqrt{(x+\varepsilon)^2+y^2}}{\sqrt{(x-\varepsilon)^2+y^2}}=\frac{M}{2\pi}\frac{x}{x^2+y^2} \tag{5-57}$$

以及

$$\lim_{\varepsilon \to 0}\frac{Q}{2\pi}\left[\tan^{-1}\left(\frac{y}{x+\varepsilon}\right)-\tan^{-1}\left(\frac{y}{x-\varepsilon}\right)\right]=\frac{M}{4\pi}\lim_{\varepsilon \to 0}\frac{1}{\varepsilon}\left[\tan^{-1}\left(\frac{y}{x+\varepsilon}\right)-\tan^{-1}\left(\frac{y}{x-\varepsilon}\right)\right]$$

$$=-\frac{M}{2\pi}\frac{y}{x^2+y^2} \tag{5-58}$$

根据式（5-57）和式（5-58），得到距离为零的点源和点汇叠加后的势函数和流函数为

$$\begin{cases}\varphi=\dfrac{M}{2\pi}\dfrac{x}{x^2+y^2}\\[3mm]\psi=-\dfrac{M}{2\pi}\dfrac{y}{x^2+y^2}\end{cases} \tag{5-59}$$

式（5-59）就是偶极子的势函数及流函数，其中 M 称为偶极子的强度。图 5-9 是偶极子的势函数和流函数等值线分布图，从中可以看出，等势线是两族圆，这些圆都过原点，且其圆心均在 x 轴上；而流线（即流函数等值线）也是两族圆，这些圆也都过原点，但是其圆心却在 y 轴上。

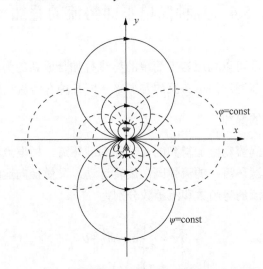

图 5-9　偶极子的势函数和流函数等值线分布图

需要指出的是，偶极子是有轴线的，即点源和点汇的连线，且此轴线是有方向的，其方向为点汇指向点源的方向，在图 5-9 中，偶极子的轴方向为负 x 方向。根据式（5-59）可以求得速度分量为

$$\begin{cases} v_x = \dfrac{\partial \varphi}{\partial x} = \dfrac{M}{2\pi} \dfrac{y^2 - x^2}{(x^2 + y^2)^2} \\[3mm] v_y = \dfrac{\partial \varphi}{\partial y} = -\dfrac{M}{\pi} \dfrac{xy}{(x^2 + y^2)^2} \end{cases} \tag{5-60}$$

若偶极子不在原点，而在 (ξ, η)，则通过坐标变换也可以求得其势函数、流函数及速度分别为

$$\begin{cases} \varphi = \dfrac{M}{2\pi} \dfrac{x - \xi}{(x - \xi)^2 + (y - \eta)^2} \\[3mm] \psi = -\dfrac{M}{2\pi} \dfrac{y - \eta}{(x - \xi)^2 + (y - \eta)^2} \end{cases} \tag{5-61}$$

$$\begin{cases} v_x = \dfrac{\partial \varphi}{\partial x} = \dfrac{M}{2\pi} \dfrac{(y - \eta)^2 - (x - \xi)^2}{[(x - \xi)^2 + (y - \eta)^2]^2} \\[3mm] v_y = \dfrac{\partial \varphi}{\partial y} = -\dfrac{M}{\pi} \dfrac{(x - \xi)(y - \eta)}{[(x - \xi)^2 + (y - \eta)^2]^2} \end{cases} \tag{5-62}$$

5.4 几种简单平面势流的叠加

根据叠加原理，可以利用若干简单的势流叠加合成新的势流，从而解决一些流体力学问题。本节通过简单势流的叠加来研究几种有势流动问题。

5.4.1 点源和点涡的叠加

点源流动和点涡流动叠加得到的流动称为源环流。根据点源流动和点涡流动的特点，可以预见源环流中的流体既做旋转运动，又做径向运动。设点源和点涡均在原点，则源环流的势函数和流函数分别为

$$\begin{cases} \varphi = \dfrac{Q}{2\pi} \ln r + \dfrac{\Gamma_0}{2\pi} \theta \\[3mm] \psi = \dfrac{Q}{2\pi} \theta - \dfrac{\Gamma_0}{2\pi} \ln r \end{cases} \tag{5-63}$$

式中，$r = \sqrt{x^2 + y^2}$；$\theta = \tan^{-1}\left(\dfrac{y}{x}\right)$。因此，流线方程为

$$Q\theta - \Gamma_0 \ln r = C \tag{5-64}$$

即

$$r = \mathrm{e}^{\frac{Q\theta - C}{\Gamma_0}} \tag{5-65}$$

由此可知源环流的流线是一族对数螺旋线，如图 5-10 所示。

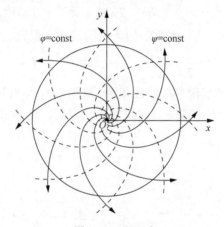

图 5-10　源环流

根据式（5-63）可以求得源环流的径向速度 v_r 和周向速度 v_θ 分别为

$$\begin{cases} v_r = \dfrac{\partial \varphi}{\partial r} = \dfrac{Q}{2\pi r} \\[3mm] v_\theta = \dfrac{\partial \varphi}{r\partial \theta} = \dfrac{\Gamma_0}{2\pi r} \end{cases} \tag{5-66}$$

离心水泵蜗壳内的流动就是类似于这种流动，为了防止流体在导轮内流动时与导轮发生碰撞，离心泵的导轮叶片一般按式（5-65）进行设计，做成对数螺旋线形状。

5.4.2　直匀流和点源的叠加

将与 x 轴平行的直匀流和处在原点的点源进行叠加，得到的流动的势函数和流函数分别为

$$\begin{cases} \varphi = v_\infty x + \dfrac{Q}{2\pi}\ln\sqrt{x^2+y^2} = v_\infty r\cos\theta + \dfrac{Q}{2\pi}\ln r \\[3mm] \psi = v_\infty y + \dfrac{Q}{2\pi}\tan^{-1}\!\left(\dfrac{y}{x}\right) = v_\infty r\sin\theta + \dfrac{Q}{2\pi}\theta \end{cases} \tag{5-67}$$

式中，$r=\sqrt{x^2+y^2}$；$\theta=\tan^{-1}\!\left(\dfrac{y}{x}\right)$。计算各个速度分量为

$$\begin{cases} v_x = \dfrac{\partial \varphi}{\partial x} = v_\infty + \dfrac{Q}{2\pi}\dfrac{x}{x^2+y^2} \\[3mm] v_y = \dfrac{\partial \varphi}{\partial y} = \dfrac{Q}{2\pi}\dfrac{y}{x^2+y^2} \end{cases} \tag{5-68}$$

根据式（5-67）第二式，得到新的势流的流线方程为

$$v_\infty y + \dfrac{Q}{2\pi}\tan^{-1}\!\left(\dfrac{y}{x}\right) = v_\infty r\sin\theta + \dfrac{Q}{2\pi}\theta = C \tag{5-69}$$

图 5-11 是直匀流和点源叠加的分布图。从图 5-11 可以看出，点源产生的流动将直匀流向 x 轴两侧推开，改变直匀流的流动方向，这非常类似于直匀流流过一个物体的情况。

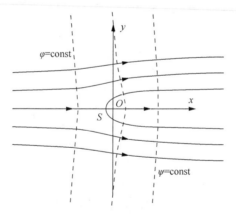

图 5-11　直匀流和点源的叠加

直匀流和点源的叠加流动具有如下特性：

（1）根据式（5-68）可以看出，当 $r=\sqrt{x^2+y^2}\to\infty$ 时，$v_x\to v_\infty$ 且 $v_y\to 0$，注意到 r 是流场某点与点源的距离，这就是说在距离点源很远时，流场接近于直匀流，即点源的影响很小。

（2）令

$$\begin{cases} v_x = v_\infty + \dfrac{Q}{2\pi}\dfrac{x}{x^2+y^2} = 0 \\[3mm] v_y = \dfrac{Q}{2\pi}\dfrac{y}{x^2+y^2} = 0 \end{cases} \tag{5-70}$$

此方程的根为

$$\begin{cases} x_s = -\dfrac{Q}{2\pi v_\infty} \\[2mm] y_s = 0 \end{cases} \tag{5-71a}$$

或者在极坐标系中有

$$\begin{cases} r_s = \dfrac{Q}{2\pi v_\infty} \\[2mm] \theta_s = \pi \end{cases} \tag{5-71b}$$

即在驻点 $S(x_s, y_s)$，直匀流和点源的作用正好抵消，使得此点处的速度恰好为零，此点称为驻点。显然，随着点源强度的变化，驻点的位置也相应发生变化，但始终保持在 x 轴上。

（3）由于流体不能穿过流线，通过驻点 $S(x_s, y_s)$ 的流线将流场分成两部分，这两部分的流体均不能穿过这条流线到达彼此的区域。下面计算这条特殊流线的方程。将式（5-71）代入式（5-69），可以得到 $C = \dfrac{Q}{2}$，则此流线方程为

$$v_\infty r \sin\theta + \frac{Q}{2\pi}\theta = \frac{Q}{2} \tag{5-72}$$

即

$$r = \frac{\dfrac{Q}{2}\left(1 - \dfrac{\theta}{\pi}\right)}{v_\infty \sin\theta} \tag{5-73}$$

定义当 $\theta = \pi$ 时，r 为 $\lim\limits_{y \to 0}\left[\dfrac{Q}{2}\left(1 - \dfrac{\theta}{\pi}\right)\Big/ v_\infty \sin\theta\right] = \dfrac{Q}{2\pi v_\infty} = r_s$。显然，当 $\theta \to 0$ 时，$y = r\sin\theta \to \dfrac{Q}{2v_\infty}$。当 $\theta \to 2\pi$，$y \to -\dfrac{Q}{2v_\infty}$，因而此流线的渐近线为 $y = \pm\dfrac{Q}{2v_\infty}$。由于流线也可以被当作物体表面，此流线也称作半无限体（图 5-11），因此直匀流和点源叠加后的流动为此半无限体的绕流。根据式（5-73），可以通过改变点源和直匀流流速来改变此半无限体的形状，从而获得不同半无限体的绕流。

采用上面的方法，将多个不同强度点源沿 x 轴排列，并且将它们产生的势流与直匀流叠加，调节各个点源的强度，获得一个与已知物体表面重合的流线，从而可以得到绕过此物体的势流。这是一种解决流体力学问题的重要方法。

5.5　直匀流绕不带环量圆柱的流动及应用

本节研究直匀流绕不带环量圆柱的流动，进一步阐述利用叠加原理解决流体力学问题的方法。这种流动问题不仅具有重要的理论意义，且在工程中有很多应用。例如，在冷却和加热设备中都会遇到这种形式的流动，在流体力学中所使用的圆柱形测速管也是根据圆柱体绕流的原理测量流体流动的速度及方向。因此，分析和掌握直匀流绕不带环量圆柱的流动规律是非常重要的。

5.5.1　直匀流绕不带环量圆柱的流动

理想不可压缩流体从无限远处以匀速 v_∞、与无限长圆柱轴线垂直的方向流过该圆柱，由于此圆柱无限长，在与其轴线垂直的每个横截面内的流动是相同的，因此可以将这样的流动看成一个二维流（平面流动）。由于流体是理想不可压缩的，根据 5.2 节分析可知，对于这种二维流，存在一个势函数和流函数，且它们均满足拉普拉斯方程，通过求一个满足特定边界条件的拉普拉斯方程的解就能够得到流动的速度分布，然后再利用伯努利方程获得压强分布，从而得到流场的所有细节。为此，需要首先确定流动的边界条件。设想圆柱的轴线通过原点，且与二维坐标平面垂直。可以想象，在远离圆柱的区域内，圆柱边界对流场的影响是非常小的，因此在极坐标系 (r,θ) 中，有如下边界条件

$$\begin{cases} \lim\limits_{r\to\infty} v_r = \lim\limits_{r\to\infty} \dfrac{\partial \varphi}{\partial r} = v_\infty \cos\theta \\[3mm] \lim\limits_{r\to\infty} v_\theta = \lim\limits_{r\to\infty} \dfrac{1}{r}\dfrac{\partial \varphi}{\partial \theta} = -v_\infty \sin\theta \end{cases} \tag{5-74}$$

同时，由于流体不能穿过圆柱表面，因此在圆柱表面还有

$$v_r\big|_{r=R} = \frac{\partial \varphi}{\partial r}\bigg|_{r=R} = 0 \tag{5-75}$$

式中，R 是圆柱的半径。

对于上述问题，当然可以直接采取求解拉普拉斯方程的方法，但是这种方法较为复杂。在 5.4.2 小节中，用直匀流和点源相叠加的方法获得绕物体的流动，在本小节，采用同样的方法求解绕圆柱的流动问题。为此，选取直匀流和偶极子为基本流动，然后将两者叠加。假设直匀流方向为 x 正方向，而偶极子的方向为 x 负方向，叠加后所得流动的势函数和流函数分别为

$$\begin{cases} \varphi = v_\infty x + \dfrac{M}{2\pi}\dfrac{x}{x^2+y^2} = v_\infty r\cos\theta + \dfrac{M\cos\theta}{2\pi r} \\[3mm] \psi = v_\infty y - \dfrac{M}{2\pi}\dfrac{y}{x^2+y^2} = v_\infty r\sin\theta - \dfrac{M\sin\theta}{2\pi r} \end{cases} \qquad (5\text{-}76)$$

式中，M 为偶极子的强度。根据式（5-76）容易求得流场速度为

$$\begin{cases} v_r = \dfrac{\partial\varphi}{\partial r} = v_\infty\cos\theta - \dfrac{M\cos\theta}{2\pi r^2} \\[3mm] v_\theta = \dfrac{\partial\varphi}{r\partial\theta} = -v_\infty\sin\theta - \dfrac{M\sin\theta}{2\pi r^2} \end{cases} \qquad (5\text{-}77)$$

首先验证上述流动是否满足边界条件式（5-74）。通过简单的极限运算，显然有

$$\begin{cases} \lim\limits_{r\to\infty} v_r = v_\infty\cos\theta \\[2mm] \lim\limits_{r\to\infty} v_\theta = -v_\infty\sin\theta \end{cases} \qquad (5\text{-}78)$$

这说明上述直匀流和偶极子叠加后的流动满足边界条件式（5-74）。

同时有

$$v_r\big|_{r=R} = v_\infty\cos\theta - \dfrac{M\cos\theta}{2\pi R^2} = 0 \qquad (5\text{-}79)$$

解得偶极子强度 M 为

$$M = 2\pi v_\infty R^2 \qquad (5\text{-}80)$$

这说明只要 $M = 2\pi v_\infty R^2$，则 $r=R$ 的圆周恰恰是圆柱的表面，即直匀流和偶极子叠加后的流动也满足边界条件式（5-75）。总之，直匀流和偶极子（其强度 $M = 2\pi v_\infty R^2$）叠加后的流动同时满足边界条件式（5-74）和式（5-75），且其势函数满足拉普拉斯方程，解决了理想不可压缩流体绕过无限圆柱体的流动问题，其流线如图 5-12 所示。

将式（5-80）代入式（5-76）和式（5-77），则势函数、流函数及速度分别为

$$\begin{cases} \varphi = v_\infty\cos\theta\left(r + \dfrac{R^2}{r} \right) \\[3mm] \psi = v_\infty\sin\theta\left(r - \dfrac{R^2}{r} \right) \end{cases} \qquad (5\text{-}81)$$

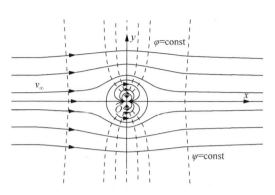

图 5-12   直匀流绕不带环量的圆柱体的流动

$$\begin{cases} v_r = v_\infty \cos\theta \left(1 - \dfrac{R^2}{r^2}\right) \\[3mm] v_\theta = -v_\infty \sin\theta \left(1 + \dfrac{R^2}{r^2}\right) \end{cases} \tag{5-82}$$

根据速度分布及伯努利方程可以求得压强分布。根据伯努利方程，有

$$p + \frac{1}{2}\rho v^2 = p_\infty + \frac{1}{2}\rho v_\infty^2 = \text{const} \tag{5-83}$$

式中，p 和 ρ 分别为压强和流体密度；p_∞ 为直匀流的压强；$v = \sqrt{v_r^2 + v_\theta^2}$ 为速度大小。由于是不可压缩流动，一般认为密度是常数。将式（5-82）代入式（5-83）就可以求得压强。

为了求流体对圆柱的作用力，只需要计算圆柱表面的压强分布，然后沿圆柱周向积分就可以求得该作用力。由于边界条件式（5-75），根据式（5-82），圆柱表面的速度大小为 $v = \sqrt{v_r^2 + v_\theta^2} = |v_\infty| = |2v_\infty \sin\theta|$，代入式（5-83），整理后有

$$p - p_\infty = \frac{1}{2}\rho v_\infty^2 (1 - 4\sin^2\theta) \tag{5-84}$$

为了使反映物面上压强分布的量只与物面形状有关而与来流无关，通常把物面上的压强分布无量纲化，即以压强系数表示压强分布，压强系数定义为

$$C_p = \frac{p - p_\infty}{\dfrac{1}{2}\rho v_\infty^2} \tag{5-85}$$

将式（5-84）代入式（5-85），则圆柱表面的压强系数为

$$C_p = 1 - 4\sin^2\theta \tag{5-86}$$

圆柱的压强系数分布如图 5-13 所示。从图可以看出，压强系数的分布是上下、左右对称的。当 $\theta=0°$ 或者 $\theta=180°$ 时，压强系数最大，等于 1.0，从式（5-82）可知，此时的流动速度等于零，这两点称为驻点，$\theta=180°$ 为前驻点，$\theta=0°$ 为后驻点。在圆柱表面上速度大小为 $v=|2v_\infty\sin\theta|$，从前驻点起，沿圆的上下表面，流动逐渐加速，压强系数逐渐减小，在 $\theta=150°$ 与 $\theta=210°$ 处，$C_p=0$，表明该处气流速度大小等于未受扰动流动的速度，过了该点，流动继续加速，在 $\theta=90°$ 和 $\theta=270°$，即在圆柱面的上下顶点处，速度达到最大值，$v=2v_\infty$，而压强系数降到最小，为 $C_p=-3.0$。继续沿圆周向到后驻点，速度逐渐减小，压强系数逐渐增加，直到后驻点处速度重新降为零，压强系数恢复到 1.0。

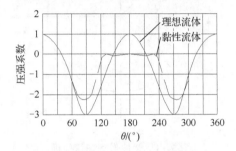

图 5-13 圆柱体表面的压强系数分布

根据式（5-84）或者式（5-86），圆柱表面的压强分布是上下和前后对称的，因此垂直于来流方向的力（称为"升力"）为零，而平行于来流方向的力（称为"阻力"）也是零。对于任意形状的物体，根据势流理论求得的阻力也是为零，这与现实情况是不符的，这一矛盾就是著名的达朗贝尔疑题。之所以出现这样的矛盾就是因为真实流体是黏性的，一方面，黏性的存在使得流体和物体之间存在摩擦力，这个摩擦力的合力显然在流动方向有一个正分量，这就是黏性力；另一方面，黏性使流体的机械能被耗散，注意到伯努利方程实际上是流体机械能守恒的反映，因此在物体的尾部，压强不可能再恢复到来流的压强，这就使物体尾部的压强总体上小于前部的压强，从而产生阻力，即压差阻力，如果流体在物体尾部发生分离，则这种阻力会增大。可见势流理论计算结果与实际测量存在一定的差距，但是流体在物体表面不发生分离或者产生轻微的分离，此时压差阻力一般很小，黏性力一般也很小，按势流理论求得的物体所受压强分布和升力与实际结果比较接近，因此研究势流理论还是有实际意义的。

5.5.2 圆柱形测速管原理

在进行流体力学实验或者研究其他工程问题时，常常需要测量流场的速度大小、速度方向及压强，利用上述圆柱绕流的规律对速度和压强测量是较为常用的方法之一。本小节介绍这种测量方法的基本原理。

　　为了测量二维流场某点处的速度大小 v_∞、速度方向和压强 p_∞，可以在流场中放置一根比较细的圆柱管，使得圆柱管的轴线与流场平面垂直，如图 5-14 所示。

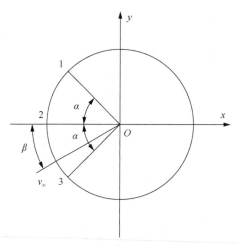

图 5-14　圆柱形测速管原理

　　由于圆柱管半径较小，其对流场产生的影响可以忽略不计，通过测量该圆柱管表面的压强就可以达到测量流场速度和压强的目的，具体原理如下。根据式（5-84），有

$$p = p_\infty + \frac{1}{2}\rho v_\infty^2(1 - 4\sin^2\theta) \qquad (5\text{-}87)$$

式中，来流的速度大小 v_∞、压强 p_∞ 为未知量；p 是圆柱管表面上与来流夹角为 θ 点的压强，为已知量。由于在测量前并不知道来流速度方向，因此总共有三个未知量，需要测量三个 p 的值。为此，假设在圆柱管的圆周上有三个测压点，如图 5-14 所示，其中点 1 和点 2、点 2 和点 3 之间的夹角为 α，假设来流与图 5-14 中 x 轴（即点 2 与点 O 连线）夹角为 β，则对点 1～3 分别应用式（5-87）有

$$\begin{cases} p_1 = p_\infty + \dfrac{1}{2}\rho v_\infty^2[1 - 4\sin^2(\alpha + \beta)] \\[2mm] p_2 = p_\infty + \dfrac{1}{2}\rho v_\infty^2(1 - 4\sin^2\beta) \\[2mm] p_3 = p_\infty + \dfrac{1}{2}\rho v_\infty^2[1 - 4\sin^2(\alpha - \beta)] \end{cases} \qquad (5\text{-}88)$$

通过求解方程组（5-88），最终可以得到来流速度大小 v_∞、压强 p_∞ 及 β，而 β 表示来流速度方向。将测得 p_1、p_2 及 p_3 组合成一个无量纲量 k，其中 k 定义为

$$k = \frac{p_3 - p_1}{2p_2 - (p_3 + p_1)} \qquad (5\text{-}89)$$

由于

$$\begin{cases} p_3 + p_1 = 2p_\infty + \rho v_\infty^2 [1 - 4(\sin^2\beta\cos^2\alpha + \cos^2\beta\sin^2\alpha)] \\ p_3 - p_1 = 2\rho v_\infty^2 \sin 2\alpha \sin 2\beta \\ 2p_2 = 2p_\infty + \rho v_\infty^2(1 - 4\sin^2\beta) \end{cases} \qquad (5\text{-}90)$$

并且令 $\alpha = \pi/4$，则

$$\begin{aligned} k &= \frac{2\rho v_\infty^2 \sin 2\alpha \sin 2\beta}{\rho v_\infty^2(1 - 4\sin^2\beta) - \rho v_\infty^2[1 - 4(\sin^2\beta\cos^2\alpha + \cos^2\beta\sin^2\alpha)]} \\ &= \frac{\sin 2\beta}{1 - 2\sin^2\beta} \\ &= \tan 2\beta \qquad (5\text{-}91) \end{aligned}$$

由此得

$$\beta = \frac{1}{2}\tan^{-1} k = \frac{1}{2}\tan^{-1}\left[\frac{p_3 - p_1}{2p_2 - (p_3 + p_1)}\right] \qquad (5\text{-}92)$$

代入方程组（5-90）第二式中，并且令 $\alpha = \dfrac{\pi}{4}$，则可得速度大小 v_∞：

$$v_\infty = \sqrt{\frac{p_3 - p_1}{2\rho\sin 2\beta}} \qquad (5\text{-}93)$$

再将式（5-93）代入式（5-88）第二式中，并且令 $\alpha = \dfrac{\pi}{4}$，有

$$p_\infty = p_2 - \frac{p_3 - p_1}{4\sin 2\beta}(1 - 4\sin^2\beta) \qquad (5\text{-}94)$$

这样就可以根据式（5-92）、式（5-93）和式（5-94），利用测得的 p_1、p_2 及 p_3 计算处流场某点的速度方向 β、速度大小 v_∞ 及压强 p_∞。

从式（5-91）可以看出，无量纲量 k 仅仅是 β 的函数，这是势流理论的计算结果，对于实际流体，由于黏性的存在，还需要对 k 和 β 的关系进行修正。在实际流动中，圆柱管上各点的压强不仅随 β 而变，而且还与雷诺数 Re 有关，即

$k = f(\beta, Re)$，因此进行测量前还需要在校正风洞中通过实验确定此关系式，一旦知道了这个关系式，可由三个压强值组成的 k 值求出 β 值，进而利用式（5-93）和式（5-94）求出实际的流场速度大小 v_∞ 和压强 p_∞。

5.6　直匀流绕带环量圆柱的流动及应用

首先介绍一个有趣的现象。如图 5-15 所示，圆柱可以绕 A 处的轴旋转，其角速度为 ω，支杆 AB 可以绕 B 处的轴旋转。假设此时圆柱远前方的来流速度为 v_∞，则圆柱将受到一个侧向力 F，圆柱将带动支杆 AB 绕 B 处的轴旋转，这个现象称为马格努斯效应（Magnus effect）。在观看足球比赛时，常常会看到"香蕉球"，这是因为足球在空中运动时不断旋转，马格努斯效应作用使球的轨迹发生弯曲，如图 5-16 所示。虽然侧向力 F 需要黏性流体力学理论才能够得以计算，但是可以使用势流理论定性解释马格努斯效应。如图 5-15 所示，由于流体具有黏性，在圆

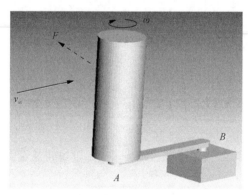

图 5-15　马格努斯效应

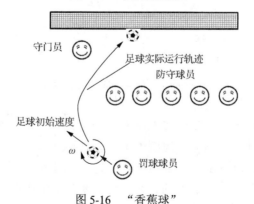

图 5-16　"香蕉球"

柱体附近存在一个薄层，该薄层内的流体也随着圆柱体以几乎相同的角速度做旋转运动，在此薄层内流动是有旋的，但是黏性的作用范围是有限的，在远离圆柱体的区域，流动依然是有势的，在这个区域就可以利用势流理论求解流动问题，需要注意的是，在该区域内边界上环量却不为零，这与直匀流绕不带环量圆柱的流动是不一样的。可以想象，此环量将导致圆柱两侧的流速不同，使得圆柱两侧的压力分布不同，从而产生侧向力。

在直匀流绕不带环量圆柱的流动中，圆柱上下两侧的速度一样（图 5-12），为了使得圆柱上下两侧的速度不同，根据上面几节的分析，只要在圆柱内设置点涡使得在圆柱周向上的环量不为零即可，结合 5.5 节的分析，选取直匀流、偶极子及点涡流作为基本流动，然后将三者叠加。可以想象由于点涡的存在，在圆柱的上下表面速度分布将不对称，根据伯努利方程，上下表面压强分布也不对称，从而在与来流方向垂直的方向具有力的分量，即升力，这就是升力产生的机理。本节详细阐述直匀流绕带环量圆柱的流动基本特性及升力定理。

5.6.1　直匀流绕带环量圆柱的流动

与直匀流绕不带环量圆柱的流动类似，在直匀流绕带环量圆柱的流动中，速度满足的边界条件仍然是式（5-74）和式（5-75）。可以在 5.5 节所得势流（即直匀流和偶极子叠加后的势流）的基础上叠加点涡流，由于点涡不产生径向速度，可以想象所得势流满足边界条件式（5-74）。假设点涡在原点，其强度为 $-\Gamma_0\left(\Gamma_0 > 0\right)$，并注意到式（5-81），在极坐标 (r, θ) 下，新叠加势流的势函数和流函数为

$$
\begin{cases}
\varphi = v_\infty \cos\theta\left(r + \dfrac{R^2}{r}\right) - \dfrac{\Gamma_0}{2\pi}\theta \\[3mm]
\psi = v_\infty \sin\theta\left(r - \dfrac{R^2}{r}\right) + \dfrac{\Gamma_0}{2\pi}\ln r
\end{cases}
\tag{5-95}
$$

则速度为

$$
\begin{cases}
v_r = \dfrac{\partial\varphi}{\partial r} = v_\infty \cos\theta\left(1 - \dfrac{R^2}{r^2}\right) \\[3mm]
v_\theta = \dfrac{\partial\varphi}{r\partial\theta} = -v_\infty \sin\theta\left(1 + \dfrac{R^2}{r^2}\right) - \dfrac{\Gamma_0}{2\pi r}
\end{cases}
\tag{5-96}
$$

容易验证速度满足边界条件式（5-74）和式（5-75）。显然在圆周上速度的环量为

$$\Gamma = \int_0^{2\pi} v_\theta\big|_{r=R} R\mathrm{d}\theta = \int_0^{2\pi} -2v_\infty \sin\theta R\mathrm{d}\theta - \int_0^{2\pi} \frac{\Gamma_0}{2\pi}\mathrm{d}\theta = -\Gamma_0 \qquad (5\text{-}97)$$

于是，得到一个直匀流绕带环量圆柱的流动，而在该圆柱的圆周上，速度的环量为 $-\Gamma_0$。

在圆柱的表面上，速度分布为

$$\begin{cases} v_r\big|_{r=R} = 0 \\ v_\theta\big|_{r=R} = -2v_\infty \sin\theta - \dfrac{\Gamma_0}{2\pi R} \\ v\big|_{r=R} = \sqrt{v_r^2 + v_\theta^2} = \left| 2v_\infty \sin\theta + \dfrac{\Gamma_0}{2\pi R} \right| \end{cases} \qquad (5\text{-}98)$$

式中，v 是速度。可见与直匀流绕不带环量圆柱的流动不同，圆柱表面上的速度关于 y 轴对称，但不再关于 x 轴对称，这是由于点涡的存在，圆柱体上半部分流体的流动速度为绕圆柱无环量速度与环量运动速度之和，而下半部则是二者之差，这与之前的分析是一致的。

下面分析圆柱表面上驻点的位置。根据式（5-98），在驻点 (R, θ_s) 处应满足：

$$v\big|_{r=R,\theta=\theta_s} = \left| 2v_\infty \sin\theta_s + \frac{\Gamma_0}{2\pi R} \right| = 0 \qquad (5\text{-}99)$$

即

$$\sin\theta_s = -\frac{\Gamma_0}{4\pi v_\infty R} \qquad (5\text{-}100)$$

显然 Γ_0 及 v_∞ 值将影响驻点幅角的大小，即影响驻点位置。下面分三种情况对圆柱表面上驻点位置进行讨论：

（1）如果 $\Gamma_0 < 4\pi v_\infty R$，则 $-1 < \sin\theta_s < 0$，那么 θ_s 在区间 $[0, 2\pi)$ 存在两个值，即在圆柱表面上存在两个驻点，对应的流动如图 5-17（a）所示。

（2）如果 $\Gamma_0 = 4\pi v_\infty R$，则 $\sin\theta_s = -1$，那么 θ_s 在区间 $[0, 2\pi)$ 只存在一个值 $\dfrac{3}{2}\pi$（即 270°），这种情况下，在圆柱表面只存在一个驻点，对应的流动如图 5-17（b）所示。

（3）如果 $\Gamma_0 > 4\pi v_\infty R$，则 $\sin\theta_s < -1$，这是不可能的，因此在这种情况下，圆柱表面不存在驻点，对应流动如图 5-17（c）所示。

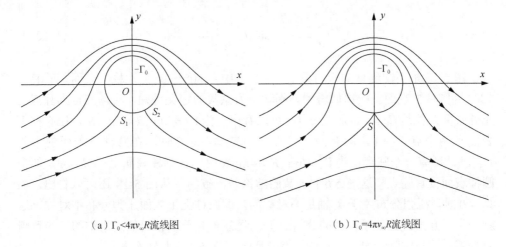

（a）$\Gamma_0<4\pi v_\infty R$流线图　　　　　　（b）$\Gamma_0=4\pi v_\infty R$流线图

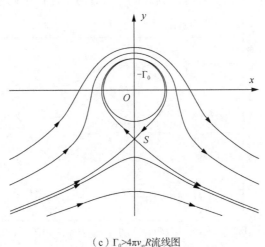

（c）$\Gamma_0>4\pi v_\infty R$流线图

图 5-17　不同条件下直匀流绕带环量圆柱的流动

5.6.2　升力定理

前面已经提到，点涡的存在导致圆柱上下表面的压强分布不对称，从而产生升力，本小节就来证明这一点。设直匀流的压强为 p_∞，根据伯努利方程和式（5-98）第三式，在圆柱表面上，有

$$p-p_\infty=\frac{1}{2}\rho v_\infty^2\left[1-\left(2\sin\theta+\frac{\Gamma_0}{2\pi R v_\infty}\right)^2\right]\qquad（5\text{-}101）$$

根据压强系数的定义式（5-85），压强系数为

$$C_p = 1 - \left(2\sin\theta + \frac{\Gamma_0}{2\pi R v_\infty} \right)^2 \qquad (5\text{-}102)$$

图 5-18 是不同环量的压力系数分布，其中 $-180° \sim 0°$ 为圆柱下表面，而 $0° \sim$ 180° 为圆柱上表面。根据伯努利方程和压力系数的定义可知，流场某点为驻点的充分必要条件是 $C_p = 1$。从图 5-18 可以看出，当 $\Gamma_0 = 2\pi v_\infty R < 4\pi v_\infty R$，在圆柱下表面有两个点 $C_p = 1$，即有两个驻点；当 $\Gamma_0 = 4\pi v_\infty R$ 时，在圆柱下表面的中心 $C_p = 1$，即有一个驻点；当 $\Gamma_0 = 6\pi v_\infty R > 4\pi v_\infty R$ 时，在圆柱表面上，$C_p < 1$，即在圆柱表面没有驻点。这与 5.6.1 小节的结论是一致的。从图 5-18 还可以看出，当 $\Gamma_0 \neq 0$ 时，压强分布关于 x 轴是不对称的，即圆柱上下表面压力分布不对称，这就产生了升力，验证了前面的分析。但压强分布关于 y 轴仍然是对称的，导致阻力为零，这与实际情况是不符的，其原因已经在 5.5.1 小节阐述。

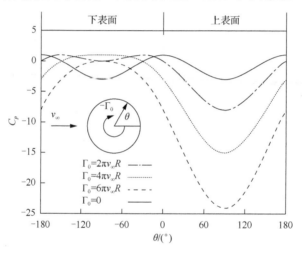

图 5-18　不同环量时的压力系数分布

将压强沿圆柱体表面积分就可以得到流体对圆柱的作用力，下面采用这种方法计算升力。如图 5-19 所示，在圆柱表面取一微元，其面积 $\mathrm{d}S = R\mathrm{d}\theta \cdot 1$，其中 $R\mathrm{d}\theta$ 是周向微弧，1 则是轴向长度（由于圆柱体为无限长，这里只取单位长度），在此微元上压强的作用力为 $-p\bar{n}\mathrm{d}S = -p\bar{n}R\mathrm{d}\theta$，其中 $\bar{n} = (\cos\theta, \sin\theta)$ 为圆柱表面的外法向，由于压强的作用方向总是向内垂直于物体表面，因此这里出现了 "$-$"。将压强所产生的作用力在 y 方向投影，并积分，那么升力为

$$Y = \int_S -p\sin\theta\,\mathrm{d}S = \int_0^{2\pi} -p\sin\theta R\,\mathrm{d}\theta \qquad (5\text{-}103)$$

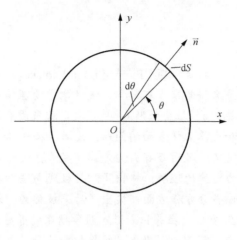

图 5-19　升力的计算

将式（5-101）代入式（5-103），则

$$Y = \int_0^{2\pi} \left\{ -\frac{1}{2}\rho v_\infty^2 \left[1 - \left(2\sin\theta + \frac{\Gamma_0}{2\pi R v_\infty} \right)^2 \right] - p_\infty \right\} \sin\theta R \mathrm{d}\theta$$

$$= -\frac{1}{2}\rho v_\infty^2 R \int_0^{2\pi} \sin\theta \mathrm{d}\theta - p_\infty R \int_0^{2\pi} \sin\theta \mathrm{d}\theta$$

$$+ 2\rho v_\infty^2 R \int_0^{2\pi} \sin^3\theta \mathrm{d}\theta + \frac{\rho v_\infty \Gamma_0}{\pi} \int_0^{2\pi} \sin^2\theta \mathrm{d}\theta + \frac{\rho \Gamma_0^2}{8\pi^2 R} \int_0^{2\pi} \sin\theta \mathrm{d}\theta \qquad （5\text{-}104）$$

由于

$$\int_0^{2\pi} \sin^3\theta \mathrm{d}\theta = \int_0^{2\pi} \sin\theta \mathrm{d}\theta = 0 \ , \quad \int_0^{2\pi} \sin^2\theta \mathrm{d}\theta = \pi \qquad （5\text{-}105）$$

则升力为

$$Y = \rho v_\infty \Gamma_0 \qquad （5\text{-}106）$$

式（5-106）称为库塔-茹科夫斯基升力定理，该定理说明，当理想流体绕有环量的圆柱体或旋转的圆柱体流动时，流体作用在单位长度圆柱体上的力，方向与远前方流动方向垂直，大小等于流体密度 ρ、来流速度 v_∞ 及环量 Γ_0 三者的乘积。

对于理想不可压缩流体绕其他形状物体的流动问题，如果流动在物体尾部未发生分离，则库塔-茹科夫斯基升力定理仍然适用，例如，可以利用式（5-106）计算翼型升力，但是此时的环量 Γ_0 不能任意给定，而需要根据翼型的形状及来流情况（如攻角）而定，在空气动力学中，环量 Γ_0 被称为附着涡。

历史人物

拉普拉斯（Pierre-Simon Laplace，1749～1827 年），法国著名科学家，在数学、统计学、物理学及天文学均做出了重要贡献。拉普拉斯在 29 岁之前就采用有限差分法研究概率论和天体力学方面的问题；发展了概率论，建立了概率的古典定义；采用万有引力定律研究天体运动，加深人们对万有引力定律的理解；提出了"常数变易法"求解常微分方程；在偏微分方程方面，提出了后来被称为"级联法"的新方法。

29 岁后，拉普拉斯进入科学研究的鼎盛时期，在这一时期，他完善了自己的常微分求解理论；提出"拉普拉斯轨道计算法"用于行星和彗星的轨道计算，该方法至今还被大量应用在人造卫星轨道计算；在讨论土星环的引力问题时，提出著名的拉普拉斯方程，该方程被大量应用于各种物理、力学及工程问题；在这一时期，他还研究大量其他物理学及天体力学问题。拉普拉斯在晚年还提出了著名的拉普拉斯变换，该变换被大量应用于控制理论及其他工程问题。在总结前人成果的基础上，拉普拉斯完成了五卷科学巨著《天体力学》，开创了经典天体力学，"天体力学"这个词就是他提出的。拉普拉斯是较彻底的唯物主义者，但是他把一切物理甚至化学现象都归结为力的作用，这属于机械论观点，限制了其在物理学上的成就。由于拉普拉斯的学术声望，晚年还担任伦敦和格丁根皇家学会会员，以及俄国、丹麦、瑞士、普鲁士、意大利等国的科学院院士。

[以上内容来源于《世界著名数学家传记》[7]，作者吴文俊，科学出版社]

达朗贝尔（Jean le Rond d'Alembert，1717～1783 年），法国著名数学家和物理学家。达朗贝尔没有受过正规的大学教育，自学了牛顿及当时著名科学家的著作。1743 年，他出版科学名著《动力学》，在该书中，他提出了自己的运动三大定律，特别将牛顿第二定律和第三定律用撞击前后的动量守恒来表示，推动了经典力学的发展。在该书中，达朗贝尔提出以他名字命名的"达朗贝尔原理"，为分析力学的建立奠定了基础。1752 年，达朗贝尔发表《流体阻尼的一种

新理论》，在该文中提出了著名的达朗贝尔疑题，即物体在大范围的静止或匀速流动的不可压缩、无黏性流体中作等速运动时，它所受到的外力之和为零，虽然这一说法与实际情况不符，但是理论上该说法确实是正确的，这是因为达朗贝尔的流体模型为理想流体，与实际中的流体不符。达朗贝尔也是天体力学主要奠基人之一，提出了关于地球形状和自转的理论及月球运动理论。数学方面，达朗贝尔在级数理论及微分方程理论做出了重要贡献，推动了数学分析的发展。

[以上内容来源于《世界著名数学家传记》[7]，作者吴文俊，科学出版社]

茹科夫斯基（Нчколай Егорович Жуковский，1847～
1921 年），1847 年 1 月 5 日出生在奥列霍沃镇，被誉为"俄
罗斯航空之父"。1868 年，茹科夫斯基毕业于莫斯科大学物
理数学系，1882 年获得应用数学博士学位，终生在莫斯科
大学和莫斯科高等技术学校工作。茹科夫斯基最重要的贡献
就是奠定现代航空的飞行理论。1889 年，茹科夫斯基在莫
斯科大学应用力学教研室，对浮空飞行的重要问题进行了研
究，并进行了相关试验，随后发表《论鸟的滑翔》《论飞机
最佳倾角》《关于飞行理论》及《论机翼螺旋桨》等论文，
推动了航空事业的发展。1902 年，他在莫斯科大学建立风洞，这是世界上最早的
风洞之一。茹科夫斯基 1904 年发现以他名字命名的升力定理，阐述了飞机机翼升
力原理，这是空气动力学中最重要的理论之一。除了在空气动力学及飞行器方面
的贡献外，茹科夫斯基在固体力学、水力学数学、天文学以及仪器调节理论方面
也做出了重要贡献。

茹科夫斯不仅在学术上颇有建树，且帮助苏联建立多所大学或研究机构。
1918 年 12 月，在他的领导下，苏联建立了中央流动动力研究院，同时，他还在
交通实验研究所增设了气体动力室。1919 年，在茹科夫斯基的建议下，莫斯科高
等技术学校附属飞行训练班改为莫斯科航空技术学校，随后，又在该校基础上创
办了红色空军工程学院。1922 年，他又创办空军学院，也就是现在的茹科夫斯基
空军工程学院。这些学校及科研院所的建立，帮助苏联培养了大批优秀的航空航
天科学家和工程师，为苏联甚至世界的航空教育及科研做出了重大贡献。

为了纪念他，今俄罗斯莫斯科州的城市茹科夫斯基便是以他的名字命名的。
[以上内容来源于《航空精英——世界著名飞机设计师和飞行员》[8]，作者周士林，
航空工业出版社]

习　　题

5-1　有一流函数为 $\psi = 3x^2 y + (2+t)y^2$，确定其速度分布并求出当 $t=2$ 时位
于 $(1,2,-3)$ 点处的速度。

5-2　某二维定常流动的流函数为

$$\psi = A\ln r + B\theta$$

式中，r、θ 为极坐标变量；A、B 为正常数。试求流动的速度分量，并证明该流
动满足不可压缩流体连续方程。

5-3　不可压缩流体平面流动的速度分量为 $v_x = x - 4y$，$v_y = -y - 4x$。试确定：

（1）该流动是否满足连续方程；

（2）该流动的流函数；

（3）流动是否有势，若有，写出势函数。

5-4　若一流场的势函数为

$$\varphi = x^2 - y^2$$

试求该流场的流函数。

5-5　如图习题 5-5 所示，相距 $h = 2\text{m}$ 的两平行平板间流场的流速分布为 $v_x = 5 \times \left(\dfrac{1}{4} h^2 - y^2 \right)(\text{m/s})$，$v_y = 0$，$x$ 轴与两平板间中心线重合，求流场的流函数并画出流线图。

图习题 5-5

5-6　有一不可压缩流场的流函数为

$$\psi = 3ax^2 y - ay^3$$

式中，$a = 1\text{m/s}$，证明：

（1）流动是无旋的；

（2）流场中任意点速度的大小，仅取决于坐标原点到这点的距离；

（3）在 $x > 0$，$y > 0$ 象限内，绘出流动的若干流线示意图。

5-7　一不可压缩流场的速度分布为

$$\vec{v} = Ax\vec{i} - Ay\vec{j}$$

式中，$A = 1\text{s}^{-1}$，试证该流场的等流函数线为等轴双曲线 $xy = C$。

5-8　有一二维流的速度场为

$$v_x = 10x^3，\quad v_y = -30x^2 y$$

试求其流函数，并确定通过 $P(x = 1\text{m}, y = 2\text{m})$，$M(x = 2\text{m}, y = 1\text{m})$ 两点之间的流量。

5-9　如在一无限大平壁的上方距壁面 1m 处有一强度 $Q = 10\text{m}^2/\text{s}$ 的点源，试求该流场的势函数和流函数，并画出流线谱示意图（提示：利用势流叠加原理，使壁面与复合流场的零流线重合）。

5-10　在 $(a, 0)$ 和 $(-a, 0)$ 上有两个等强度的点源，试证明：

（1）在圆 $x^2 + y^2 = a^2$ 上任一点，速度平行于 y 轴；

（2）此速度大小与 y 成反比；

（3）y 轴为一条流线。

5-11　如图习题 5-11 所示，在紧靠无限大平板上表面 h 处有一强度为 $(-\Gamma)$ 的点涡，设速度为 v_∞、压强为 p_∞ 的无限远直匀来流平行于平板，且作用于平板下表面的流体压强也为 p_∞，流动为无黏不可压缩流体，试求作用在平板单位宽度（垂直于纸面）上的力，并写出当 h 很大时，平板所受作用力的简化表达式。

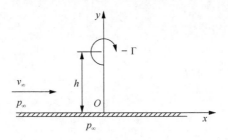

图习题 5-11

5-12　有一大容器盛满水，水深 H，底部有一泄孔，半径为 r_2，容器内泄孔上部有一圆平板，半径为 r_1，且 $r_1 \gg r_2$，圆板距容器底部为 h，如图习题 5-12 所示，假定正对泄孔的那部分板面上的压强为零（表压），板与底部之间的流动可视为点汇，且 $h \ll H$，试证圆板所受的作用力为 $\pi\rho g \left[(H - h)r_1^2 + \dfrac{Q^2}{4\pi^2 gh^2} \ln\left(\dfrac{r_1}{r_2}\right) \right]$。

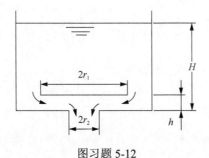

图习题 5-12

5-13　有一正 x 向直匀流 v_∞ 流过一个十分接近于圆的物体，其形状为 $R = a(1 - \varepsilon \sin^2 \theta)$，$\varepsilon$ 是个很小的数，$\varepsilon / a \ll 1$，求流动的流函数，并验证这流函数所描写的流动满足边界条件。

5-14　有一三孔探针，三孔间夹角各为 $30°$，当用它测量空气流速度时，测得 $p_1 = 145\text{mm}$ 水柱，$p_2 = 254\text{mm}$ 水柱，$p_3 = 50\text{mm}$ 水柱，已知空气温度为 380K。

试求空气流速度、方向、静压及各分速度 v_x、v_y。

5-15　有一速度为 50m/s 的直匀流绕一长圆柱体流动,绕圆柱体有一顺时针方向的环流 $(-400m^2/s)$，如已知空气的密度为 $1.2kg/m^3$，圆柱直径为 1m，当忽略黏性与压缩性时，试求：

（1）最大速度；

（2）驻点位置；

（3）最大和最小压强；

（4）每单位长度圆柱体所受升力。

第 6 章　黏性流体动力学

本书第 4~5 章重点讨论了理想流体，并建立了理想流体的运动方程，在某些问题中能够得到理想的结果。例如，在 5.6 节，利用平面势流理论得到了升力定理；但是在 5.6 节，同样得到在流体中运动物体的阻力为零这一与现实相违背的结论。实际的流动问题中，仅仅用理想流体力学理论是无法解释很多现象的。例如，如果采用理想流体力学理论，管路的沿程损失将无法计算，而飞机的减阻技术也无法进行。理想流体与真实流体之间的一个重要区别就是忽略了黏性，在 1.3 节，针对流体的黏性及黏性力进行了一些讨论，本章将基于黏性流体模型建立黏性流体动力学的基本方程，在此基础上，将讨论雷诺方程和雷诺应力，并介绍边界层的相关知识。

6.1　黏性流体运动方程

6.1.1　连续方程

在 4.1 节，采用质量守恒定律推导了理想流体运动的连续方程。对于黏性流体，仍然要满足质量守恒定律。可以发现，在推导理想流体运动的连续方程时并不涉及流体是否有黏性这一假设，因此理想流体运动的连续方程和黏性流体运动的连续方程是一样的，即

$$\frac{\mathrm{D}}{\mathrm{D}t}\int_V \rho \mathrm{d}V = \int_V \frac{\partial \rho}{\partial t}\mathrm{d}V + \oint_A \rho \vec{v} \cdot \mathrm{d}\vec{A} = 0 \tag{6-1}$$

或

$$\frac{\partial \rho}{\partial t} + \nabla \cdot (\rho \vec{v}) = 0 \tag{6-2}$$

其中，式（6-1）是黏性流体运动连续方程的积分形式，而式（6-2）是相应的微分形式。对于黏性流体，仍然可以定义压缩流动和不可压缩流动，其定义方式与理想流体的情况相同（详见 4.1 节）。

6.1.2 动量方程

黏性流体运动仍然满足动量定理（或者牛顿第二定律），这与理想流体运动一样。因此，黏性流体运动的动量方程与理想流体形式上是一样的，即

$$\int \frac{\partial(\rho\vec{v})}{\partial t}\mathrm{d}V + \oint_A (\vec{n}\cdot\vec{v})\rho\vec{v}\mathrm{d}A = \sum \vec{F} \tag{6-3}$$

方程（6-3）与方程（4-12）是一致的。但是，需要注意的是，对于理想流体，合力 $\sum \vec{F}$ 并没有包含黏性力，仅包含了法向压力和质量力。法向压力是表面力，其方向与表面外法线方向相反，然而一般情况下，一个表面所受的力还应该有其切向分量（即表面切线方向），也就是说，理想流体微团的受力中忽略其表面力的切向分量，而表面力的切向分量与黏性力紧密相关，在 1.3 节已经初步阐述这一性质。在本节，首先建立包含所有表面力分量的动量方程，然后在 6.2 节通过本构方程，建立完整的运动方程。

1. 表面应力

在第 2 章中曾讨论过，在静止流体和运动的理想流体中，只存在指向作用面的法向表面力，而且应力的大小与作用面所处的方位无关。在运动的黏性流体中，表面力的情况比较复杂。由于黏性的存在，不仅有法向表面力，而且有切向表面力，因此表面力不垂直于作用表面，应力的大小也与作用面所处的方位有关。

参照图 6-1，在流体中围绕任一点 C 取一任意方向的微元面积 $\delta\vec{A}=\vec{n}\delta A$，其中 δA 是面积大小，$\vec{n}$ 是其法线方向。在该微元面上作用力为 $\delta\vec{F}$。C 点的表面应力 $\vec{\sigma}_n$ 定义为

$$\vec{\sigma}_n = \lim_{\delta A \to 0} \frac{\delta\vec{F}}{\delta A} \tag{6-4}$$

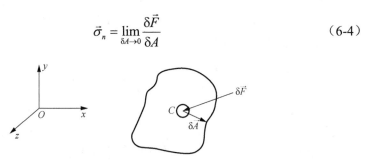

图 6-1　微元表面上的表面力

对于黏性流体来说，一般情况下，$\vec{\sigma}_n$ 与表面法向 $\vec{n}$ 是不一样的，对于理想流体，$\vec{\sigma}_n = -\vec{n}p$（这里一般选取外法线）。根据式（6-4），对于任意一个控制体，其所受的表面力为

$$\vec{F}_A = \oint_A \vec{\sigma}_n \mathrm{d}A \tag{6-5}$$

因此，如果能够知道表面应力，就可以根据方程（6-3）建立黏性流体运动的动量方程。为了计算 $\vec{\sigma}_n$，考虑图 6-2 所示的一个微元，即四面体 $OABC$，其中面 AOB、BOC 和 AOC 分别在三个坐标面上。在图 6-2 中，用 $\vec{\sigma}_{-x}$、$\vec{\sigma}_{-y}$ 和 $\vec{\sigma}_{-z}$ 分别表示法向为 $-\vec{i}$、$-\vec{j}$ 和 $-\vec{k}$ 的面上的应力，这样根据式（6-3）对于微元 $OABC$，有

$$\frac{1}{3}\frac{\mathrm{D}(\rho\vec{v})}{\mathrm{D}t}\delta x\delta y\delta z = \frac{1}{2}\vec{\sigma}_{-x}\delta y\delta z + \frac{1}{2}\vec{\sigma}_{-y}\delta x\delta z + \frac{1}{2}\vec{\sigma}_{-z}\delta x\delta y + \vec{\sigma}_n S_{ABC} + \frac{1}{3}\rho\vec{R}\delta x\delta y\delta z \tag{6-6}$$

式中，S_{ABC} 是面 ABC 的面积，$\vec{R}$ 是单位质量的质量力。同时，有

$$S_{ABC} = n_x\delta y\delta z = n_y\delta x\delta z = n_z\delta x\delta y \tag{6-7}$$

式中，n_x、n_y 和 n_z 表示 $\vec{n}$ 在 $\vec{i}$、$\vec{j}$ 和 $\vec{k}$ 的三个分量。显然根据式（6-7），当 $\delta x \to 0$、$\delta y \to 0$ 和 $\delta z \to 0$，方程（6-6）等号左边和右边最后一项是三阶小量，而其右边前四项是二阶小量，为了使等式成立，必须有

$$\vec{\sigma}_{-x}\delta y\delta z + \vec{\sigma}_{-y}\delta x\delta z + \vec{\sigma}_{-z}\delta x\delta y + \vec{\sigma}_n S_{ABC} = 0 \tag{6-8}$$

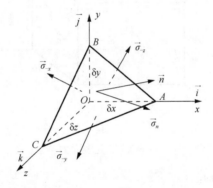

图 6-2　微元不同表面所受的表面力

与 $\vec{\sigma}_{-x}$、$\vec{\sigma}_{-y}$ 和 $\vec{\sigma}_{-z}$ 类似，用 $\vec{\sigma}_x$、$\vec{\sigma}_y$ 和 $\vec{\sigma}_z$ 表示法向为 $\vec{i}$、$\vec{j}$ 和 $\vec{k}$ 的面上的应力（注意：对于同一个面，可以定义方向相反的两个方向），因此 $\vec{\sigma}_x = -\vec{\sigma}_{-x}$，$\vec{\sigma}_y = -\vec{\sigma}_{-y}$ 及 $\vec{\sigma}_z = -\vec{\sigma}_{-z}$，代入方程（6-8）并考虑方程（6-7），最终有

$$\vec{\sigma}_n = n_x\vec{\sigma}_x + n_y\vec{\sigma}_y + n_z\vec{\sigma}_z \tag{6-9}$$

方程（6-9）可以进一步写为分量形式，即

$$\begin{bmatrix} \sigma_{n,x} & \sigma_{n,y} & \sigma_{n,z} \end{bmatrix} = \begin{bmatrix} n_x & n_y & n_z \end{bmatrix}\begin{bmatrix} \sigma_{xx} & \sigma_{xy} & \sigma_{xz} \\ \sigma_{yx} & \sigma_{yy} & \sigma_{yz} \\ \sigma_{zx} & \sigma_{zy} & \sigma_{zz} \end{bmatrix} \tag{6-10}$$

式中，$\sigma_{n,x}$ 表示 $\vec{\sigma}_n$ 在 $\vec{i}$ 上的分量，而 σ_{xy} 表示 $\vec{\sigma}_x$ 在 $\vec{j}$ 上的分量，其他符号类似。因此，如果能够知道 σ_{ij}（$i, j = x, y, z$），就可以计算某个表面上的表面力，σ_{ij} 共计有 9 个量（图 6-3），一般将其称为应力张量，因此一点的应力是由 9 个分量表示的。当 $i = j$ 时，σ_{ii} 为法向应力；当 $i \neq j$ 时，σ_{ij} 为切向应力。式（6-10）可以用张量形式表示为

$$\sigma_{n,j} = n_i \sigma_{ij} \tag{6-11a}$$

或者

$$\vec{\sigma}_n = \vec{n} \cdot \vec{\vec{\sigma}} \tag{6-11b}$$

式中，$\vec{\vec{\sigma}}$ 表示应力张量，其各分量为 σ_{ij}。

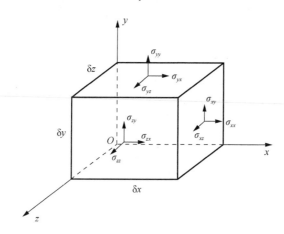

图 6-3　微元表面力

2. 应力张量的对称性

应力张量是对称张量，即 $\sigma_{ij} = \sigma_{ji}$，这意味着 9 个应力分量中只有 6 个独立分量。下面用动量矩定理来推导这一结论。

如图 6-4 所示，考虑一个 $\delta x \times \delta y \times \delta z$ 的微元，使其各边与坐标轴平行，并使得其重心与坐标轴重合，那么关于 O 的动量矩变化率为 $\int \vec{r} \times \dfrac{D}{Dt}(\rho \vec{v}) dV$，则 z 方向动量矩的变化率为 $\left[\tilde{x} \dfrac{D(\tilde{\rho} \tilde{v}_y)}{Dt} - \tilde{y} \dfrac{D(\tilde{\rho} \tilde{v}_x)}{Dt} \right] \delta x \delta y \delta z$，这里应用了积分中值定理，其中 $\dfrac{D(\tilde{\rho} \tilde{v}_x)}{Dt}$ 和 $\dfrac{D(\tilde{\rho} \tilde{v}_y)}{Dt}$ 为微元内部一点 $(\tilde{x}, \tilde{y}, \tilde{z})$ 单位体积的动量的变化率。下面计算 z

方向的力矩大小。质量力在 z 方向上的力矩为 $\int_V (xR_y - yR_x)\mathrm{d}V = (\overline{x}\overline{R}_y - \overline{y}\overline{R}_x)\delta x\delta y\delta z$，这里同样应用了积分中值定理，其中 $\overline{R}_x$ 和 $\overline{R}_y$ 为微元内部一点 $(\overline{x}, \overline{y}, \overline{z})$ 的单位质量力的分量。如图 6-4 所示，上表面表面应力的 z 向力矩为 $-\left[\left(\sigma_{yx} + \dfrac{1}{2}\dfrac{\partial\sigma_{yx}}{\partial y}\delta y\right)\delta x\delta z\right]\dfrac{\delta y}{2} =$

$-\dfrac{1}{2}\left(\sigma_{yx} + \dfrac{1}{2}\dfrac{\partial\sigma_{yx}}{\partial y}\delta y\right)\delta x\delta y\delta z$，同样，下表面的表面应力的 z 向力矩为

$-\dfrac{1}{2}\left(\sigma_{yx} - \dfrac{1}{2}\dfrac{\partial\sigma_{yx}}{\partial y}\delta y\right)\delta x\delta y\delta z$，这样上下表面的应力产生的力矩为 $-\sigma_{yx}\delta x\delta y\delta z$。类似地，图 6-4 中左右面的应力产生的合力矩为 $\sigma_{xy}\delta x\delta y\delta z$。根据动量矩定理，有

$$\left[\tilde{x}\frac{\mathrm{D}(\tilde{\rho}\tilde{v}_y)}{\mathrm{D}t} - \tilde{y}\frac{\mathrm{D}(\tilde{\rho}\tilde{v}_x)}{\mathrm{D}t}\right]\delta x\delta y\delta z = (\overline{x}\overline{R}_y - \overline{y}\overline{R}_x)\delta x\delta y\delta z - \sigma_{yx}\delta x\delta y\delta z + \sigma_{xy}\delta x\delta y\delta z \quad (6\text{-}12)$$

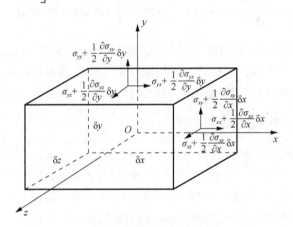

图 6-4　应力张量对称性的推导

显然，当 $\delta x \to 0$、$\delta y \to 0$ 和 $\delta z \to 0$ 时，$(\tilde{x}, \tilde{y}, \tilde{z}) \to (0,0,0)$ 及 $(\overline{x}, \overline{y}, \overline{z}) \to (0,0,0)$，由此发现式（6-12）等号的左边和右边第一项是四阶小量，而等号右边第二项和第三项为三阶小量，为了使得方程成立，则应有 $-\sigma_{yx}\delta x\delta y\delta z + \sigma_{xy}\delta x\delta y\delta z = 0$，即

$$\sigma_{yx} = \sigma_{xy} \quad (6\text{-}13)$$

类似地，分别在 x 和 y 方向应用动量矩定理，可以得到

$$\sigma_{zy} = \sigma_{yz} \quad (6\text{-}14)$$

以及

$$\sigma_{zx} = \sigma_{xz} \quad (6\text{-}15)$$

这样，根据方程（6-13）～方程（6-15），就证明了 $\sigma_{ij} = \sigma_{ji}$，即应力张量是对称张量。根据应力张量的对称性，可以将方程（6-11a）和方程（6-11b）改写成

$$\sigma_{n,i} = n_j \sigma_{ij} \qquad (6\text{-}16a)$$

或

$$\vec{\sigma}_n = \overset{\Rightarrow}{\sigma} \cdot \vec{n} \qquad (6\text{-}16b)$$

3. 积分形式的动量方程

根据方程（6-11）和方程（6-16），可以立即得到积分形式的黏性流体运动的动量方程。将方程（6-11）和方程（6-16）代入方程（6-3），并考虑质量力，则动量方程变为

$$\int \frac{\partial(\rho\vec{v})}{\partial t} \mathrm{d}V + \oint_A (\vec{n} \cdot \vec{v})\rho\vec{v}\mathrm{d}A = \oint_A (\vec{n} \cdot \overset{\Rightarrow}{\sigma})\mathrm{d}A + \int \rho\vec{R}\mathrm{d}V \qquad (6\text{-}17)$$

与 4.2.3 小节类似，应用高斯定理将面积分转化为体积分，然后令控制体体积趋于零，就可以立即从式（6-17）得到微分形式的动量方程，但是为了使读者能够进一步理解动量方程，将利用微元法推导微分形式的动量方程。

4. 微分形式的动量方程

本部分利用微元法推导微分形式的动量方程。如图 6-5 所示，在黏性流体中任取一点 C，以 C 为中心作微元六面体，它的六个表面分别与各坐标平面平行，其边长分别为 δx、δy 和 δz。对此六面体运用牛顿第二定律，下面先来求沿 x 轴方向的运动微分方程式，仅考虑沿 x 轴方向的表面力和质量力。

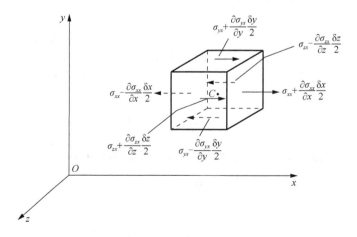

图 6-5　微分形式的动量方程的微元法推导

由于微元体是无限小的，因此各个面上平均应力的大小可以采用表面中心处的应力值。设微元体中心 C 点的应力状态为

$$\begin{bmatrix} \sigma_{xx} & \sigma_{xy} & \sigma_{xz} \\ \sigma_{yx} & \sigma_{yy} & \sigma_{yz} \\ \sigma_{zx} & \sigma_{zy} & \sigma_{zz} \end{bmatrix}$$

则各个表面中心处的应力可按泰勒级数展开得到。作用在与 x 轴垂直的左右两个面上的应力分别为 $\sigma_{xx} - \dfrac{\partial \sigma_{xx}}{\partial x}\dfrac{\delta x}{2}$ 和 $\sigma_{xx} + \dfrac{\partial \sigma_{xx}}{\partial x}\dfrac{\delta x}{2}$，因此这两个面上的表面力沿 x 轴方向的合力为

$$\left(\sigma_{xx} + \frac{\partial \sigma_{xx}}{\partial x}\frac{\delta x}{2}\right)\delta y \delta z - \left(\sigma_{xx} - \frac{\partial \sigma_{xx}}{\partial x}\frac{\delta x}{2}\right)\delta y \delta z = \frac{\partial \sigma_{xx}}{\partial x}\delta x \delta y \delta z \qquad (6\text{-}18)$$

同理，作用在与 y 轴相垂直的微元体上、下两个面上的表面力沿 x 轴方向的合力为

$$\left(\sigma_{yx} + \frac{\partial \sigma_{yx}}{\partial y}\frac{\delta y}{2}\right)\delta x \delta z - \left(\sigma_{yx} - \frac{\partial \sigma_{yx}}{\partial y}\frac{\delta y}{2}\right)\delta x \delta z = \frac{\partial \sigma_{yx}}{\partial y}\delta x \delta y \delta z \qquad (6\text{-}19)$$

作用在与 z 轴相垂直的微元体前、后两个面上的表面力沿 x 轴方向的合力为

$$\left(\sigma_{zx} + \frac{\partial \sigma_{zx}}{\partial z}\frac{\delta z}{2}\right)\delta x \delta y - \left(\sigma_{zx} - \frac{\partial \sigma_{zx}}{\partial z}\frac{\delta z}{2}\right)\delta x \delta y = \frac{\partial \sigma_{zx}}{\partial z}\delta x \delta y \delta z \qquad (6\text{-}20)$$

作用在整个六面体上的表面力沿 x 轴方向的表面力合力为

$$\left(\frac{\partial \sigma_{xx}}{\partial x} + \frac{\partial \sigma_{yx}}{\partial y} + \frac{\partial \sigma_{zx}}{\partial z}\right)\delta x \delta y \delta z$$

质量力按照上述规定，用 R_x 表示单位质量流体所受的质量力沿 x 轴方向的分量，则所取六面体沿 x 轴方向的质量力为

$$\rho R_x \delta x \delta y \delta z \qquad (6\text{-}21)$$

微元六面体的加速度（即 C 点的加速度）在 x 轴方向的分量为 $\mathrm{D}v_x / \mathrm{D}t$，微元六面体的质量 $\delta m = \rho \delta x \delta y \delta z$。于是，根据牛顿第二定律，有

$$\rho \frac{\mathrm{D}v_x}{\mathrm{D}t}\delta x \delta y \delta z = \rho R_x \delta x \delta y \delta z + \left(\frac{\partial \sigma_{xx}}{\partial x} + \frac{\partial \sigma_{yx}}{\partial y} + \frac{\partial \sigma_{zx}}{\partial z}\right)\delta x \delta y \delta z \qquad (6\text{-}22)$$

化简后得 x 方向上的动量守恒方程为

$$\rho\frac{\partial v_x}{\partial t}+\rho v_x\frac{\partial v_x}{\partial x}+\rho v_y\frac{\partial v_x}{\partial y}+\rho v_z\frac{\partial v_x}{\partial z}=\frac{\partial \sigma_{xx}}{\partial x}+\frac{\partial \sigma_{yx}}{\partial y}+\frac{\partial \sigma_{zx}}{\partial z}+\rho R_x \qquad (6\text{-}23)$$

类似地，采用同样的方法，可以获得 y 和 z 方向的动量方程，即

$$\rho\frac{\partial v_y}{\partial t}+\rho v_x\frac{\partial v_y}{\partial x}+\rho v_y\frac{\partial v_y}{\partial y}+\rho v_z\frac{\partial v_y}{\partial z}=\frac{\partial \sigma_{xy}}{\partial x}+\frac{\partial \sigma_{yy}}{\partial y}+\frac{\partial \sigma_{zy}}{\partial z}+\rho R_y \qquad (6\text{-}24)$$

$$\rho\frac{\partial v_z}{\partial t}+\rho v_x\frac{\partial v_z}{\partial x}+\rho v_y\frac{\partial v_z}{\partial y}+\rho v_z\frac{\partial v_z}{\partial z}=\frac{\partial \sigma_{xz}}{\partial x}+\frac{\partial \sigma_{yz}}{\partial y}+\frac{\partial \sigma_{zz}}{\partial z}+\rho R_z \qquad (6\text{-}25)$$

需要指出的是，由于应力张量是对称张量，方程（6-23）可以变为

$$\rho\frac{\partial v_x}{\partial t}+\rho v_x\frac{\partial v_x}{\partial x}+\rho v_y\frac{\partial v_x}{\partial y}+\rho v_z\frac{\partial v_x}{\partial z}=\frac{\partial \sigma_{xx}}{\partial x}+\frac{\partial \sigma_{xy}}{\partial y}+\frac{\partial \sigma_{xz}}{\partial z}+\rho R_x \qquad (6\text{-}26)$$

对于 y 和 z 方向上也有类似变化。

将式（6-23）～式（6-25）可以合在一起写成

$$\rho\frac{\partial \vec{v}}{\partial t}+\rho \vec{v}\cdot\nabla\vec{v}=\nabla\cdot\vec{\vec{\sigma}}+\rho\vec{R} \qquad (6\text{-}27)$$

或者采用张量分量的形式写为

$$\rho\frac{\partial v_i}{\partial t}+\rho v_j\frac{\partial v_i}{\partial x_j}=\frac{\partial \sigma_{ji}}{\partial x_j}+\rho R_i \qquad (6\text{-}28)$$

式中，$i,j=x,y,z$。由于应力张量是对称张量，式（6-28）还可以写成

$$\rho\frac{\partial v_i}{\partial t}+\rho v_j\frac{\partial v_i}{\partial x_j}=\frac{\partial \sigma_{ij}}{\partial x_j}+\rho R_i \qquad (6\text{-}29)$$

这样，就建立了黏性流体运动的动量方程，但是到目前为止，该方程仍然不能用来求解流动问题，原因是应力张量还无法计算。因为最终目标是建立完整的运动方程，那么运动方程中除了包含状态量（如密度等），应该仅包含运动量或者能够由运动量计算的物理量。观察式（6-29）可以发现，应力张量不是运动量。因此，还需要建立应力张量与运动量的关系，式（6-29）才能够用于求解运动问题，将在 6.2 节建立完整的运动方程。

6.1.3　能量方程

在 4.4 节，基于能量守恒定律，建立了理想流体的能量方程。由于没有考虑黏性力，仅仅考虑了压力（即法向应力）所做的功，而没有计入切向应力所做的功。对于黏性流体，其运动过程中仍然遵守能量守恒定律，即式（4-50）是成立的，

但需要将切向应力所做的功加入方程中才能获得黏性流体的能量方程。在本小节，首先建立积分形式的能量方程，然后采用微元法再建立微分形式的能量方程。

1. 积分形式的能量方程

考虑一个控制体，其内部流体的动能和内能为

$$E = \int_V \rho e \mathrm{d}V = \int_V \rho \left(u + \frac{v^2}{2} \right) \mathrm{d}V \qquad (6\text{-}30)$$

在控制体表面上，流体所受的表面力为 $\vec{\sigma}_n$，则表面力所做功的功率为

$$\dot{W}_n = \oint_A \vec{\sigma}_n \cdot \vec{v} \mathrm{d}A = \oint_A \vec{n} \cdot \vec{\sigma} \cdot \vec{v} \mathrm{d}A = \oint_A n_i \sigma_{ij} v_j \mathrm{d}A \qquad (6\text{-}31)$$

式中，应用了方程（6-11a）和方程（6-11b）。应用高斯定理，方程（6-31）可以变为体积分的形式，即

$$\dot{W}_n = \int_V \nabla \cdot \left(\vec{\sigma} \cdot \vec{v} \right) \mathrm{d}V = \int_V \frac{\partial \sigma_{ij} v_j}{\partial x_i} \mathrm{d}V \qquad (6\text{-}32)$$

质量力做功的功率与理想流体的情形是一样的，即

$$\dot{W}_R = \int_V \rho \vec{R} \cdot \vec{v} \mathrm{d}V = \int_V \rho R_i v_i \mathrm{d}V \qquad (6\text{-}33)$$

单位时间内流入控制体内的热量 $\dot{Q} = -\oint_A \vec{q} \cdot \vec{n} \mathrm{d}A$，其中 $\vec{q}$ 是热流密度或热通量，表示单位时间内流过单位面积的能量。注意这里的 $\vec{n}$ 是控制表面的外法线，因此积分前面有负号，表示流入控制体。这里只考虑了热传导，如果有其他形式能量，还应计入这一部分能量。利用高斯定理，可以将 $\dot{Q}$ 表示体积分的形式，即

$$\dot{Q} = -\int_V \nabla \cdot \vec{q} \mathrm{d}V \qquad (6\text{-}34)$$

根据能量守恒定律，将式（6-30）、式（6-32）～式（6-34）代入式（4-50），可以得到

$$\frac{\mathrm{D}}{\mathrm{D}t} \int_V \rho \left(u + \frac{v^2}{2} \right) \mathrm{d}V = -\int_V \nabla \cdot \vec{q} \mathrm{d}V + \int_V \nabla \cdot \left(\vec{\sigma} \cdot \vec{v} \right) \mathrm{d}V + \int_V \rho \vec{R} \cdot \vec{v} \mathrm{d}V \qquad (6\text{-}35\mathrm{a})$$

其张量分量形式为

$$\frac{\mathrm{D}}{\mathrm{D}t} \int_V \rho \left(u + \frac{v_j v_j}{2} \right) \mathrm{d}V = -\int_V \frac{\partial q_i}{\partial x_i} \mathrm{d}V + \int_V \frac{\partial \sigma_{ij} v_j}{\partial x_i} \mathrm{d}V + \int_V \rho R_j v_j \mathrm{d}V \qquad (6\text{-}35\mathrm{b})$$

根据动量方程，可以将式（6-35）改写成关于比内能 u 的方程。利用高斯定

理将积分形式的动量方程式（6-17）中的面积分化为体积分，并采用张量分量形式将式（6-17）变为

$$\int_V \left[\frac{\partial}{\partial t}\left(\rho v_j\right) + \frac{\partial}{\partial x_i}\left(\rho v_j v_i\right) \right] \mathrm{d}V = \int_V \frac{\partial \sigma_{ij}}{\partial x_i} \mathrm{d}V + \int_V \rho R_j \mathrm{d}V \qquad (6\text{-}36\mathrm{a})$$

在式（6-36）中的所有积分内乘以 v_j，则有

$$\int_V \frac{1}{2}\left[\frac{\partial}{\partial t}\left(\rho v_j v_j\right) + \frac{\partial}{\partial x_i}\left(\rho v_j v_j v_i\right) \right] \mathrm{d}V = \int_V v_j \frac{\partial \sigma_{ij}}{\partial x_i} \mathrm{d}V + \int_V \rho R_j v_j \mathrm{d}V \qquad (6\text{-}36\mathrm{b})$$

式中，等号左边其实就是 $\dfrac{\mathrm{D}}{\mathrm{D}t}\displaystyle\int_V \rho\left(\dfrac{v_j v_j}{2}\right)\mathrm{d}V$，该方程实际上是流体动能的积分方程。

将式（6-36b）代入式（6-35b），可以得到关于比内能的积分方程：

$$\frac{\mathrm{D}}{\mathrm{D}t}\int_V \rho u \mathrm{d}V = -\int_V \frac{\partial q_i}{\partial x_i} \mathrm{d}V + \int_V \sigma_{ij} \frac{\partial v_j}{\partial x_i} \mathrm{d}V \qquad (6\text{-}37)$$

式中，等号左边表示单位时间内由于热传导流入流体的热量；等号右边第二项表示单位时间内使体变形所做的功。当有其他形式能量或者做功方式时，还应考虑它们引起流体能量的变化，本书在此不再介绍。

2. 微分形式的能量方程

如图 6-6 所示，在运动的流体中取一微元六面体的流体，其表面与坐标平面平行，边长为 δx、δy 和 δz。对此微元流体，仅考虑热传递、表面力和质量力做功的情况。

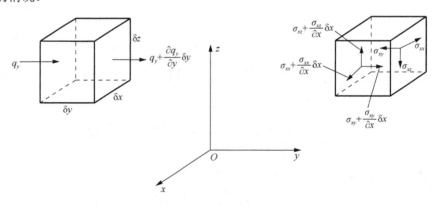

图 6-6   微分形式的能量方程的微元法推导

首先计算单位时间流入流体微团的热量 $\dot{Q}$。从 y 方向左面传入的热量为

$$q_y \delta x \delta z \tag{6-38}$$

从右面传出的热量为

$$\left(q_y + \frac{\partial q_y}{\partial y} \delta y \right) \delta x \delta z \tag{6-39}$$

因此，在 y 方向单位时间内净传入微元体的热量为

$$q_y \delta x \delta z - \left(q_y + \frac{\partial q_y}{\partial y} \delta y \right) \delta x \delta z = -\frac{\partial q_y}{\partial y} \delta x \delta y \delta z \tag{6-40}$$

同理，在 x 方向和 z 方向单位时间内净传入微元体的热量为

$$-\frac{\partial q_x}{\partial x} \delta x \delta y \delta z \text{ 和} -\frac{\partial q_z}{\partial z} \delta x \delta y \delta z \tag{6-41}$$

于是，可以得出单位时间内外界净传给微元体的热量为

$$-\left(\frac{\partial q_x}{\partial x} + \frac{\partial q_y}{\partial y} + \frac{\partial q_z}{\partial z} \right) \delta x \delta y \delta z = -\left(\nabla \cdot \vec{q} \right) \delta x \delta y \delta z = -\frac{\partial q_i}{\partial x_i} \delta x \delta y \delta z \tag{6-42}$$

然后计算微团受力所做的功。单位时间内质量力所做的功 $\dot{W}_R$ 计算较为简单，即

$$\dot{W}_R = \left(\rho \vec{R} \cdot \vec{v} \right) \delta x \delta y \delta z = \left(\rho R_i v_i \right) \delta x \delta y \delta z \tag{6-43}$$

表面力做功的计算较复杂。先分析 x 方向上的表面力在单位时间内做的功。作用在微元体左面上的表面力若用 $\vec{F}$ 表示，则 $\vec{F} = -\left(\sigma_{xx}\vec{i} + \sigma_{xy}\vec{j} + \sigma_{xz}\vec{k} \right) \delta y \delta z$，该力单位时间内对微元所做的功为

$$\vec{F} \cdot \vec{v} = -\left(\sigma_{xx}v_x + \sigma_{xy}v_y + \sigma_{xz}v_z \right) \delta y \delta z = -\sigma_{x,j}v_j \delta y \delta z \tag{6-44}$$

根据牛顿第三定律，微元体对外界有反作用力 $-\vec{F}$，微元体对外所做的功为 $-\vec{F} \cdot \vec{v}$。如图 6-6 所示，在 $x+\delta x$ 的表面上，微元体所受的表面力为 $\left[\left(\sigma_{xx} + \dfrac{\partial \sigma_{xx}}{\partial x} \delta x \right)\vec{i} + \left(\sigma_{xy} + \dfrac{\partial \sigma_{xy}}{\partial x} \delta x \right)\vec{j} + \left(\sigma_{xz} + \dfrac{\partial \sigma_{xz}}{\partial x} \delta x \right)\vec{k} \right] \delta y \delta z$，写成张量形式为 $\left(\sigma_{x,j} + \dfrac{\partial \sigma_{x,j}}{\partial x} \delta x \right) \delta y \delta z$，而表面的速度为 $\left(v_x + \dfrac{\partial v_x}{\partial x} \delta x \right)\vec{i} + \left(v_y + \dfrac{\partial v_y}{\partial x} \delta x \right)\vec{j} +$ $\left(v_z + \dfrac{\partial v_z}{\partial x} \delta x \right)\vec{k}$，写成张量形式为 $\left(v_j + \dfrac{\partial v_j}{\partial x} \delta x \right)$，则单位时间内表面力所做的功为

$$\left(\sigma_{x,j}+\frac{\partial\sigma_{x,j}}{\partial x}\delta x\right)\delta y\delta z\times\left(v_j+\frac{\partial v_j}{\partial x}\delta x\right)=\sigma_{x,j}v_j\delta y\delta z+\left(\frac{\partial\sigma_{x,j}}{\partial x}v_j+\sigma_{x,j}\frac{\partial v_j}{\partial x}\right)\delta x\delta y\delta z$$

$$（6\text{-}45）$$

其中，忽略了四阶小量。根据式（6-44）和式（6-45），在 x 方向面上所做的功合计为

$$\left(\frac{\partial\sigma_{x,j}}{\partial x}v_j+\sigma_{x,j}\frac{\partial v_j}{\partial x}\right)\delta x\delta y\delta z=\frac{\partial\sigma_{x,j}v_j}{\partial x}\delta x\delta y\delta z \qquad （6\text{-}46）$$

这里为了方便，采用了张量分量的写法。按照同样办法，可以得出 y 和 z 方向上单位时间内表面力所做的功为

$$\frac{\partial\sigma_{y,j}v_j}{\partial y}\delta x\delta y\delta z \text{ 和 } \frac{\partial\sigma_{z,j}v_j}{\partial z}\delta x\delta y\delta z$$

则单位时间内微元体六个面上所有表面力所做的功为

$$\dot{W}_n=\nabla\cdot\left(\vec{\sigma}\cdot\vec{v}\right)\delta x\delta y\delta z=\frac{\partial\sigma_{ij}v_j}{\partial x_i}\delta x\delta y\delta z \qquad （6\text{-}47）$$

微元体的能量包括宏观运动的动能及微观运动的动能（即内能）。单位质量流体的宏观运动动能为 $v^2/2$，单位质量流体的内能用 u 表示，则微元体单位时间内能量的变化量为

$$\frac{DE}{Dt}=\rho\delta x\delta y\delta z\frac{De}{Dt}=\rho\frac{D}{Dt}\left(u+\frac{v^2}{2}\right)\delta x\delta y\delta z \qquad （6\text{-}48）$$

根据能量守恒定律或方程（4-50）就可得出

$$\rho\frac{D}{Dt}\left(u+\frac{v^2}{2}\right)=-\nabla\cdot\vec{q}+\nabla\cdot\left(\vec{\sigma}\cdot\vec{v}\right)+\rho\vec{R}\cdot\vec{v}=-\frac{\partial q_i}{\partial x_i}+\frac{\partial\sigma_{ij}v_j}{\partial x_i}+\rho R_i v_i \qquad （6\text{-}49）$$

对方程（6-28）两端乘以 v_i，可以获得关于动能的方程，即

$$\rho\frac{\partial}{\partial t}\left(\frac{v^2}{2}\right)+\rho v_j\frac{\partial}{\partial x_j}\left(\frac{v^2}{2}\right)=v_i\frac{\partial\sigma_{ji}}{\partial x_j}+\rho v_i R_i \qquad （6\text{-}50）$$

用式（6-49）减去式（6-50），可以获得关于内能的方程，即

$$\rho\frac{Du}{Dt}=-\frac{\partial q_i}{\partial x_i}+\sigma_{ij}\frac{\partial v_j}{\partial x_i} \qquad （6\text{-}51）$$

在 6.2.3 小节，还会获得另一种关于内能的方程。

虽然建立了能量方程，但是现在还不能求解能量方程，因为热通量 $\vec{q}$ 和应力张量 σ_{ij} 还无法计算，在 6.2 节，将基于广义牛顿定律和傅里叶导热定律建立完整的能量方程。

6.2　N-S 方程

6.1 节建立黏性流体运动的连续方程、动量方程和能量方程，由于黏性应力和热传导的存在，整个守恒方程是不封闭的，因此必须找出黏性应力和热传递的封闭方法，也称为本构关系的建立。

最简单的封闭方法就是依据牛顿内摩擦定律和斯托克斯假设封闭黏性应力，依据傅里叶定律封闭。经过该方法封闭的流体动力学方程称为纳维-斯托克斯方程，本书将其简称为 N-S 方程。

6.2.1　广义牛顿定律

在第 1 章介绍过牛顿内摩擦定律

$$\tau = \mu \frac{\mathrm{d}v}{\mathrm{d}y}$$

式中，速度梯度 $\mathrm{d}v/\mathrm{d}y$ 的物理意义是角变形速度。因此，牛顿内摩擦定律揭示了切应力与角变形速度呈线性变化的规律。将这个规律应用到多维流动中去，则可得到多维流动中切应力的计算式。即

$$\sigma_{xy} = 2\mu \frac{\mathrm{d}\theta_{xy}}{\mathrm{d}t} = \mu \left(\frac{\partial v_x}{\partial y} + \frac{\partial v_y}{\partial x} \right) \tag{6-52a}$$

$$\sigma_{yz} = 2\mu \frac{\mathrm{d}\theta_{yz}}{\mathrm{d}t} = \mu \left(\frac{\partial v_y}{\partial z} + \frac{\partial v_z}{\partial y} \right) \tag{6-52b}$$

$$\sigma_{zx} = 2\mu \frac{\mathrm{d}\theta_{zx}}{\mathrm{d}t} = \mu \left(\frac{\partial v_z}{\partial x} + \frac{\partial v_x}{\partial z} \right) \tag{6-52c}$$

式中，θ_{xy}、θ_{yz}、θ_{zx} 分别是流体在 xOy、yOz、zOx 平面内的角变形。

流体在运动过程中，除了有角变形外，还有线变形和体积变化。当存在黏性时，这些变化将消耗流体的机械能，并引起法向应力的变化。法向应力的大小不再等于流体静压强 p 的数值，而且和作用面的方位有关。用 σ'_{xx}、σ'_{yy}、σ'_{zz} 表示黏性流体的法向应力和流体静压强的差别，称为附加的法向应力。可以写出

$$\sigma_{xx} = -p + \sigma'_{xx}, \quad \sigma_{yy} = -p + \sigma'_{yy}, \quad \sigma_{zz} = -p + \sigma'_{zz}$$

假如进一步将牛顿内摩擦定律推广到附加的法向应力计算中去，即认为附加的法向应力与黏性流体的线变形速率和体积相对变化率呈线性变化关系，则可写出

$$\sigma'_{xx} = 2\mu \frac{\partial v_x}{\partial x} + \lambda \left(\frac{\partial v_x}{\partial x} + \frac{\partial v_y}{\partial y} + \frac{\partial v_z}{\partial z} \right)$$

$$\sigma'_{yy} = 2\mu \frac{\partial v_y}{\partial y} + \lambda \left(\frac{\partial v_x}{\partial x} + \frac{\partial v_y}{\partial y} + \frac{\partial v_z}{\partial z} \right)$$

$$\sigma'_{zz} = 2\mu \frac{\partial v_z}{\partial z} + \lambda \left(\frac{\partial v_x}{\partial x} + \frac{\partial v_y}{\partial y} + \frac{\partial v_z}{\partial z} \right)$$

式中，λ 为比例系数。由此可得

$$\sigma_{xx} = -p + 2\mu \frac{\partial v_x}{\partial x} + \lambda \nabla \cdot \vec{v}$$

$$\sigma_{yy} = -p + 2\mu \frac{\partial v_y}{\partial y} + \lambda \nabla \cdot \vec{v}$$

$$\sigma_{zz} = -p + 2\mu \frac{\partial v_z}{\partial z} + \lambda \nabla \cdot \vec{v}$$

进一步，可得平均法向应力

$$\frac{1}{3} \left(\sigma_{xx} + \sigma_{yy} + \sigma_{zz} \right) = -p + \left(\lambda + \frac{2}{3} \mu \right) \nabla \cdot \vec{v}$$

引入 $\mu' = \lambda + \dfrac{2}{3}\mu$，$\mu'$ 为第二黏性系数或膨胀黏性系数。

对于不可压缩流体，$\nabla \cdot \vec{v} = 0$，μ' 自然不出现。对于可压缩流体（主要指高速运动的气体），$\nabla \cdot \vec{v} \neq 0$，流体的体积在运动过程中发生膨胀或收缩，它将引起平均法向应力的值发生变化，即 $\mu' \nabla \cdot \vec{v}$ 的变化。从微观上看，当气体膨胀或收缩时，气体的体积发生变化，从一种状态进入另一种状态，于是气体处于不平衡状态，这是一个不可逆过程，气体的熵将增加，从而产生了由于膨胀或收缩引起的内耗，μ' 就是度量这类内耗大小的黏性系数。真实的气体都有内耗和膨胀黏性系数，只是大小不同而已。当失去平衡后再恢复到新的平衡所需的时间，比宏观运动状态改变所需的时间短时，便可近似地认为气体处于平衡状态，此时内耗极小，可忽略不计，第二黏性系数 μ' 可以不考虑。反之，如失去平衡后再恢复到新的平衡所需的时间比宏观运动状态改变所需的时间长时，则不平衡状态引起的内耗达到相当的值，就要考虑第二黏性系数。

对处于标准状态的空气，当粒子从一个状态进入另一个状态时，它的能量经过四五个撞击后就能和新的环境相适应，所需的时间约为10^{-9}s的数量级。因此，只要流动的宏观运动变化不是太快，就可以认为气体运动处于平衡状态，而不必考虑第二黏性系数引起的内耗。

这个在分子运动里得到证明的事实当年只是由斯托克斯提出的一个假设。他认为平均法向应力不应该既与 p 有关，又与体积膨胀率 $\nabla \cdot \vec{v}$ 有关，于是在 1880 年提出了 $\mu' = 0$ 的假设。采用这个假设后，可以得到平均法向应力的大小等于静压强的结果，即

$$p = -\frac{1}{3}\left(\sigma_{xx} + \sigma_{yy} + \sigma_{zz}\right) \tag{6-53}$$

在流体力学中称 $\mu' = 0$ 或式（6-53）为斯托克斯假设。

式（6-53）中的压强 p 与热力学中的压强具有不同的含义，并不能证明它们是相同的，但是大量计算实际表明，在斯托克斯假设成立的情况下，可以认为两者实际上是相等的。

考虑了斯托克斯假设后，表面应力和变形率之间的关系可写成

$$\begin{cases} \sigma_{xx} = -p + \sigma'_{xx} = -p + 2\mu\dfrac{\partial v_x}{\partial x} - \dfrac{2}{3}\mu\nabla \cdot \vec{v} \\[2mm] \sigma_{yy} = -p + \sigma'_{yy} = -p + 2\mu\dfrac{\partial v_y}{\partial y} - \dfrac{2}{3}\mu\nabla \cdot \vec{v} \\[2mm] \sigma_{zz} = -p + \sigma'_{zz} = -p + 2\mu\dfrac{\partial v_z}{\partial z} - \dfrac{2}{3}\mu\nabla \cdot \vec{v} \\[2mm] \sigma_{xy} = \mu\left(\dfrac{\partial v_x}{\partial y} + \dfrac{\partial v_y}{\partial x}\right) \\[2mm] \sigma_{yz} = \mu\left(\dfrac{\partial v_z}{\partial y} + \dfrac{\partial v_y}{\partial z}\right) \\[2mm] \sigma_{zx} = \mu\left(\dfrac{\partial v_x}{\partial z} + \dfrac{\partial v_z}{\partial x}\right) \end{cases} \tag{6-54}$$

式（6-54）为牛顿内摩擦定律在三维运动情况下的推广，称为广义牛顿定律。实际上，可以利用张量符号将式（6-54）统一写成

$$\sigma_{ij} = -p\delta_{ij} + \mu\left(\frac{\partial v_j}{\partial x_i} + \frac{\partial v_i}{\partial x_j} - \frac{2}{3}\delta_{ij}\nabla \cdot \vec{v}\right) \tag{6-55}$$

需要指出的是，广义牛顿定律是在一系列假设的基础上获得的，其正确性还需要实验检验。从基于假设获得广义牛顿定律到最终检验其正确性的过程体现了

"大胆地假设，小心地求证"的研究方法，在整个物理学的发展过程中，到处可以发现这种方法。当然，在提出假设的过程中，必须基于一定的经验或事实。

上述获得广义牛顿定律的过程并非唯一的，还有更加"理性"的途径和方法，这里仅仅简述两种典型的方法。在第一种方法中，可以假设应力张量与应变率张量是线性关系，然后基于各向同性假设及各向同性张量相关的数学理论就可以获得广义牛顿定律，有兴趣的读者可以参阅文献[9]。在第二种方法中，仍然假设应力张量与应变率张量是线性关系，但是应力张量与应变率的旋转分量无关，关于这一点基于如下事实：当流体进行刚体旋转运动时，流体内部应该没有与黏性相关力，因此与旋转分量无关。第二种方法的详细过程可参阅文献[10]。

6.2.2　N-S 方程的建立

连续方程、动量方程和能量守恒方程耦合广义牛顿定律、斯托克斯假设和傅里叶导热定律，即

$$\frac{\partial \rho}{\partial t} + \nabla \cdot \left(\rho \vec{v} \right) = 0 \tag{6-56}$$

$$\rho \frac{\partial \vec{v}}{\partial t} + \rho \vec{v} \cdot \nabla \vec{v} = \nabla \cdot \vec{\vec{\sigma}} + \rho \vec{R} \tag{6-57}$$

$$\rho \frac{\mathrm{D}}{\mathrm{D}t} \left(u + \frac{v^2}{2} \right) = -\nabla \cdot \vec{q} + \nabla \cdot \left(\vec{\vec{\sigma}} \cdot \vec{v} \right) + \rho \vec{R} \cdot \vec{v} \tag{6-58}$$

式中，

$$\vec{\vec{\sigma}} = \begin{bmatrix} \sigma_{xx} & \sigma_{xy} & \sigma_{xz} \\ \sigma_{yx} & \sigma_{yy} & \sigma_{yz} \\ \sigma_{zx} & \sigma_{zy} & \sigma_{zz} \end{bmatrix}$$

$$\begin{cases} \sigma_{xx} = -p + \sigma'_{xx} = -p + 2\mu \frac{\partial v_x}{\partial x} - \frac{2}{3} \mu \nabla \cdot \vec{v} \\[2mm] \sigma_{yy} = -p + \sigma'_{yy} = -p + 2\mu \frac{\partial v_y}{\partial y} - \frac{2}{3} \mu \nabla \cdot \vec{v} \\[2mm] \sigma_{zz} = -p + \sigma'_{zz} = -p + 2\mu \frac{\partial v_z}{\partial z} - \frac{2}{3} \mu \nabla \cdot \vec{v} \\[2mm] \sigma_{xy} = \mu \left(\frac{\partial v_x}{\partial y} + \frac{\partial v_y}{\partial x} \right) \\[2mm] \sigma_{yz} = \mu \left(\frac{\partial v_z}{\partial y} + \frac{\partial v_y}{\partial z} \right) \\[2mm] \sigma_{zx} = \mu \left(\frac{\partial v_x}{\partial z} + \frac{\partial v_z}{\partial x} \right) \end{cases} \tag{6-59}$$

$$\vec{q} = -\lambda \nabla T \qquad (6\text{-}60)$$

这样，就封闭了动量方程和能量方程，从而建立了完整的关于流体运动的方程。方程（6-56）～方程（6-60）称为 Navier-Stokes 方程，即 N-S 方程。在过去近两百年里，N-S 方程直接推动了流体力学的发展。

6.2.3　能量方程的变形

在 6.1.3 小节中，通过结合动量方程获得了关于内能的方程，即方程（6-51）：

$$\rho \frac{\mathrm{D}u}{\mathrm{D}t} = -\frac{\partial q_i}{\partial x_i} + \sigma_{ij} \frac{\partial v_j}{\partial x_i} + \rho\phi$$

式中，ϕ 为除导热以外其他形式传入的热量。这里加上了其他的传热形式或热源（即方程中的 $\rho\phi$）。考虑到傅里叶导热定律，可以将式（6-51）变为

$$\rho \frac{\mathrm{D}u}{\mathrm{D}t} = \sigma_{ij} \frac{\partial v_j}{\partial x_i} + \frac{\partial}{\partial x_i}\left(\lambda \frac{\partial T}{\partial x_i}\right) + \rho\phi \qquad (6\text{-}61)$$

由于应力张量的对称性，即 $\sigma_{ij} = \sigma_{ji}$，可将式（6-61）写成

$$\rho \frac{\mathrm{D}u}{\mathrm{D}t} = \frac{1}{2}\sigma_{ij}\left(\frac{\partial v_j}{\partial x_i} + \frac{\partial v_i}{\partial x_j}\right) + \frac{\partial}{\partial x_i}\left(\lambda \frac{\partial T}{\partial x_i}\right) + \rho\phi \qquad (6\text{-}62)$$

这就是另一种形式的能量方程式。它的物理意义是在单位时间内，单位体积流量内能的增量等于单位体积流体变形时表面应力所做的功，加上热传导及其他原因传入的热量。读者可以将式（6-62）展开写成更为具体的形式。

根据式（6-55），有

$$\frac{1}{2}\sigma_{ij}\left(\frac{\partial v_j}{\partial x_i} + \frac{\partial v_i}{\partial x_j}\right) = -\frac{1}{2}p\delta_{ij}\left(\frac{\partial v_j}{\partial x_i} + \frac{\partial v_i}{\partial x_j}\right) + \frac{1}{2}\mu\left(\frac{\partial v_j}{\partial x_i} + \frac{\partial v_i}{\partial x_j} - \frac{2}{3}\delta_{ij}\nabla\cdot\vec{v}\right)\left(\frac{\partial v_j}{\partial x_i} + \frac{\partial v_i}{\partial x_j}\right)$$

$$= -p\nabla\cdot\vec{v} + \frac{1}{2}\mu\left(\frac{\partial v_j}{\partial x_i} + \frac{\partial v_i}{\partial x_j} - \frac{2}{3}\delta_{ij}\nabla\cdot\vec{v}\right)\left(\frac{\partial v_j}{\partial x_i} + \frac{\partial v_i}{\partial x_j} - \frac{2}{3}\delta_{ij}\nabla\cdot\vec{v}\right)$$

$$= -p\nabla\cdot\vec{v} + \Phi$$

读者可以将上述等式展开，验证其正确性。式中的 Φ 为耗散函数：

$$\Phi = \frac{1}{2}\mu\left(\frac{\partial v_j}{\partial x_i} + \frac{\partial v_i}{\partial x_j} - \frac{2}{3}\delta_{ij}\nabla\cdot\vec{v}\right)\left(\frac{\partial v_j}{\partial x_i} + \frac{\partial v_i}{\partial x_j} - \frac{2}{3}\delta_{ij}\nabla\cdot\vec{v}\right) \qquad (6\text{-}63)$$

这样，式（6-62）可以变为

$$\rho \frac{Du}{Dt} = -p\nabla \cdot \vec{v} + \nabla \cdot (\lambda \nabla T) + \Phi + \rho \phi \tag{6-64}$$

由式（6-64）可以看出，表面应力在流体变形时所做的功由两部分组成，第一部分是 $-p\nabla \cdot \vec{v}$，代表流体体积发生变化时（膨胀或压缩）压强所做的功；第二部分是 Φ，代表当流体体积改变和形状改变时克服黏性力所消耗的机械能。显然总是有 $\Phi \geqslant 0$，它将不可逆地将能量转化为热而耗散掉了，使流体的熵增加，这正是 Φ 被称为"耗散函数"的原因。当 $\dfrac{\partial v_j}{\partial x_i} + \dfrac{\partial v_i}{\partial x_j} - \dfrac{2}{3}\delta_{ij}\nabla \cdot \vec{v} = 0$ 时，耗散函数为零，在两种特殊的情况下满足这一条件：一种是 ε_x、ε_y、ε_z、γ_x、γ_y、γ_z 都等于零，即无形变的刚体运动情况；另一种是 $\varepsilon_x = \varepsilon_y = \varepsilon_z$，$\gamma_x = \gamma_y = \gamma_z = 0$，即没有剪切变形，只有各向同性膨胀或压缩的情况。在这两种情况下，黏性流体运动才没有机械能的耗散。

下面进一步导出熵或焓表示的能量方程。根据连续方程，可将式 $-p\nabla \cdot \vec{v}$ 改写，即

$$-p\nabla \cdot \vec{v} = \frac{p}{\rho}\frac{D\rho}{Dt} = -p\rho\frac{D}{Dt}\left(\frac{1}{\rho}\right) \tag{6-65a}$$

又根据热力学公式，熵 S、焓 H 和压强、密度有如下关系

$$T\frac{DS}{Dt} = \frac{Du}{Dt} + p\frac{D}{Dt}\left(\frac{1}{\rho}\right) \tag{6-65b}$$

$$\frac{DH}{Dt} = \frac{Du}{Dt} + \frac{D}{Dt}\left(\frac{p}{\rho}\right) = \frac{Du}{Dt} + p\frac{D}{Dt}\left(\frac{1}{\rho}\right) + \frac{1}{\rho}\frac{Dp}{Dt} \tag{6-65c}$$

将式（6-65）代入式（6-64），就可得出

$$\rho T\frac{DS}{Dt} = \Phi + \nabla \cdot (\lambda \nabla T) + \rho \phi \tag{6-66}$$

和

$$\rho \frac{DH}{Dt} = \frac{Dp}{Dt} + \Phi + \nabla \cdot (\lambda \nabla T) + \rho \phi \tag{6-67}$$

从式（6-66）中可以看出，耗散函数 Φ 总是引起熵增，表示由于黏性存在所消耗掉的机械能将不可逆地转化为热而散失。

6.3 　初始条件和边界条件

黏性流体动力学的基本方程组适用于各种流动情况，要得到对应于每一个具体情况的解，还必须给定每个情况的初始条件和边界条件。这些条件统称为方程的定解条件。

1）初始条件

在初始时刻，方程组的解应该等于该时刻给定的函数值。在数学上可以表示为，在 $t = t_0$ 时满足：

$$\begin{cases} \vec{v}(x,y,z,t_0) = \vec{v}_0(x,y,z) \\ p(x,y,z,t_0) = p_0(x,y,z) \\ \rho(x,y,z,t_0) = \rho_0(x,y,z) \\ T(x,y,z,t_0) = T_0(x,y,z) \end{cases} \tag{6-68}$$

式中，$\vec{v}_0$、p_0、ρ_0、T_0 为 t_0 时刻的已知函数。

2）边界条件

在运动流体的边界上，方程组的解应满足的条件称为边界条件。边界条件随具体问题而定，一般来讲，可能有以下几种情况：固体壁面（包括可渗透壁面）上的边界条件；不同流体分界面上的边界条件；无限远处边界条件及管道进出口处的边界条件等。下面只写出流体与固体接触面上的边界条件。

当固体壁面不可渗透时，黏性流体质点将黏附于固体壁面上，即满足所谓无滑移条件，此时

$$\vec{v}_{\mathrm{f}} = \vec{v}_{\mathrm{w}} \tag{6-69}$$

式中，$\vec{v}_{\mathrm{f}}$ 和 $\vec{v}_{\mathrm{w}}$ 分别是在固体壁面上流体的速度和固体壁面运动速度。对于静止固体壁面，则

$$\vec{v}_{\mathrm{f}} = 0 \tag{6-70}$$

除上述流动边界条件外，还可以写出温度边界条件，即所谓无跳跃条件，即

$$T_{\mathrm{f}} = T_{\mathrm{w}} \tag{6-71}$$

式中，T_{f} 和 T_{w} 是在固体壁面处流体的温度与固体壁面的温度，或者

$$-\left(\lambda \frac{\partial T}{\partial n}\right)_{\mathrm{w}} = q_{\mathrm{w}} \tag{6-72}$$

式中，q_w 是通过单位面积壁面的导热量，简称壁面热流量；$\dfrac{\partial T}{\partial n}$ 是壁面外法线方向上的温度梯度。

如果壁面是可渗透的，则需根据渗透流体的速度大小和方向来确定壁面上的流动边界条件，根据渗透流体带入的热量来确定温度边界条件。

【例 6-1】　库特流（Couette flow）

如图 6-7 所示，设有两块无限大的平板，平行安放，其间距为 $2b$，上板以匀速 v_e 向右运动，下板不动。两板中间充满不可压缩流体，由于黏性作用，流体具有与上板相同方向的运动，设上板温度为 T_e，下板温度为 T_w，流动是稳定的层流。求解这一流动的速度场和温度场。

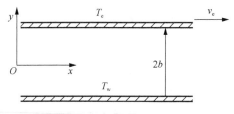

图 6-7　库特流及其边界条件

解： 取 y 轴垂直于板面，x 轴平行于板的运动方向，z 轴垂直于纸面。对于上述流动，$v_y = 0$，再由不可压缩流体的连续方程：

$$\frac{\partial v_x}{\partial x} + \frac{\partial v_y}{\partial y} + \frac{\partial v_z}{\partial z} = 0$$

立即得到

$$\frac{\partial v_x}{\partial x} = 0$$

即 v_x 与 x 无关。另外，由于平板是无限大的，v_x 与 z 也无关。因此，稳定流动的运动速度仅是 y 的函数，即 $v = v_x = v(y)$。

根据以上讨论所得的结果，可使 N-S 方程式（6-58）、式（6-59）简化为

$$\begin{cases} \dfrac{\partial p}{\partial x} = \mu \dfrac{\partial^2 v_x}{\partial y^2} \\[2mm] \dfrac{\partial p}{\partial y} = -\rho g \\[2mm] \dfrac{\partial p}{\partial z} = 0 \end{cases} \tag{6-73}$$

　　式（6-73）表明，压强 p 是 x 和 y 的函数。为了便于求解，引进一个新的压强函数 p_*

$$\nabla p_* = \nabla p + \rho g \vec{j}$$

即

$$\begin{cases} \dfrac{\partial p_*}{\partial x} = \dfrac{\partial p}{\partial x} \\[2mm] \dfrac{\partial p_*}{\partial y} = \dfrac{\partial p}{\partial y} + \rho g = 0 \\[2mm] \dfrac{\partial p_*}{\partial z} = \dfrac{\partial p}{\partial z} = 0 \end{cases} \tag{6-74}$$

　　因此，p_* 仅是 x 的函数，与 y、z 无关，可将式（6-73）和式（6-74）进一步化简为

$$\frac{\mathrm{d}p_*}{\mathrm{d}x} = \mu \frac{\mathrm{d}^2 v_x}{\mathrm{d}y^2} \tag{6-75}$$

　　由于沿 x 方向的流动速度不变，两板温度沿 x 方向也不变，所以 $\dfrac{\partial T}{\partial x} = 0$。这样可将能量方程式（6-64）化简为

$$0 = \lambda \frac{\mathrm{d}^2 T}{\mathrm{d}y^2} + \mu \left(\frac{\mathrm{d}v_x}{\mathrm{d}y} \right)^2 \tag{6-76}$$

得出式（6-76）时忽略了压力功。

　　求解式（6-75）、式（6-76）的边界条件为

$$\begin{cases} y = -b\text{处：} \ v_x = 0, \ T = T_{\mathrm{w}} \\ y = +b\text{处：} \ v_x = v_{\mathrm{e}}, \ T = T_{\mathrm{e}} \end{cases} \tag{6-77}$$

　　由式（6-75）可以看出，由于方程左端仅是 x 的函数，方程右端仅是 y 的函数，所以两者只有都为常数时方程才能成立。于是可将式（6-75）积分，并由边界条件式（6-77）确定积分常数，得到

$$\frac{v_x}{v_{\mathrm{e}}} = \frac{1}{2}\left(1 + \frac{y}{b}\right) + \frac{1}{2}\frac{b^2}{\mu v_{\mathrm{e}}}\left(-\frac{\mathrm{d}p_*}{\mathrm{d}x}\right)\left[1 - \left(\frac{y}{b}\right)^2\right] \tag{6-78}$$

　　得到速度分布后，再解式（6-76），就可得到温度分布：

$$\frac{T-T_{\mathrm{w}}}{T_{\mathrm{e}}-T_{\mathrm{w}}} = \frac{1}{2}\left(1+\frac{y}{b}\right) + \frac{\mu c_p}{8\lambda}\frac{v_{\mathrm{e}}^2}{c_p\left(T_{\mathrm{e}}-T_{\mathrm{w}}\right)}\left[1-\left(\frac{y}{b}\right)^2\right]$$

$$-\frac{1}{6}\frac{\mu c_p}{\lambda}\frac{v_{\mathrm{e}}^2}{c_p\left(T_{\mathrm{e}}-T_{\mathrm{w}}\right)}\frac{b^2}{\mu v_{\mathrm{e}}}\left(-\frac{\mathrm{d}p_*}{\mathrm{d}x}\right)\left[\left(\frac{y}{b}\right)-\left(\frac{y}{b}\right)^3\right]$$

$$+\frac{1}{12}\frac{\mu c_p}{\lambda}\frac{v_{\mathrm{e}}^2}{c_p\left(T_{\mathrm{e}}-T_{\mathrm{w}}\right)}\left(-\frac{b^2}{\mu V_{\mathrm{e}}}\frac{\mathrm{d}p_*}{\mathrm{d}x}\right)^2\left[1-\left(\frac{y}{b}\right)^4\right] \tag{6-79}$$

引入无量纲量

$$y^* = \frac{y}{b}$$

$$v^* = \frac{v}{v_{\mathrm{e}}}$$

$$T^* = \frac{T-T_{\mathrm{w}}}{T_{\mathrm{e}}-T_{\mathrm{w}}}$$

$$\mathrm{Br} = \frac{\mu c_p}{\lambda}\frac{v_{\mathrm{e}}^2}{c_p\left(T_{\mathrm{e}}-T_{\mathrm{w}}\right)} = PrEc$$

式中，Pr 为普朗特数；Ec 为埃克特数。

$$B = \frac{b^2}{\mu v_{\mathrm{e}}}\left(-\frac{\mathrm{d}p_*}{\mathrm{d}x}\right)$$

式（6-78）、式（6-79）可以改写为

$$v^* = \frac{1}{2}\left(1+y^*\right) + \frac{1}{2}B\left(1-y^{*2}\right) \tag{6-80}$$

$$T^* = \frac{1}{2}\left(1+y^*\right) + \frac{\mathrm{Br}}{8}\left(1-y^{*2}\right) - \frac{\mathrm{Br}}{6}B\left(y^*-y^{*3}\right) + \frac{\mathrm{Br}}{12}B^2\left(1-y^{*4}\right) \tag{6-81}$$

式（6-78）、式（6-79）或式（6-80）、式（6-81）就是库特流中的速度分布及温度分布，由式（6-78）可见，速度分布是由 $\mathrm{d}p_*/\mathrm{d}x = 0$ 时的速度分布及 $v_{\mathrm{e}} = 0$，$\mathrm{d}p_*/\mathrm{d}x \neq 0$ 时的速度分布叠加而成的。图 6-8 给出了在不同压强梯度下（图中用不同的 B 表示）的速度分布曲线。由图中可以看出，当 $B = -1/2$ 时，$\left(\mathrm{d}v^*/\mathrm{d}y^*\right)_{y^*=-1} = 0$；当 $B < -1/2$，$\left(\mathrm{d}v^*/\mathrm{d}y^*\right)_{y^*=-1} < 0$，即出现了回流现象。

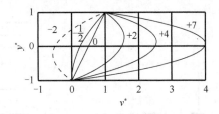

图 6-8　不同压强梯度 B 下库特流速度分布曲线

$B < 0$ ，即 $\mathrm{d}p_*/\mathrm{d}x = 0$ 的流动称为逆压力梯度流动，当逆压力梯度足够大时（ $\mathrm{d}p_*/\mathrm{d}x > \mu v_\mathrm{e}/2b$ ）就出现了回流。

图 6-9 中给出了 $B = 0$ 和 $B = 20$ 条件下，不同 Br 时的温度分布曲线，可以看出， v_e 及 Br 对温度分布都有很大影响。

由式（6-79）可以看出，右边的第一项相当于 $v_\mathrm{e} = 0$ 和 $\mathrm{d}p_*/\mathrm{d}x = 0$ 时两板间由于温差产生纯导热的温度分布，后三项则是由于耗散产生的温度分布。

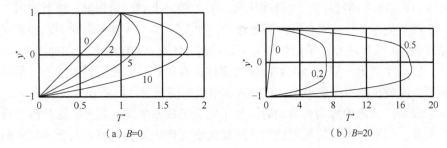

（a）$B=0$　　　　　　　　　　　　　　　　（b）$B=20$

图 6-9　不同的 Br 时库特流温度分布曲线

6.4　雷诺实验与雷诺数

6.4.1　雷诺实验

雷诺最早用如图 6-10（a）所示的装置研究流体在圆管中的流动。水不断由管 A 注入水箱，靠溢流维持水箱内的水位不变。水从玻璃管 D 的一端 E 流出水箱。小容器 B 内装着比重与水相同，但不与水相溶的有色液体。

c、k 为调节阀门。实验时，先微开 k 阀，水以很低的速度通过玻璃管，然后再开 c 阀，有色液体就会流入玻璃管。此时，如图 6-10（b）所示，水管中可见一有色直线流，不与周围的水相混，这表示水质点只作沿管轴的直线运动，无垂直于轴线的横向运动。若在 D 管入口处同时从若干个位置引入有色液体，则会得到若干条有色液线，这些液线互不相混，各自沿直线向前流动，直至流出 D 管。这种现象表明，圆管内的水是一层一层流动的，各层间互不干扰，互不相混。流体

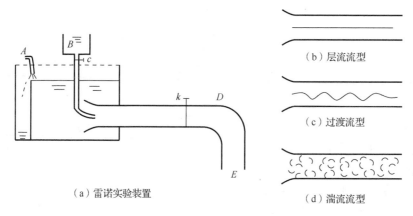

（b）层流流型

（c）过渡流型

（a）雷诺实验装置

（d）湍流流型

图6-10 雷诺实验装置和现象

力学中称这种流动状态为层流。然后，慢慢开大 k 阀，流速逐渐增加，k 阀在一定开度内，液体仍能保持层流流动状态。当 k 阀开大到一定程度，即流速增加至某一个临界值时，管内有色液线开始波动，如图6-10（c）所示。这表示层流状态开始被破坏，流体质点除了沿管轴方向运动外，还有垂直于管轴方向的横向运动，能从一层运动到另一层。如果继续增大流速，有色液线就更剧烈地波动，最后发生断裂，混杂在很多小旋涡中，有色液体很快充满全管，如图6-10（d）所示。这种现象表示，管内的水向前流动时，处于完全无规则的乱流状态，这种流动状态称为湍流。如果在出现湍流流动后，逐渐关小 k 阀，就会观察到与上述反向的由湍流过渡到层流的现象。由上述雷诺实验可知，流体存在两种性质完全不同的流动：层流和湍流，在层流与湍流之间有一个过渡状态的流动。

流动状态发生变化时的流速称为临界流速。

大量的实验数据和相似理论证实，流动状态不仅取决于临界速度，而是由综合反映管道尺寸、流体物理属性、流动速度的组合量——雷诺数来决定的。雷诺数用 Re 表示。

雷诺数定义为

$$Re = \frac{\rho v d}{\mu} \qquad (6-82)$$

式中，d 为管道直径；v 为平均流速；μ 为动力黏性系数；ρ 为流体密度。

由层流开始转变到湍流时所对应的雷诺数称为上临界雷诺数，用 Re'_{cr} 表示。由湍流转变到层流时的雷诺数称为下临界雷诺数，用 Re_{cr} 表示。通过比较实际流动的雷诺数 Re 和临界雷诺数，就可以确定黏性流体的流动状态，即

（1）当 $Re < Re_{cr}$ 时，流动为层流状态。

（2）当 $Re > Re'_{cr}$ 时，流动为湍流状态。

（3）当 $Re_{cr} \leqslant Re \leqslant Re'_{cr}$ 时，流动可能是层流状态，也可能是湍流状态。如果开始时是层流状态，那么当 Re 逐渐增大到超过 Re_{cr} 但仍小于 Re'_{cr} 时，流动仍可能维持层流状态。如果开始时是湍流状态，则当 Re 逐渐减小到小于 Re'_{cr} 但仍大于 Re_{cr} 时，流动仍为湍流状态。

根据雷诺实验的结果，对于管流有

上临界雷诺数

$$Re'_{cr} = 13800$$

下临界雷诺数

$$Re_{cr} = 2320$$

上临界雷诺数常随实验环境、流动的起始状态不同有所不同，而且流态极不稳定，只要稍受扰动，流态就由湍流变为层流。因此，上临界雷诺数在工程实践中没有实用意义。雷诺得出的下临界雷诺数为 2320 的数值，在一般情况也较难达到，在大多情况下，仅为 2000 左右，因此在工程应用中，管内流动取 $Re_{cr} = 2000$。当 $Re < 2000$ 时流动为层流，$Re > 2000$ 时作为湍流对待。对于特殊形状的通道，判别流态的下临界雷诺数列于表 6-1 中。

表 6-1 异形流道下临界雷诺数

流道形状	同心环缝	偏心环缝	带沉割槽的同心环缝	带沉割槽的偏心环缝	滑阀阀口
Re_{cr}	1100	1000	700	400	260

6.4.2 雷诺数的物理意义

将雷诺数写成 $Re = \dfrac{\rho v^2}{\mu v / l}$，则可看出，分子为单位时间内通过单位面积的流体动量，反映了流体惯性力的大小。分母中 v / l 代表速度梯度，因此 $\mu v / l$ 反映了黏性切应力的大小。这样 Re 反映了惯性力和黏性力之比。若 Re 小，表明流体中黏性力的作用大，能够削弱或消除使流体发生紊乱运动的扰动，保持平稳的层流状态。反之，若 Re 大，表明黏性力相对于惯性力较小，惯性力容易使流体质点发生湍流运动。

圆管流动的雷诺数定义中，特征尺寸用的是圆截面的直径。对于非圆形管道，则要用当量直径作为特征尺寸。下面介绍一下与当量直径有关的一些定义。

湿周长是指流动截面上，流体与固体壁面接触的周界长度，即被流体润湿的固体壁面周界长度，以 χ 表示。图 6-11 示出了几种异形流道湿周长的示例。

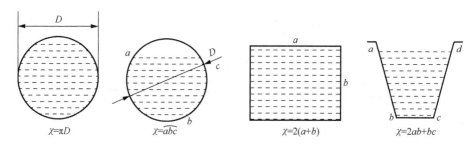

图 6-11　异形流道湿周长示例

水力半径 R 是截面面积 A 与流体湿周长 χ 之比，即

$$R = \frac{A}{\chi} \qquad (6\text{-}83)$$

对于圆形截面，$A = \pi d^2 / 4$，$\chi = \pi d$，因此

$$R = \frac{d}{4}$$

　　水力半径具有明显的物理意义，它表征截面的流通能力。如截面面积越大而湿周长越短，则水力半径就越大，也就意味着流体的流通能力越大。

　　为了对非圆形的管道也能使用 Re 的定义和计算流动损失的基本公式，可以按水力半径 R 相等的原则把非圆形管道截面折合成流通能力相同的圆形截面。折合成的圆形截面直径称为当量直径，并用符号 d_e 表示。这样，可以把当量直径写成

$$d_e = 4R = \frac{4A}{\chi} \qquad (6\text{-}84)$$

以当量直径作为特征尺寸时，雷诺数为

$$Re = \frac{\rho v d_e}{\mu} \qquad (6\text{-}85)$$

6.5　雷　诺　方　程

　　湍流运动的实验研究表明，虽然湍流运动十分复杂，但它仍然遵循连续介质的一般动力学规律。因此，雷诺在 1886 年提出用时均值概念来研究湍流运动，他认为虽然湍流中任何物理量都随时间和空间变化，但是任一瞬时的运动仍然符合连续介质流动的特征，流场中任一空间点上的流动参数应该符合黏性流体运动的基本方程。此外，由于各物理量都具有某种统计特征的规律，所以基本方程中任

一瞬时物理量都可以用平均物理量和脉动物理量之和来代替，并且可以对整个方程进行时间平均的运算，雷诺从不可压缩流体的 N-S 方程导出湍流时均运动方程（后人称此为"雷诺方程"）并引出雷诺应力的概念。随后，人们引用时均值概念导出湍流基本方程，使湍流运动的理论分析得到了很大发展。

本节以二维不可压缩流动为例来介绍时均运动的基本方程和雷诺应力的概念。

6.5.1　湍流的脉动现象与时均化

从雷诺实验中已经知道，在湍流中任意空间点上的流动参数不仅随时间变化，而且是极不规则的。因此，要研究流动参数瞬时值的变化规律是极其困难的。通过对湍流状态下流动参数随时间变化的测定，可以发现，湍流流动参数虽然是脉动的随机量，但却在某一平均值上下变动，即具有某种规律的统计学特征。因此，引进流动参数时均值的概念。

下面以速度为例，说明时均值的概念。图 6-12 表示湍流流场中某一空间点上测定的流速 v 随时间 t 变化的情况。取一时间间隔 t_0，t_0 相对于整个运动时间来说是很短的，但相对于脉动运动来说又足够长。把流体的瞬时速度 v 在时间间隔 t_0 内进行平均，得到时均速度 $\bar{v}$ 为

$$\bar{v} = \frac{1}{t_0}\int_0^{t_0} v\mathrm{d}t \qquad (6\text{-}86)$$

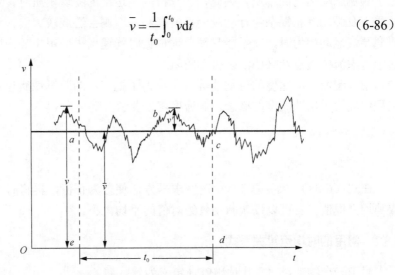

图 6-12　速度随时间的变化

式（6-86）可以从几何上给以解释。如果曲线 abc 表示空间某固定点上瞬时速度随时间的实际变化，则 $\int_0^t v\mathrm{d}t$ 表示该曲线下的面积 $abcde$，而 $\bar{v}t_0$ 是以 $\bar{v}$ 为高度的矩形面积。因此，式（6-86）表示这两块面积相等。

时均速度与瞬时速度的差值就是脉动速度，以 v' 表示，即

$$v = \bar{v} + v' \tag{6-87}$$

脉动速度 v' 的时均值 $\overline{v'}$ 等于零，即

$$\overline{v'} = \frac{1}{t_0} \int_0^{t_0} v' \mathrm{d}t = \frac{1}{t_0} \int_0^{t_0} (v - \bar{v}) \mathrm{d}t = \bar{v} - \bar{v} = 0$$

对于流场中的其他流动参数（压强、密度、温度等），可以将其瞬时值表示为时均值和脉动值的代数和。

引入时均值的概念后，对于湍流的一切概念都从时均值的意义上定义。例如，在湍流中的流线可定义为流线是在充满运动流体的时均速度场中所作的曲线，在某时刻位于该线上流体质点的时均速度向量都和曲线相切。再如，若湍流中各空间点上流动参数的时均值不随时间变化，则称这种"准稳定流动"为稳定流动。工程中管道设备内时均化的湍流流动大多是稳定的。将实际不稳定的湍流运动通过时均化使其稳定后，前面几章讨论的有关稳定运动的规律，如连续方程、伯努利方程等也可以适用，这样就可以实现对湍流运动的研究和计算。

需要指出，虽然引入时均值的概念会给研究湍流运动带来很大方便，但它掩盖了湍流脉动运动的本质。因此，当分析湍流运动的物理本质时，还必须考虑流体质点及微团互相混杂进行动量交换的影响，否则会造成较大的误差。例如，在研究湍流运动阻力时，就不能只简单地根据时均速度去应用牛顿内摩擦定律，还必须考虑流体质点及微团混杂引起的阻力。

由于湍流脉动速度的时均值等于零，为了把湍流的随机性质也反映出来，在工程中经常采用湍流度的概念。湍流度用 ε 表示，定义为

$$\varepsilon = \frac{\sqrt{\overline{v'^2}}}{\bar{v}} \tag{6-88}$$

在式（6-88）中，先将脉动速度求平方，使之为正值，再将时间平均，然后取其均方根值，就可以反映脉动量绝对值的平均大小。

6.5.2 常用的时均运算关系式

对于一个物理量 A，其时均值 $\bar{A}$ 定义为

$$\bar{A} = \frac{1}{t_0} \int_0^{t_0} A \mathrm{d}t \tag{6-89}$$

物理量 A 的脉动值 A' 定义为

$$A' = A - \overline{A} \qquad (6\text{-}90)$$

设 A、B、C 为湍流中物理量的瞬时值，$\overline{A}$、$\overline{B}$、$\overline{C}$ 为物理量的时均值，A'、B'、C' 为物理量的脉动值，可以利用式（6-89）和式（6-90）获得如下时均运算规律。

（1）时均量的时均值等于原来的时均值，即

$$\overline{\overline{A}} = \overline{A} \qquad (6\text{-}91)$$

因为在时间平均周期 t_0 内 $\overline{A}$ 是个定值，所以其时均值仍为原来的值。

（2）脉动量的时均值等于零，即

$$\overline{A'} = 0 \qquad (6\text{-}92)$$

根据式（6-89）～式（6-91）有

$$\overline{A'} = \frac{1}{t_0}\int_0^{t_0} A'\mathrm{d}t = \frac{1}{t_0}\int_0^{t_0}\left(A - \overline{A}\right)\mathrm{d}t = \overline{A} - \overline{A} = 0$$

（3）瞬时物理量之和的时均值，等于各个物理量时均值之和，即

$$\overline{A + B} = \overline{A} + \overline{B} \qquad (6\text{-}93)$$

根据式（6-89），有

$$\overline{A + B} = \frac{1}{t_0}\int_0^{t_0}\left(A + B\right)\mathrm{d}t = \frac{1}{t_0}\int_0^{t_0} A\mathrm{d}t + \frac{1}{t_0}\int_0^{t_0} B\mathrm{d}t = \overline{A} + \overline{B}$$

（4）时均物理量与脉动物理量之积的时均值等于零，即

$$\overline{\overline{A}B'} = 0，\quad \overline{\overline{B}A'} = 0 \qquad (6\text{-}94)$$

根据式（6-89）、式（6-91）及式（6-92），有

$$\overline{\overline{A}B'} = \frac{1}{t_0}\int_0^{t_0} \overline{A}B'\mathrm{d}t = \overline{A}\frac{1}{t_0}\int_0^{t_0} B'\mathrm{d}t = \overline{A}\overline{B'} = 0$$

（5）时均物理量与瞬时物理之积的时均值等于两个时均物理量之积，即

$$\overline{\overline{A}B} = \overline{A}\overline{B} \qquad (6\text{-}95)$$

根据式（6-89），有

$$\overline{\overline{A}B} = \frac{1}{t_0}\int_0^{t_0} \overline{A}B\mathrm{d}t = \overline{A}\frac{1}{t_0}\int_0^{t_0} B\mathrm{d}t = \overline{A}\overline{B}$$

（6）两个瞬时物理量之积的时均值，等于两个时均物理量之积与两个脉动量之积的时均值之和，即

$$\overline{AB} = \overline{A}\overline{B} + \overline{A'B'} \tag{6-96}$$

根据式（6-89）、式（6-90）和式（6-92），有

$$
\begin{aligned}
\overline{AB} &= \frac{1}{t_0}\int_0^{t_0} AB\mathrm{d}t = \frac{1}{t_0}\int_0^{t_0}\left(\overline{A}+A'\right)\left(\overline{B}+B'\right)\mathrm{d}t \\
&= \frac{1}{t_0}\int_0^{t_0}\left(\overline{A}\overline{B}+A'\overline{B}+B'\overline{A}+A'B'\right)\mathrm{d}t \\
&= \overline{A}\overline{B}+\overline{B}\frac{1}{t_0}\int_0^{t_0}A'\mathrm{d}t+\overline{A}\int_0^{t_0}B'\mathrm{d}t+\frac{1}{t_0}\int_0^{t_0}A'B'\mathrm{d}t \\
&= \overline{A}\overline{B}+\overline{A'B'}
\end{aligned}
$$

根据式（6-96），有如下推论：

$$\overline{ABC} = \overline{A}\,\overline{B}\overline{C} + \overline{A}\,\overline{B'C'} + \overline{B}\,\overline{A'C'} + \overline{C}\,\overline{A'B'} + \overline{A'B'C'} \tag{6-97}$$

可以利用式（6-96）验证式（6-97）。

（7）瞬时物理量对空间坐标各阶导数的时均值，等于时均物理量对同一坐标的各阶导数，即

$$\overline{\frac{\partial^n A}{\partial x^n}} = \frac{\partial^n \overline{A}}{\partial x^n}, \quad \overline{\frac{\partial^n A}{\partial y^n}} = \frac{\partial^n \overline{A}}{\partial y^n}, \quad \overline{\frac{\partial^n A}{\partial z^n}} = \frac{\partial^n \overline{A}}{\partial z^n} \tag{6-98}$$

根据式（6-89）及导数和积分的可交换性，有

$$\overline{\frac{\partial^n A}{\partial x^n}} = \frac{1}{t_0}\int_0^{t_0}\frac{\partial^n A}{\partial x^n}\mathrm{d}t = \frac{\partial^n}{\partial x^n}\left(\frac{1}{t_0}\int_0^{t_0}A\mathrm{d}t\right) = \frac{\partial^n \overline{A}}{\partial x^n}$$

同理，可以证明对其他坐标求导的运算关系。

显然，根据式（6-92）和式（6-98），有如下推论：脉动量对空间坐标各阶导数的时均值等于零，即

$$\overline{\frac{\partial^n A'}{\partial x^n}} = 0, \quad \overline{\frac{\partial^n A'}{\partial y^n}} = 0, \quad \overline{\frac{\partial^n A'}{\partial z^n}} = 0 \tag{6-99}$$

（8）瞬时物理量对于时间导数的时均值，等于时均值物理量对时间的导数，即

$$\overline{\frac{\partial A}{\partial t}} = \frac{\partial \overline{A}}{\partial t} \tag{6-100}$$

6.5.3　时均化连续方程

对于二维不可压缩流动，其瞬时运动的连续方程为

$$\frac{\partial v_x}{\partial x} + \frac{\partial v_y}{\partial y} = 0 \qquad\qquad (6\text{-}101)$$

对其进行时均运算：

$$\overline{\frac{\partial v_x}{\partial x} + \frac{\partial v_y}{\partial y}} = \overline{\frac{\partial v_x}{\partial x}} + \overline{\frac{\partial v_y}{\partial y}} = \frac{\partial \overline{v_x}}{\partial x} + \frac{\partial \overline{v_y}}{\partial y} = 0$$

即对于二维不可压缩流动，时均运动的连续方程为

$$\frac{\partial \overline{v_x}}{\partial x} + \frac{\partial \overline{v_y}}{\partial y} = 0 \qquad\qquad (6\text{-}102)$$

瞬时运动的连续方程减去时均运动的连续方程可得瞬时运动的连续方程为

$$\frac{\partial v_x'}{\partial x} + \frac{\partial v_y'}{\partial y} = 0 \qquad\qquad (6\text{-}103)$$

因此，对不可压缩湍流运动，时均运动和脉动运动的连续方程和瞬时运动的连续方程有相同的形式。

6.5.4　雷诺方程的导出

对于二维不可压缩黏性流动，在不考虑质量力的情况下，N-S 方程具有下列形式：

$$\begin{cases} \dfrac{\partial v_x}{\partial t} + v_x \dfrac{\partial v_x}{\partial x} + v_y \dfrac{\partial v_x}{\partial y} = -\dfrac{1}{\rho}\dfrac{\partial p}{\partial x} + \nu\left(\dfrac{\partial^2 v_x}{\partial x^2} + \dfrac{\partial^2 v_x}{\partial y^2}\right) \\[3mm] \dfrac{\partial v_y}{\partial t} + v_x \dfrac{\partial v_y}{\partial x} + v_y \dfrac{\partial v_y}{\partial y} = -\dfrac{1}{\rho}\dfrac{\partial p}{\partial y} + \nu\left(\dfrac{\partial^2 v_y}{\partial x^2} + \dfrac{\partial^2 v_y}{\partial y^2}\right) \end{cases} \qquad (6\text{-}104)$$

式中，$\nu = \mu/\rho$ 为运动黏性系数。利用不可压缩流动瞬时运动的连续方程式（6-101）可将式（6-104）改写为

$$\begin{cases} \dfrac{\partial v_x}{\partial t} + \dfrac{\partial v_x^2}{\partial x} + \dfrac{\partial v_x v_y}{\partial y} = -\dfrac{1}{\rho}\dfrac{\partial p}{\partial x} + \nu\left(\dfrac{\partial^2 v_x}{\partial x^2} + \dfrac{\partial^2 v_x}{\partial y^2}\right) \\[3mm] \dfrac{\partial v_y}{\partial t} + \dfrac{\partial v_x v_y}{\partial x} + \dfrac{\partial v_y^2}{\partial y} = -\dfrac{1}{\rho}\dfrac{\partial p}{\partial y} + \nu\left(\dfrac{\partial^2 v_y}{\partial x^2} + \dfrac{\partial^2 v_y}{\partial y^2}\right) \end{cases} \qquad (6\text{-}105)$$

对式（6-105）第一式进行时间平均运算，则有

$$\frac{\partial \overline{v_x}}{\partial t} + \frac{\partial \overline{v_x v_x}}{\partial x} + \frac{\partial \overline{v_x v_y}}{\partial y} = -\frac{1}{\rho}\frac{\partial \overline{p}}{\partial y} + \nu\left(\frac{\partial^2 \overline{v_x}}{\partial x^2} + \frac{\partial^2 \overline{v_x}}{\partial y^2}\right) \qquad (6\text{-}106)$$

显然，方程中包含速度乘积项的时均值 $\overline{v_x v_x}$ 和 $\overline{v_x v_y}$，应用式（6-96），有

$$\overline{v_x v_x} = \overline{v}_x \overline{v}_x + \overline{v_x' v_x'}$$

$$\overline{v_x v_y} = \overline{v}_x \overline{v}_y + \overline{v_x' v_y'}$$

这样式（6-106）可化为

$$\frac{\partial \overline{v}_x}{\partial t} + \frac{\partial \overline{v}_x \overline{v}_x}{\partial x} + \frac{\partial \overline{v}_x \overline{v}_y}{\partial y} = -\frac{1}{\rho}\frac{\partial p}{\partial x} + \nu\left(\frac{\partial^2 \overline{v}_x}{\partial x^2} + \frac{\partial^2 \overline{v}_x}{\partial y^2}\right) - \frac{\partial \overline{v_x' v_x'}}{\partial x} - \frac{\partial \overline{v_x' v_y'}}{\partial y} \qquad (6\text{-}107)$$

再应用时均运动的连续方程式（6-102），式（6-107）可化为

$$\frac{\partial \overline{v}_x}{\partial t} + \overline{v}_x\frac{\partial \overline{v}_x}{\partial x} + \overline{v}_y\frac{\partial \overline{v}_x}{\partial y} = -\frac{1}{\rho}\frac{\partial \overline{p}}{\partial x} + \nu\left(\frac{\partial^2 \overline{v}_x}{\partial x^2} + \frac{\partial^2 \overline{v}_x}{\partial y^2}\right) - \frac{\partial \overline{v_x' v_x'}}{\partial x} - \frac{\partial \overline{v_x' v_y'}}{\partial y} \qquad (6\text{-}108a)$$

同理，可得

$$\frac{\partial \overline{v}_y}{\partial t} + \overline{v}_x\frac{\partial \overline{v}_y}{\partial x} + \overline{v}_y\frac{\partial \overline{v}_y}{\partial y} = -\frac{1}{\rho}\frac{\partial \overline{p}}{\partial y} + \nu\left(\frac{\partial^2 \overline{v}_y}{\partial x^2} + \frac{\partial^2 \overline{v}_y}{\partial y^2}\right) - \frac{\partial \overline{v_x' v_y'}}{\partial x} - \frac{\partial \overline{v_y' v_y'}}{\partial y} \qquad (6\text{-}108b)$$

方程式（6-108）就是著名的不可压缩流体作湍流运动时的时均运动方程，称为雷诺方程。将雷诺方程式（6-108）和 N-S 方程式（6-105）相比可以看出，湍流中的应力，除了由于黏性产生的应力（这点和层流情况相同）外，还有由于湍流脉动运动形成的附加应力，这些附加应力称为雷诺应力。雷诺应力是湍流中流体微团的脉动造成的，包括湍流正应力和湍流切应力。

〰〰〰 **拓展延伸**

雷诺应力

以圆管中的湍流运动为例来说明雷诺应力产生的物理原因。

图 6-13 表示一段水平直管内的稳定湍流。流动是轴对称的，各截面上的时均

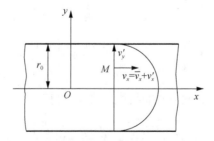

图 6-13　水平直管内的稳定湍流

速度分布图形相同，虽然每个流体质点在 x 方向上有稳定的时均速度 $\bar{v}_x$，在 y 方向（半径方向）上的时均速度 $\bar{v}_y = 0$，但实际上流体质点的速度在 x、y 方向上都有脉动，脉动分量分别是 v'_x 和 v'_y。

现在设想在 M 点处有两个微元面，一个是与 x 方向垂直的微元环形截面，面积为 dA_1，另一个是与 x 方向平行的微元圆柱面，面积为 dA_2。

先考察通过微元面 dA_1 的动量传递，在单位时间内通过单位面积的动量为 ρv_x^2，其时均值为

$$\overline{\rho v_x^2} = \rho \bar{v}_x^2 + \rho \overline{v'_x v'_x} \tag{a}$$

式（a）等号左端是单位时间内通过垂直于 x 轴的单位面积所传递真实动量的平均值，等号右端第一项是同一时间内通过同一面积传递的按时均速度计算的动量，等号右端第二项是由于 x 方向上速度脉动所传递的动量。根据动量定理，通过 dA_1 面有动量传递，那么在 dA_1 面上就有力的作用。式（a）中各项都具有应力的量纲，从而表明：在湍流情况下，沿 x 方向的时均真实应力，应等于时均运动情况下 x 方向上的应力加上由于湍流中的 x 方向脉动引起的附加应力。对 dA_1 面来说，附加应力 $\rho \overline{v'_x v'_x}$ 与它垂直，因此是法向应力，称之为附加湍流正应力，它对 dA_1 面具有附加压强的效果。

再考察通过微元圆柱面 dA_2 的动量传递。在湍流情况下，由于在 y 方向上有速度脉动，所以在 M 点处相邻两层流体之间就不断有质量的交换和动量的交换。当 M 点处的流体以速度 v'_y 脉动时，在单位时间内通过微元面 dA_2 的单位面积流出去的质量为 $\rho v'_y$，这部分流体本身具有 x 方向的速度 $v_x = \bar{v}_x + v'_x$，随之传递出去的 x 方向上的动量为 $\rho v'_y v_x$，其时均值为

$$\overline{\rho v'_y v_x} = \overline{\rho v'_y (\bar{v}_x + v'_x)} = \overline{\rho v'_y \bar{v}_x} + \overline{\rho v'_y v'_x}$$

$\overline{\rho v'_y v_x} = \rho \overline{v'_y v'_x}$，因此

$$\overline{\rho v'_y v_x} = \rho \overline{v'_y v'_x} \tag{b}$$

式（b）表明，在单位时间内通过平行于 x 方向的 dA_2 面的单位面积传递出去的 x 方向动量为 $\rho \overline{v'_x v'_y}$，因而该单位面积就受到一个沿 x 方向的大小为 $\rho \overline{v'_x v'_y}$ 的作用力。这个力可以理解为当流体质点由时均速度较高的流体层向时均速度较低的流体层脉动时，由于脉动引起的动量传递，使低速层被加速；反过来，如果脉动由低向高速层发生，高速层被减速，因而这两层流体在 x 方向上分别受到切应力的作用，在形式上很像速度不同的流体层之间存在的黏性应力，但两者产生的机理不同，$\rho \overline{v'_x v'_y}$ 是湍流中流体微团的脉动造成的，称为湍流切应力，记作 τ_t，而黏性应力是流体分子运动造成的，并常用 τ_1 来表示。

湍流正应力和湍流切应力统称为雷诺应力。

6.6　边　界　层

6.6.1　边界层基础知识

1. 边界层概念

1904 年，普朗特第一次提出了边界层的概念，他认为对于黏性较小的流体（如水和空气）绕流物体时，黏性的影响仅限于贴近物面的薄层中，在这一薄层以外，黏性影响可以忽略，应用经典理想流体动力学方程的解来确定这一薄层外的流动是合理的。普朗特把物面上受到黏性影响的这一薄层称之为边界层。根据在大雷诺数下边界层非常薄的前提，他对黏性流体运动方程作了简化，得到了被称为普朗特方程的边界层微分方程。过了四年，他的学生布拉休斯首先运用这一方程成功地求解了零压力梯度平板的边界层问题，得到了计算摩擦阻力的公式。从此，边界层理论正式成为流体力学的新兴分支迅速发展起来。

边界层流动有层流边界层与湍流边界层。实验观察表明，在一般情况下，流体从物体前缘起形成层流边界层，而后由某处开始，层流边界层处于不稳定状态，并逐渐过渡为湍流边界层。边界层内流动状态转变的典型情况如图 6-14 所示，这是平板在均匀来流中的绕流示意图。从层流转变到湍流的过渡区域 AB 称为转捩段，转捩起点 A 到平板前缘的距离用 x_T 表示，对应于转捩点 A 的雷诺数称为临界雷诺数，即 $Re_{cr} = v_\infty x_T / v$。$Re_{cr}$ 的数值由实验确定，它与物面形状及来流的湍流度有关。对于沿平板的流动，在一般情况下，$Re_{cr} = 5 \times 10^5 \sim 3 \times 10^6$。

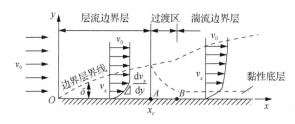

图 6-14　平板近壁面流动的转捩

2. 边界层几种厚度的定义

1）边界层厚度 δ

当流体绕物体流动时，沿物面法线方向，黏性影响在理论上一直作用到无限远处。但是在应用中，由于离物面一定距离后，速度梯度非常小，可以不计黏性的影响。如果以 v_0 表示外部无黏流速度（当边界层很薄时，可以近似地看作是无黏流绕同一物体时物面上相应点的速度），则通常把各个截面上速度达到 $v_x = 0.99v_0$ 或 $v_x = 0.995v_0$ 所有点的连线定义为边界层外边界，从外边界到物面的垂直距离定义为边界层厚度，如图 6-15 所示。

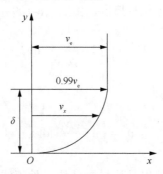

图 6-15　边界层厚度示意图

2）边界层位移厚度 δ^*

如图 6-16 所示，设物面某点 P 处的边界层厚度为 δ，在垂直于纸面方向上取单位宽度，则该处通过边界层的流量为

$$\int_0^\delta \rho v_x \mathrm{d}y$$

式中，ρ、v_x 是边界层内流体的当地密度和当地 x 方向速度。

通过同一面积的理想流体流量为 $\rho_0 v_0 \delta$，或写成 $\int_0^\delta \rho_0 v_0 \mathrm{d}y$。其中，$\rho_0$、$v_0$ 是边界层外边界处理想流体的密度和速度。

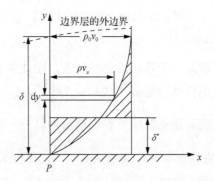

图 6-16　边界层厚度和边界层位移厚度的定义

显然，$\int_0^\delta \rho v_x \mathrm{d}y < \int_0^\delta \rho_0 v_0 \mathrm{d}y$。对于理想流体来讲，通过边界层内的流量 $\int_0^\delta \rho v_x \mathrm{d}y$ 只需要比 δ 小的面积，其减小的厚度用 δ^* 表示。从而有

$$\rho_0 v_0 \left(\delta - \delta^* \right) = \int_0^\delta \rho v_x \mathrm{d}y \qquad (6\text{-}109)$$

由此可见，在流量相等的条件下犹如将理想流体的流动区自物面向上移动了一个 δ^* 距离，因此将 δ^* 称为位移厚度。由式（6-109）可以得到 δ^* 的计算式为

$$\delta^* = \int_0^\delta \left(1 - \frac{\rho}{\rho_0} \frac{v_x}{v_0} \right) \mathrm{d}y \qquad (6\text{-}110\mathrm{a})$$

对于不可压缩流体，则为

$$\delta^* = \int_0^\delta \left(1 - \frac{v_x}{v_0} \right) \mathrm{d}y \qquad (6\text{-}110\mathrm{b})$$

边界层位移厚度 δ^* 的值也是边界层外边界处流线偏离理想流线的距离，见图 6-17。当理想流体流过壁面时，流线与壁面平行（图中用实线表示）。实际流体流过壁面时，由于边界层内黏性阻滞作用，流速减小，为了保证通过流管的流量，流线必定向外偏移，偏移的距离就是 δ^*。

位移厚度对于流动方向要求严格的流道设计具有重要的意义。例如，对于风洞壁面，为了保持平直的流动，必须将壁面修正 δ^*。

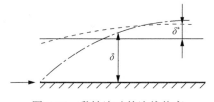

图 6-17　黏性流动的流线偏离

3）动量损失厚度 δ^{**}

由于边界层内流体速度小于理想流动的速度，因此其动量也会减小。单位时间内通过边界层厚度 δ 的流体实际具有的动量为 $\int_0^\delta \rho v_x^2 \mathrm{d}y$，此部分流体若以边界层外边界上理想流动速度 v_0 运动时应具有的动量为 $\left(\int_0^\delta \rho v_x \mathrm{d}y \right) v_0$，因此动量损失为 $\int_0^\delta \rho v_x v_0 \mathrm{d}y - \int_0^\delta \rho v_x^2 \mathrm{d}y$，它等于单位时间内损失了一层厚度为 δ^{**}、速度为 v_0、密度为 ρ_0 的流体所具有的动量，即

$$\rho_0 v_0^2 \delta^{**} = \int_0^\delta \rho v_x v_0 \mathrm{d}y - \int_0^\delta \rho v_x^2 \mathrm{d}y$$

厚度 δ^{**} 称为动量损失厚度，它的计算式为

$$\delta^{**} = \int_0^\delta \frac{\rho}{\rho_0} \frac{v_x}{v_0} \left(1 - \frac{v_x}{v_0} \right) \mathrm{d}y \qquad (6\text{-}111\mathrm{a})$$

对于不可压缩流体,

$$\delta^{**} = \int_0^\delta \frac{v_x}{v_0} \left(1 - \frac{v_x}{v_0} \right) \mathrm{d}y \qquad (6\text{-}111\mathrm{b})$$

6.6.2　边界层微分方程

　　根据边界层概念对黏性流动基本方程的每一项进行数量级的估计,忽略掉数量级较小的量,这样在保证一定精度的情况下就可以使方程简化,得到适用于边界层的基本方程。

1. 层流边界层微分方程

　　下面对二维不可压缩流体的基本方程作数量级分析。如图 6-18 所示,设物面为平面,沿物面取 x 轴、y 轴垂直于物面,设 x 方向的流动速度的数量级为 1,x 方向的距离数量级也为 1,在边界层内 y 的数量级为 δ,它与 x 的数量级相比是个小量,$\delta \ll 1$,由此可得出基本方程中各项的数量级,将其标在方程各项的下方。

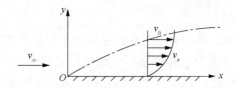

图 6-18　平面层流边界层方程推导

连续方程为

$$\frac{\partial v_x}{\partial x} + \frac{\partial v_y}{\partial y} = 0 \qquad (6\text{-}112\mathrm{a})$$

$$\quad 1 \qquad\quad 1$$

动量方程为

$$v_x \frac{\partial v_x}{\partial x} + v_y \frac{\partial v_x}{\partial y} = -\frac{1}{\rho} \frac{\partial p}{\partial x} + \nu \left(\frac{\partial^2 v_x}{\partial x^2} + \frac{\partial^2 v_x}{\partial y^2} \right) \qquad (6\text{-}112\mathrm{b})$$

$$1 \; 1 \qquad \delta \; \frac{1}{\delta} \qquad\quad 1 \qquad \delta^2 \left(1 \qquad \frac{1}{\delta^2} \right)$$

$$v_x \frac{\partial v_y}{\partial x} + v_y \frac{\partial v_y}{\partial y} = -\frac{1}{\rho}\frac{\partial p}{\partial y} + \nu\left(\frac{\partial^2 v_y}{\partial x^2} + \frac{\partial^2 v_y}{\partial y^2}\right) \qquad (6\text{-}112c)$$

$$1 \quad \delta \quad \delta \quad 1 \qquad \frac{1}{\delta} \qquad \delta^2\left(\delta \qquad \frac{\delta}{\delta^2}\right)$$

符号～表示数量级相同。在连续方程中 $\partial v_x / \partial x \sim 1$，$\partial v_y / \partial y = -\partial v_x / \partial x$，因此 $\partial v_y / \partial y \sim 1$，又由 $y \sim \delta$，得 $v_y \sim \delta$。压强项对边界层中的流动有重大影响，它的数量级应与惯性力项相同，即 $1/\rho \cdot \partial p / \partial x \sim v_x \partial v_x / \partial x \sim 1$，在黏性力项中，$\partial^2 v_x / \partial x^2 \sim 1$，$\partial^2 v_x / \partial y^2 \sim 1/\delta^2$。因此，在边界层中为了反映黏性力的作用，黏性力应与惯性力有相同数量级，从而推断出 $\nu \sim \delta^2$。根据上述分析结果，可以很容易确定 y 方向动量方程中的各项数量级。

忽略式（6-112）中 δ 和小于 δ 的项，可得到层流边界层方程：

$$\begin{cases} \dfrac{\partial v_x}{\partial x} + \dfrac{\partial v_y}{\partial y} = 0 \\[2mm] v_x \dfrac{\partial v_x}{\partial x} + v_y \dfrac{\partial v_x}{\partial y} = -\dfrac{1}{\rho}\dfrac{\partial p}{\partial x} + \nu \dfrac{\partial^2 v_x}{\partial y^2} \\[2mm] \dfrac{\partial p}{\partial y} = 0 \end{cases} \qquad (6\text{-}113)$$

上面导出了平壁面二维边界层方程，它适用于平板及楔形物体。实际问题中物体常是曲壁面。曲壁面的边界层方程详细推导见文献[10]。对于曲率不太大的曲壁面，其边界层方程在形式上与平壁面相同，只是 x 轴取沿物面的轮廓线。

边界层方程式（6-113）求解的边界条件是：

（1）在物面上 $y = 0$ 处，满足无滑移条件，$v_x = 0$，$v_y = 0$；

（2）在边界层外边界 $y = \delta$ 处，$v_x = v_0(x)$，$v_0(x)$ 是边界层外部边界上无黏流的速度。它由无黏流场求解中获得，在计算边界层流动时，是已知的参数。

2. 关于边界层微分方程的几点讨论

（1）在得出边界层方程时，作了 $\delta \ll x$ 的假设，并得出 $y \sim \delta$，这意味着 $Re = \dfrac{v_x x}{\nu} \sim \dfrac{1}{\delta^2}$，因此，边界层方程在 Re 较高时才有足够的精确度，在 Re 没有比 1 大很多的情况下，边界层方程是不适用的。

（2）在边界层方程中的 p 可用边界层外边界上无黏流的 p_e 来代替，并且根据伯努利方程 $\mathrm{d}p_e / \mathrm{d}x = -\rho_e v_e \mathrm{d}v_e / \mathrm{d}x$，还可将方程中的 $-\partial p / \partial x$ 项化成 $\rho_e v_e \cdot \partial v_e / \partial x$。因此，求解边界层方程时，压强是根据无黏流参数确定的已知函数。

（3）边界层方程和完整的 N-S 方程相比，略去了速度对 x 的二阶导数项，基本方程变成抛物型，减小了求解时的数学困难。

6.6.3　边界层积分法

求解边界层微分方程虽然可以取得边界层内的流动情况，但是所遇到的数学困难和计算量都很大。在工程上获得广泛应用的另一种方法是边界层积分法。这是由冯·卡门和波耳豪森等人发展起来的。这种方法使流动参数在边界层总体上满足边界层基本方程，同时精确地满足边界层边界条件，但是每个流体质点的流动不一定严格地满足基本方程。在求解时，近似地给定一个只依赖于 x 坐标的单参数速度分布来代替边界层内真实的速度分布。解法的精度取决于所选定速度分布的合理程度。

1. 边界层动量积分方程

边界层动量积分方程可由两种方法导出，一种是将边界层方程在整个边界层内积分，另一种是取一微元段边界层，运用基本方程，后者的物理概念比较清楚，下面采用后一种推导方法来得出边界层动量积分方程。

如图 6-19 所示，流体沿某一壁面流动，在壁面上形成边界层。设流动为定常的平面不可压缩流动，在边界层中取一微元控制体 $ABCDE$，其中 AB 和 CE 是垂直于壁面的两个平面，距离为 dx，AE 是壁面，BC 是边界层外边界。控制体的宽度在垂直纸面方向取单位宽度，对此控制体运用动量定理。

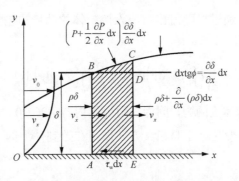

图 6-19　边界层动量积分方程的推导

在单位时间内，通过 AB 面流入控制体的流体质量为

$$\int_0^\delta \rho v_x dy \tag{6-114a}$$

注意，这里的边界层厚度 δ 是 x 的函数，即 $\delta = \delta(x)$。由 CE 面流出的流体质量可按泰勒级数的形式写为

$$\int_0^\delta \rho v_x \mathrm{d}y + \frac{\partial}{\partial x}\left(\int_0^\delta \rho v_x \mathrm{d}y\right)\mathrm{d}x \qquad\qquad （6\text{-}114\mathrm{b}）$$

对定常流动来说，流出控制体的流量应等于流进控制体的流量，因此在单位时间内从 BC 面流入控制体的流体质量应是式（6-114b）、式（6-114a）的差值，即

$$\frac{\partial}{\partial x}\left(\int_0^\delta \rho v_x \mathrm{d}y\right)\mathrm{d}x \qquad\qquad （6\text{-}115）$$

在单位时间内通过 AB 面流入控制体的动量在 x 方向的分量为

$$\int_0^\delta \rho v_x^2 \mathrm{d}y \qquad\qquad （6\text{-}116）$$

在单位时间内通过 CE 面流出控制体的动量在 x 方向的分量为

$$\int_0^\delta \rho v_x^2 \mathrm{d}y + \frac{\partial}{\partial x}\left(\int_0^\delta \rho v_x^2 \mathrm{d}y\right)\mathrm{d}x \qquad\qquad （6\text{-}117）$$

在单位时间内通过 BC 面流入控制体的动量在 x 方向的分量为

$$v_0 \frac{\partial}{\partial x}\left(\int_0^\delta \rho v_x \mathrm{d}y\right)\mathrm{d}x \qquad\qquad （6\text{-}118）$$

需要说明，由于 $\mathrm{d}x$ 是无限小量，因此将 BC 边界上的流体速度都看作 v_0，如果要将式（6-118）沿 x 方向积分时，速度 v_0 就不一定是常数，$v_0(x)$ 要由壁面形状来决定。

在单位时间内，通过界面流出与流入控制体的动量的差值，由式（6-117）减去式（6-116）及式（6-118）得

$$\frac{\partial}{\partial x}\left(\int_0^\delta \rho v_x^2 \mathrm{d}y\right)\mathrm{d}x - v_0 \frac{\partial}{\partial x}\left(\int_0^\delta \rho v_x \mathrm{d}y\right)\mathrm{d}x \qquad\qquad （6\text{-}119）$$

再看作用在控制体上的力，因为在边界层内 $\partial p / \partial y = 0$，所以在 AB、CE 面上的压强沿 y 方向没有变化。于是沿 x 方向作用在控制体上的力有如下几项：

在 AB 面上有

$$p\delta$$

在 CE 面上有

$$-\left(p\delta + \frac{\partial(p\delta)}{\partial x}\mathrm{d}x\right)$$

在 BC 面上有

$$\left(p+\frac{\partial p}{\partial x}\frac{\mathrm{d}x}{2}\right)\frac{\mathrm{d}\delta}{\mathrm{d}x}\mathrm{d}x$$

在 AE 面上有

$$-\tau_{\mathrm{w}}\mathrm{d}x$$

BC 面上的压强取 B 点和 C 点压强的平均值。BC 面在 x 方向的投影面积的大小为 $\mathrm{d}\delta\cdot1=\dfrac{\mathrm{d}\delta}{\mathrm{d}x}\mathrm{d}x$。符号 τ_{w} 表示壁面上的摩擦应力。CE 和 AE 上的作用力方向与 x 方向相反，因此都带有负号。作用在控制体上沿 x 方向的作用力的合力为

$$p\delta-\left(p\delta+\frac{\partial(p\delta)}{\partial x}\mathrm{d}x\right)+\left(p+\frac{\partial p}{\partial x}\frac{\mathrm{d}x}{2}\right)\frac{\mathrm{d}\delta}{\mathrm{d}x}\mathrm{d}x-\tau_{\mathrm{w}}\mathrm{d}x \tag{6-120}$$

化简并忽略高阶微量后，可整理为

$$-\left(\tau_{\mathrm{w}}+\frac{\partial p}{\partial x}\delta\right)\mathrm{d}x \tag{6-121}$$

根据动量定理，作用在控制体上所有作用力的合力应该等于单位时间流出与流入控制体动量之差，即

$$-\left(\tau_{\mathrm{w}}+\frac{\partial p}{\partial x}\delta\right)\mathrm{d}x=\frac{\partial}{\partial x}\left(\int_0^\delta\rho v_x^2\mathrm{d}y\right)\mathrm{d}x-v_0\frac{\partial}{\partial x}\left(\int_0^\delta\rho v_x\mathrm{d}y\right)\mathrm{d}x \tag{6-122}$$

消去 $\mathrm{d}x$，得到

$$-\tau_{\mathrm{w}}-\frac{\partial p}{\partial x}\delta=\frac{\partial}{\partial x}\left(\int_0^\delta\rho v_x^2\mathrm{d}y\right)-v_0\frac{\partial}{\partial x}\left(\int_0^\delta\rho v_x\mathrm{d}y\right) \tag{6-123}$$

式（6-123）称为边界层动量积分方程，也叫卡门-波耳豪森积分关系式。此方程在推导过程中，没有涉及内部的流态，因此既可用于层流边界层，也可用于湍流边界层。

对于不可压缩流，式（6-123）化为

$$\frac{\mathrm{d}}{\mathrm{d}x}\left(\int_0^\delta v_x^2\mathrm{d}y\right)-v_0\frac{\mathrm{d}}{\mathrm{d}x}\left(\int_0^\delta v_x\mathrm{d}y\right)=-\frac{\delta}{\rho}\frac{\mathrm{d}p}{\mathrm{d}x}-\frac{\tau_{\mathrm{w}}}{\rho} \tag{6-124}$$

用位移厚度 δ^* 和动量损失厚度 δ^{**}，可以将式（6-124）改写为更简洁的形式。边界层外边界上为理想流动，根据伯努利方程有

$$p+\frac{1}{2}\rho v_0^2=\mathrm{const} \tag{6-125}$$

将式（6-125）对 x 求导后，有

$$\frac{\mathrm{d}p}{\mathrm{d}x} + \rho v_0 \frac{\mathrm{d}v_0}{\mathrm{d}x} = 0 \tag{6-126}$$

注意到 $\delta = \int_0^\delta \mathrm{d}y$，根据式（6-126）有

$$-\frac{\delta}{\rho}\frac{\mathrm{d}p}{\mathrm{d}x} = v_0 \frac{\mathrm{d}v_0}{\mathrm{d}x}\delta = v_0 \frac{\mathrm{d}v_0}{\mathrm{d}x}\int_0^\delta \mathrm{d}y = \frac{\mathrm{d}v_0}{\mathrm{d}x}\int_0^\delta v_0 \mathrm{d}y \tag{6-127}$$

式（6-124）左侧第二项，按两函数积的求导法则，有

$$v_0 \frac{\mathrm{d}}{\mathrm{d}x}\left(\int_0^\delta v_x \mathrm{d}y\right) = \frac{\mathrm{d}}{\mathrm{d}x}\left(v_0 \int_0^\delta v_x \mathrm{d}y\right) - \frac{\mathrm{d}v_0}{\mathrm{d}x}\int_0^\delta v_x \mathrm{d}y = \frac{\mathrm{d}}{\mathrm{d}x}\left(\int_0^\delta v_0 v_x \mathrm{d}y\right) - \frac{\mathrm{d}v_0}{\mathrm{d}x}\int_0^\delta v_x \mathrm{d}y \tag{6-128}$$

将式（6-127）和式（6-128）代入式（6-124）可得

$$\frac{\mathrm{d}v_0}{\mathrm{d}x}\int_0^\delta (v_0 - v_x)\mathrm{d}y + \frac{\mathrm{d}}{\mathrm{d}x}\int_0^\delta v_x(v_0 - v_x)\mathrm{d}y = \frac{\tau_\mathrm{w}}{\rho} \tag{6-129}$$

再由 δ^* 和 δ^{**} 结合式（6-110b）和式（6-111b），则式（6-129）可进一步化为

$$\frac{\mathrm{d}v_0}{\mathrm{d}x}v_0 \delta^* + \frac{\mathrm{d}}{\mathrm{d}x}\left(v_0^2 \delta^{**}\right) = \frac{\tau_\mathrm{w}}{\rho} \tag{6-130}$$

展开并合并同类项，最后得到

$$\frac{\mathrm{d}\delta^{**}}{\mathrm{d}x} + \frac{1}{v_0}\frac{\mathrm{d}v_0}{\mathrm{d}x}\left(2\delta^{**} + \delta^*\right) = \frac{\tau_\mathrm{w}}{\rho v_0^2} \tag{6-131}$$

式（6-131）是边界层动量积分方程的实用形式。除了这个动量积分方程外，还有能量积分方程，可参考其他黏性流体力学的有关著作。

在式（6-131）中，v_0 是由理想流体计算中获得的（或由实验测定的压强得到），方程中有三个未知量：τ_w、δ^* 和 δ^{**}。δ^{**}、δ^* 由 v_x 及 δ 决定，因此未知量是 τ_w、δ 和 v_x。为了求解式（6-131），还需补充两个关系式。通常是补充边界层内速度分布 $v_x = f(y)$ 和壁面摩擦应力 τ_w 和 δ 的关系。

2. 速度分布在边界上应满足的边界条件

在用积分法求解边界层时，所选定的速度分布只是近似地反映边界层内的流动，但要精确地满足边界条件。

在边界层外边界上，黏性流和无黏流相连接，它们的速度及其各阶导数都相等，即

$$y = \delta ; \quad v_x = v_0 , \quad \frac{\partial^n v_x}{\partial y^n} = 0 \quad (n = 1, 2, 3, \cdots) \tag{6-132}$$

在壁面上，首先满足无滑移条件，即

$$y = 0 ; \quad v_x = 0 , \quad v_y = 0 \tag{6-133}$$

如果将式（6-133）应用于边界层动量方程可得

$$v_x \frac{\partial v_x}{\partial x} + v_y \frac{\partial v_x}{\partial y} = -\frac{1}{\rho} \frac{\mathrm{d}p}{\mathrm{d}x} + \nu \frac{\partial^2 v_x}{\partial y^2} \tag{6-134}$$

则可得到又一个边界条件，即

$$y = 0 ; \quad \frac{\partial^2 v_x}{\partial y^2} = \frac{1}{\mu} \frac{\mathrm{d}p}{\mathrm{d}x} = -\frac{v_0}{\nu} \frac{\mathrm{d}v_0}{\mathrm{d}x} \tag{6-135}$$

将式（6-134）对 y 求导，得

$$\frac{\partial v_x}{\partial y} \left(\frac{\partial v_x}{\partial x} + \frac{\partial v_y}{\partial y} \right) + v_x \frac{\partial^2 v_x}{\partial x \partial y} + v_y \frac{\partial^2 v_x}{\partial y^2} = \nu \frac{\partial^3 v_x}{\partial y^3} \tag{6-136}$$

根据连续方程和无滑移条件，又可得到一个边界条件，即

$$y = 0 ; \quad \frac{\partial^3 v_x}{\partial y^3} = 0 \tag{6-137}$$

如果选定的速度分布满足边界条件，则表明它在近物体表面和在外边界附近都和真实速度分布接近。在边界层中间部分 $(0 < y < \delta)$ 虽然可能还有一定的误差，但是应用了动量积分方程，在总体上满足动量方程，因此可以得到满足工程需要的结果。

在上述边界条件中，无滑移条件式（6-133）和压强梯度条件式（6-126）反映了物面及物面形状对速度分布的影响，因此在边界层计算中，应该满足这些条件，否则就得不出好的结果。

3. 平板边界层计算

下面以平板边界层为例来说明边界层积分法的求解过程。所得的结果（δ、τ_w 等）也可用于曲面边界层的工程估算。

1）平板层流边界层计算

如图 6-20 所示，速度为 v_∞ 的直匀流经长度为 l 的平板，平板表面与来流平行。设流体是不可压缩的，密度已知。此外，假想平板是无限薄的。由于边界层位移厚度很小，因此可以认为平板并不影响边界层外的流动。仍然可以将边界层以外

的流动看成是与平板平行的理想流动。于是，边界层外的流速 $v_0 = v_\infty$，且沿平板 $v_0 = \text{const}$，$\mathrm{d}v_0/\mathrm{d}x = 0$。因而，积分关系式（6-131）简化为

$$\frac{\mathrm{d}\delta^{**}}{\mathrm{d}x} = \frac{\tau_\mathrm{w}}{\rho v_0^2} \tag{6-138}$$

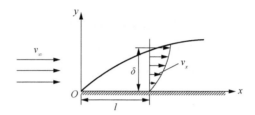

图 6-20   平板上层流边界层的速度型及计算

为了求解式（6-138），需要补充两个关系式，即边界层内的流动速度分布和壁面上摩擦应力关系式。

（1）边界层内流动速度分布。

假设

$$v_x = a_0 + a_1 y + a_2 y^2$$

式中的系数 a_0、a_1、a_2 由三个边界条件确定。这些边界条件是：

① 在板面上，$y = 0$，$v_x = 0$；

② 在边界层外边界上，$y = \delta$，$v_x = v_\infty$；

③ 在边界层外边界上，$y = \delta$，$\partial v_x/\partial y = 0$。

由这三个边界条件，可以确定 $a_0 = 0$，$a_1 = 2v_\infty/\delta$，$a_2 = -v_\infty/\delta^2$，这样，速度分布为

$$v_x = 2\frac{v_\infty}{\delta}y - \frac{v_\infty}{\delta^2}y^2 \tag{6-139}$$

（2）壁面上摩擦应力关系式。

牛顿内摩擦定律提供了 τ_w 的关系式：

$$\tau_\mathrm{w} = \mu\left(\frac{\partial v_x}{\partial y}\right)_{y=0} = 2\mu\frac{v_\infty}{\delta} \tag{6-140}$$

由速度分布式（6-139）可求得动量损失厚度为

$$\delta^{**} = \int_0^\delta \frac{v_x}{v_\infty}\left(1 - \frac{v_x}{v_\infty}\right)\mathrm{d}y = \int_0^\delta\left(2\frac{y}{\delta} - \frac{y^2}{\delta^2}\right)\left(1 - 2\frac{y}{\delta} + \frac{y^2}{\delta^2}\right)\mathrm{d}y = \frac{2}{15}\delta$$

于是

$$\frac{\mathrm{d}\delta^{**}}{\mathrm{d}x} = \frac{2}{15}\frac{\mathrm{d}\delta}{\mathrm{d}x} \tag{6-141}$$

将式（6-140）、式（6-141）代入式（6-138），得

$$\frac{2}{15}\frac{\mathrm{d}\delta}{\mathrm{d}x} = \frac{2\mu v_\infty}{\delta\rho v_\infty^2} = \frac{2\mu}{\delta\rho v_\infty} \tag{6-142}$$

式（6-142）是关于 δ 的常微分方程，考虑到 $\delta(0)=0$，求解该方程得到

$$\frac{\delta^2}{2} = \frac{15\mu}{\rho v_\infty}x$$

因此

$$\delta = 5.477\sqrt{\frac{v x}{v_\infty}} \tag{6-143}$$

或

$$\frac{\delta}{x} = \frac{5.477}{\sqrt{Re_x}} \tag{6-144}$$

式中，$Re_x = v_\infty x/v$ 是距平板前缘为 x 处的当地雷诺数。

由式（6-144）可见，层流边界层厚度沿 x 按抛物线规律增长，与当地雷诺数的平方根成反比。

将式（6-144）代入式（6-140），经化简后可得

$$\tau_w = 0.365\sqrt{\frac{\rho\mu v_\infty^3}{x}} \tag{6-145}$$

当地摩擦阻力系数 C_f 定义为

$$C_f = \frac{\tau_w}{\frac{1}{2}\rho v_\infty^2} \tag{6-146}$$

利用式（6-145），可得层流边界层的 C_f，即

$$C_f = \frac{0.73}{\sqrt{Re_x}} \tag{6-147}$$

（3）平板阻力计算。

作用在宽度为 b 的平板一个表面上的摩擦阻力为

$$X_f = \int_0^l \tau_w b \mathrm{d}x \qquad (6\text{-}148)$$

将式（6-145）代入式（6-148）后，积分得

$$X_f = 0.73 v_\infty^{\frac{3}{2}} b \sqrt{\rho l \mu} \qquad (6\text{-}149)$$

整个平板的摩擦阻力系数定义为

$$C_D = \frac{X_f}{\frac{1}{2}\rho v_\infty^2 bl} \qquad (6\text{-}150)$$

将式（6-149）代入式（6-150）后，得

$$C_D = \frac{1.46}{\sqrt{Re_l}} \qquad (6\text{-}151)$$

式中，$Re_l = v_\infty l / \nu$

如果将速度分布取为五项，那么可以得到更准确的计算公式，这时，速度分布为

$$\frac{v_x}{v_\infty} = 2\frac{y}{\delta} - 2\left(\frac{y}{\delta}\right)^3 + \left(\frac{y}{\delta}\right)^4 \qquad (6\text{-}152)$$

相应的边界层厚度、表面摩擦应力和整个平板的摩擦阻力系数分别为

$$\delta = 5.83\sqrt{\frac{\nu x}{v_\infty}} \qquad (6\text{-}153)$$

$$\tau_w = 0.343\sqrt{\frac{\rho\mu v_\infty^3}{x}} \qquad (6\text{-}154)$$

$$C_D = \frac{1.372}{\sqrt{Re_l}} \qquad (6\text{-}155)$$

由边界层微分方程出发求得的平板层流边界层的布拉休斯解为

$$\delta = \frac{4.92x}{\sqrt{Re_x}}$$

$$C_D = \frac{1.328}{\sqrt{Re_l}}$$

式（6-153）和式（6-155）与布拉休斯解相比较是很接近的。布拉休斯解已由实验证明是符合实际的。因此，用积分法计算边界层比较简单，而且结果相当准确。

2）平板湍流边界层计算

当来流雷诺数 Re_e 足够大时，靠近平板前缘一段是层流边界层，而靠近平板后一段是湍流边界层。这里仅讨论从平板前缘点开始就是湍流边界层的情况。

速度分布取布拉休斯七分之一速度分布律为

$$\frac{v_x}{v_\infty} = \left(\frac{y}{\delta}\right)^{\frac{1}{7}} \tag{6-156}$$

由此，得边界层动量损失厚度

$$\delta^{**} = \int_0^\delta \frac{v_x}{v_\infty}\left(1 - \frac{v_x}{v_\infty}\right)\mathrm{d}y - \int_0^\delta \left[1 - \left(\frac{y}{\delta}\right)^{\frac{1}{7}}\right]\left(\frac{y}{\delta}\right)^{\frac{1}{7}}\mathrm{d}y = \frac{7}{72}\delta$$

故

$$\frac{\mathrm{d}\delta^{**}}{\mathrm{d}x} = \frac{7}{72}\frac{\mathrm{d}\delta}{\mathrm{d}x} \tag{6-157}$$

现在再来讨论 τ_w 的关系式。湍流中 τ_w 与 δ 的关系不能再用牛顿内摩擦定律。这里借助管内的湍流流动公式。对于光滑圆管中的湍流流动，当 $Re \leqslant 10^5$ 时，沿程损失系数为

$$\lambda = \frac{0.3164}{Re^{\frac{1}{4}}}$$

式中，$Re = \rho v_m d/\mu$，v_m 是按流量计算的平均速度，当用七分之一次方速度分布时，它与圆管轴线上的速度 v_{max} 的关系为 $v_m = 0.817 v_{max}$，当圆管中的结果用于边界层计算时，要用边界层厚度去替代管径，即 $\delta = d/2$；用边界层外边界上的速度 v_∞ 代替 v_{max}。这样，应用第 8 章内容就可以得到 τ_w 的关系式：

$$\tau_w = \frac{\lambda}{8}\rho v_m^2 = \frac{1}{8} \times 0.3164 Re^{-0.25}\rho\left(0.817 v_\infty\right)^2$$

$$= \frac{1}{8} \times 0.3164\left(\frac{\rho \times 0.817 v_\infty \times 2\delta}{\mu}\right)^{-0.25}\rho\left(0.817 v_\infty\right)^2$$

$$= 0.0233\rho v_\infty^2\left(\frac{\mu}{\rho v_\infty \delta}\right)^{0.25} \tag{6-158}$$

将式（6-157）、式（6-158）代入边界层积分关系式（6-138）得

$$-0.0233\rho v_\infty^2\left(\frac{\mu}{\rho v_\infty\delta}\right)^{0.25}=\frac{7}{72}\rho v_\infty^2\frac{\mathrm{d}\delta}{\mathrm{d}x} \tag{6-159}$$

式（6-159）分离变量并化简后得到

$$0.24\left(\frac{\mu}{\rho v_\infty}\right)^{0.25}\int_0^x\mathrm{d}x=\int_0^\delta\delta^{0.25}\mathrm{d}\delta \tag{6-160}$$

式（6-160）积分后得

$$\delta=0.381\left(\frac{v}{v_\infty x}\right)^{\frac{1}{5}}x \tag{6-161}$$

或

$$\frac{\delta}{x}=\frac{0.381}{Re_e^{1/5}x} \tag{6-162}$$

应用式（6-158）和式（6-162），可以得到平板湍流边界层当地摩擦系数为

$$C_\mathrm{f}=\frac{0.0592}{Re_x^{1/5}} \tag{6-163}$$

整个平板摩擦阻力系数为

$$C_\mathrm{D}=\frac{0.074}{Re_e^{1/5}} \tag{6-164}$$

3）湍流边界层与层流边界层区别

式（6-163）是应用七分之一次方速度分布得出的结果，一般认为在 $5\times10^5<Re<10^7$ 的范围内较合适。随着 Re 的增加，偏差也增大。通常在 $10^7<Re<10^9$ 的范围内采用计算式：

$$C_\mathrm{f}=0.026Re_x^{1/7} \tag{6-165}$$

比较可知，湍流边界层与层流边界层在基本特征上存在重大区别：①湍流边界层的速度分布曲线比层流速度分布曲线要饱满得多，边界层内流体平均动量比层流的大，因此不易分离；②湍流边界层的厚度比层流边界层的厚度增长得快，因为湍流边界层的 δ 与 $x^{4/5}$ 成正比，而层流边界层的 δ 与 $x^{1/2}$ 成正比；③对于湍流边界层来说，作用在平板上的摩擦阻力为

$$X_{\mathrm{f}} = C_{\mathrm{D}} \frac{1}{2} \rho v_{\infty}^2 bl = \frac{0.074}{\left(\dfrac{v_{\infty} l}{v}\right)^{1/5}} \cdot \frac{1}{2} \rho v_{\infty}^2 bl$$

可见，X_{f} 与 $v_{\infty}^{9/5}$ 及 $l^{4/5}$ 成正比；对层流边界层来说，由式（6-149）可见 X_{f} 与 $v_{\infty}^{3/2}$ 及 $l^{1/2}$ 成正比，因此从减小摩擦阻力来看，层流边界层将优于湍流边界层。

6.6.4　边界层分离

本小节学习流体绕流弯曲壁面时，边界层内部发生的现象。对于弯曲壁面通常采用正交曲线坐标系，x 轴沿物面选取，y 轴与物面垂直，见图 6-21。

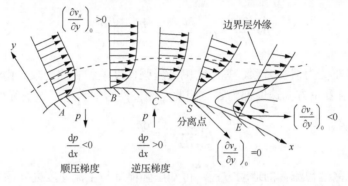

图 6-21　边界层分离

当流体扰流曲面时，边界层外的流动可视为理想流体的势流，边界层内的流动根据边界层方程 $\dfrac{\partial p}{\partial y} = 0$ 可知，在边界层内部沿 y 向压强是不变的，边界层内的压强可认为近似等于边界层外缘处势流的压强。对于外部势流，B 点之前的流动是加速的，在 B 点，边界层外的流速达到最大值，此处压强达到最小。在边界层内，A 到 B 压强逐渐降低，$\dfrac{\mathrm{d}p}{\mathrm{d}x} < 0$，这种情况称为顺压梯度，作用在边界层内的流体质点上压力的合力与流动方向一致，与黏性力的方向是相反的。经过 B 点以后，压强逐渐增大，$\dfrac{\mathrm{d}p}{\mathrm{d}x} > 0$，称为逆压梯度。逆压梯度下，边界层内流体质点上压力的合力与流动方向相反，与黏性力方向相同。在黏性力与逆压梯度双重作用下，边界层内流体质点的速度逐渐减小。在同一个 x 位置上，越靠近壁面的流体质点速度越小，因此靠近壁面的流体质点在某个位置上速度最先减小为零。在图 6-21 中，流体质点到达 S 点时速度降为零。流体质点不会再向前流动，但是根据连续性的要求，S 点下游不可能是空的，必然会有其他流体逆向填充这个空缺的区域，因此在 S 点下游就出现了回流，厚度迅速增加，流体折向外部，这种现象称边界层分离，S 点称为分离点。在分离点的上游，$v_x > 0$，$\dfrac{\partial v_x}{\partial y} > 0$；在分离点下游，壁面附近，速度已经反向，$v_x < 0$，$\dfrac{\partial v_x}{\partial y} < 0$；在 S 点处 $\dfrac{\partial v_x}{\partial y} = 0$，这是边界层分离的判据。分离点 S 的位置与物面形状和边界层的流动状态有关。从上述分析可以看出，正是 B 点之后出现了逆压梯度，最终导致了边界层分离。逆压梯度是边界层分离的必要条件，也就是说只要发生了边界层分离，一定存在逆压梯度。

下面对速度分布曲线进行分析，进一步说明只有在逆压梯度下才会发生边界层分离。定常流动中，边界层微分方程可写成

$$\rho v_x \frac{\partial v_x}{\partial x} + \rho v_x \frac{\partial v_x}{\partial y} = -\frac{\partial p}{\partial x} + \mu\left(\frac{\partial^2 v_x}{\partial y^2}\right) \tag{6-166}$$

式中，等号左侧为惯性力项，等号右侧为压强梯度项和黏性力项。由于物面为无滑移边界，x 和 y 方向速度都为零，因此左侧惯性力项为零，于是可得

$$\mu\left(\frac{\partial^2 v_x}{\partial y^2}\right) = \frac{\mathrm{d}p}{\mathrm{d}x} \tag{6-167}$$

由主流区理想流体的运动方程，可知压强梯度与主流速度之间的关系：

$$\frac{\mathrm{d}p}{\mathrm{d}x} = -\rho v_0 \frac{\mathrm{d}v_0}{\mathrm{d}x} \tag{6-168}$$

于是在壁面上有

$$\mu\left(\frac{\partial^2 v_x}{\partial y^2}\right) = \frac{\mathrm{d}p}{\mathrm{d}x} = -\rho v_0 \frac{\mathrm{d}v_0}{\mathrm{d}x} \tag{6-169}$$

因此，在壁面附近，速度分布曲线的曲率，取决于压强梯度。

如图 6-22 所示，对于加速流动，$\dfrac{\mathrm{d}p}{\mathrm{d}x} < 0$，$\left(\dfrac{\partial^2 v_x}{\partial y^2}\right)_{y=0} < 0$，从壁面起速度分布曲线的斜率 $\dfrac{\partial v_x}{\partial y}$ 是不断减小的，边界层外边界 $\dfrac{\partial^2 v_x}{\partial y^2} = 0$，因此整个速度分布曲线是一条没有拐点的光滑曲线。对于减速流动，$\dfrac{\mathrm{d}p}{\mathrm{d}x} > 0$，$\left(\dfrac{\partial^2 v_x}{\partial y^2}\right)_{y=0} > 0$，在壁面附近 $\dfrac{\partial v_x}{\partial y}$ 是增加的，但是在边界层外边界处要满足 $\dfrac{\partial v_x}{\partial y} = 0$ 的条件，因此 $\dfrac{\partial v_x}{\partial y}$ 经历先增加后

减小的过程，很显然中间必有 $\dfrac{\partial^2 v_x}{\partial y^2} = 0$ 的点，即拐点存在。从上面的讨论可知：只有在减速流动，也即逆压梯度时，才可能发生边界层分离现象。

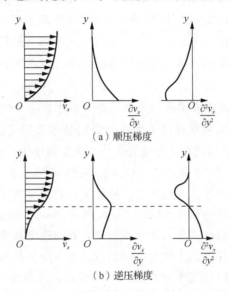

（a）顺压梯度

（b）逆压梯度

图 6-22　顺压和逆压情况下速度分布曲线及其斜率和二阶导数

　　当边界层分离后，在分离点附近及分离点以后的流动中，边界层厚度大幅度地增加。v_x 和 v_y 的数量级关系发生了根本变化，与 v_x 相比，v_y 不再是小量，$\delta \ll l$ 的条件也得不到满足，因此推导边界层方程的前提不再成立，边界层理论失效。此时要用完整的 N-S 方程来求解。其次，由于外部无黏流受到分离流的排挤，往往会明显地改变其中的压强分布，因此在实际计算中，最好采用实测的物面压力分布来计算分离点之前的边界层流动。

　　边界层分离会使流体的一部分机械能损失在涡流中；使绕流物体的阻力增加；使流体机械的效率降低，甚至产生不稳定的流动并导致机器损坏。因此，如何防止或推迟边界层分离现象的发生，是工程上一个重要问题。

历史人物

　　纳维（Claude-Louis Navier，1785～1836 年）是法国力学家、工程师，纳维的主要贡献是为流体力学和弹性力学建立了基本方程。1821 年，他推广了欧拉的流体运动方程，考虑了分子间的作用力，从而建立了流体平衡和运动的基本方程，方程

中只含有一个黏性常数。1845 年，斯托克斯从连续模型出发，改进了他的流体力学运动方程，得到两个黏性常数的流体运动方程（后称"纳维-斯托克斯方程"）。1821 年，纳维还从分子模型出发，把每一个分子作为一个力心，导出弹性固体的平衡和运动方程（正式发表于 1827 年），这组方程只含有一个弹性常数。纳维在力学其他方面的成就有：1820 年，最早用双重三角级数解简支矩形板的四阶偏微分方程；在工程中引进机械功以衡量机器的效率。他在工程方面改变了单凭经验设计建造吊桥的传统，在设计中采用了理论计算。纳维的科学论文发表在法国各大科学期刊上，关于流体力学基本方程的论文载于化学年刊第 19 卷（1821 年），关于弹性固体平衡和运动方程的文章载于法国科学院研究报告集第 7 卷（1827 年）。[以上内容来源于《流体力学通论》[2]，作者刘沛清，科学出版社]

　　　　　　　斯托克斯（George Gabriel Stokes，1819～1903 年）英国力学家、数学家。斯托克斯的主要贡献是对黏性流体运动规律的研究。1845 年，斯托克斯从连续系统的力学模型和牛顿黏性流体物理规律出发，在《论运动中流体的内摩擦理论和弹性体平衡和运动的理论》中给出黏性流体运动的基本方程组，其中含有两个黏性常数，这组方程后称纳维-斯托克斯方程，它是流体力学中最基本的方程组。1851 年，斯托克斯在《流体内摩擦对摆运动的影响》的研究报告中提出球体在黏性流体中作较慢运动时受到的阻力计算公式，指明阻力与流速和黏滞系数成比例，这就是球形扰流阻力的斯托克斯公式。斯托克斯发现流体表面波的非线性特征，其波速依赖于波幅，并首次用摄动方法处理了非线性波问题（1847 年）。斯托克斯对弹性力学也有研究，他指出各向同性弹性体中存在两种基本抗力，即体积压缩的抗力和对剪切的抗力，明确引入压缩刚度的剪切刚度（1845 年），证明弹性纵波是无旋容胀波，弹性横波是等容畸变波（1849 年）。斯托克斯在数学方面，以场论中关于线积分和面积分之间的一个转换公式即斯托克斯公式而闻名。[以上内容来源于《流体力学通论》，作者刘沛清，科学出版社]

　　雷诺（Osborne Reynolds，1842～1912 年），英国力学家、物理学家、工程师。1867 年毕业于剑桥大学王后学院，1868 年起出任曼彻斯特欧文学院（后改名为"维多利亚大学"）的首席工程学教授，1877 年当选为皇家学会会员，1888 年获皇家勋章。他是一位杰出的实验科学家，于 1883 年发表了一篇经典性论文《决定水流为直线或曲线运动的条件以及在平行水槽中的阻力定律的探讨》。这篇文章以实验结果说明水流分为层流与湍流两种形态，并引入表征流动中流体

惯性力和黏性力之比的一个无量纲数，即雷诺数，作为判别两种流态的标准。雷诺于 1886 年提出轴承的润滑理论，1895 年提出时均分解概念，导出控制湍流时均运动的雷诺方程组。

雷诺兴趣广泛，一生著作很多，其中近 70 篇论文都有很深远的影响。这些论文研究的内容包括力学、热力学、电学、航空学、蒸汽机特性等。雷诺的著作编成《雷诺力学和物理学课题论文集》2 卷。[以上内容来源于《流体力学通论》[2]，作者刘沛清，科学出版社]

普朗特（Ludwig Prandtl，1875～1953 年）是德国力学家、世界流体力学大师，1900 年获得博士学位。1904 年后被聘去哥廷根大学建立应用力学系、创立空气动力实验所和流体力学研究所，他自此从事空气动力学的研究和教学。他在边界层理论、风洞实验技术、机翼理论、湍流理论等方面都做出了重要的贡献，被称为空气动力学之父和现代流体力学之父。1904 年，普朗特完成最著名的一篇论文《非常小摩擦下的流体流动》。在这篇论文中，普朗特首次描述了边界层及其在减阻和流线型设计中的应用，描述了边界层分离，并提出失速概念，起到划时代的作用。普朗特的论文引起数学家克莱因的关注，克莱因举荐普朗特成为哥廷根大学技术物理学院主任。1908 年，普朗特与他的学生梅耶（Theodor Meyer）提出关于超声速激波流动的理论，普朗特-梅耶膨胀波理论成为超声速风洞设计的理论基础。1913～1918 年提出了举力线理论和最小诱导阻力理论，后又提出举力面理论等。此外，还提出升力线、升力面理论等，充实了机翼理论。普朗特与蒂琼合著的《应用水动力学和空气动力学》在 1931 年出版。他的专著《流体力学概论》在 1942 年出版，中文译本在 1974 年出版。他的力学论文汇编为 3 卷，并于 1961 年出版。[以上内容来源于《流体力学通论》[2]，作者刘沛清，科学出版社]

卡门（Theodore von Karman，1881～1963 年），匈牙利犹太人，美籍科学家。1908 年获得哥廷根大学博士学位。1911 年归纳出钝体阻力理论，即著名的"卡门涡街理论"。1930 年卡门移居美国，指导古根海姆气动力实验室和加州理工大学第一个风洞的设计和建设。在任实验室主任期间，他还提出了边界层控制理论。1935 年又提出了未来的超声速阻力的原则。1938 年，卡门指导美国进行第一次超声速风洞试验，发明了喷气助推起飞，使美国成为第一个在飞机上使用火箭助推器的国家。在他的指导下，加州理工大学一批航空工程师（包括他的中国弟子钱伟长、钱学森、郭永怀等）开始搞喷气推进和液体燃料火箭，后来成立

了喷气推进实验室。该实验室是美国政府第一个从事远程导弹、空间探索的研究单位,有很多重要的研究成果。1932 年以后,他发表了很多篇有关超声速飞行的论文和研究成果,首次用小扰动线化理论计算一个三元流场中细长体的超声速阻力,提出超声速流中的激波阻力概念和减小相对厚度可减少激波阻力的重要观点。1939 年,钱学森在卡门的指导下建立了著名的"卡门-钱学森公式"。1946 年,卡门提出跨声速相似率,用它与普朗特的亚声速相似率、钱学森的高超声速相似率和阿克莱的超声速相似律合起来为可压缩空气动力学建立了一个完整的基础理论体系。1936 年,当科学界对火箭推进技术普遍表示怀疑时,他却支持他的学生研究这一课题。为了研究用火箭提高飞机的性能,特别是缩短从地面或航空母舰上起飞的距离,1940 年他和马利纳第一次证明能够设计出稳定持久燃烧的固体火箭发动机,不久就研制出飞机起飞助推火箭的样机。这种火箭也是美国北极星、民兵、海神远程导弹上固体火箭的原型。[以上内容来源于《流体力学通论》[2],作者刘沛清,科学出版社]

习　题

6-1　设某一流体的流动速度为 $v_x = 2y + 3z$,$v_y = 3z + x$,$v_z = 2x + 4y$ (m/s)。该流体的动力黏性系数 $\mu = 0.007\text{N}\cdot\text{s/m}^2$,求流场中切应力 τ_{xy}、τ_{yz} 和 τ_{zx}。

6-2　已知流场中速度分布为 v_x 和 v_y,① $v_x = 2cx, v_y = -2cy$,c 为常数;② $v_x = -\dfrac{y}{x^2 + y^2}$,$v_y = -\dfrac{x}{x^2 + y^2}$。求流场中法向应力 σ_{xx}、σ_{yy} 和切应力 τ_{xy}。

6-3　如图习题 6-3 所示,水流在平板上运动,靠近板壁附近的流速呈抛物线形分布,E 点处 $\dfrac{\mathrm{d}u}{\mathrm{d}y} = 0$,水的运动黏性系数 $\nu = 1.0 \times 10^{-6}\,\text{m}^2/\text{s}$,试求 y 为 0cm、2cm 和 4cm 处的切应力。

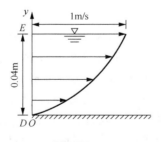

图习题 6-3

6-4　动力黏性系数为 μ 的定常二维不可压缩流,已知流函数 $\psi = -Axy$(A 为常数),不计质量力,试积分 N-S 方程,找出压强 p 与 A、x、y 之间的函数关系式。

6-5　试由 N-S 方程导出平面不可压缩流的涡量输运方程：

$$\frac{\partial \omega}{\partial t} + v_x \frac{\partial \omega}{\partial x} + v_y \frac{\partial \omega}{\partial y} = v\left(\frac{\partial^2 \omega}{\partial x^2} + \frac{\partial^2 \omega}{\partial y^2}\right)$$

6-6　图习题 6-6 中给出了滑动轴承间隙中润滑油的流动，已知轴承的结构尺寸 h_1、h_2、L 和滑板运动速度 v_e，为使问题简化，把它作为平面流动来处理，在垂直于纸面方向取单位宽度。这是一种小 Re 流动，在 N-S 方程中可以忽略惯性力项，另外，由于间隙的楔角很小，因此可以假设 $v_x \gg v_y$，同时，在间隙中 $y \ll L$，于是在不计重力的情况下，N-S 方程可简化为

$$\frac{\mathrm{d}p}{\mathrm{d}x} = \mu \frac{\partial^2 v_x}{\partial y^2}$$

$$\frac{\mathrm{d}p}{\mathrm{d}y} = \frac{\partial^2 v_y}{\partial y^2} = 0$$

相应的边界条件为

$$x = 0: \quad p = p_1 = 0; \quad x = L: \quad p = p_1 = 0;$$

$$y = 0: \quad v_x = v_e, \quad v_y = 0; \quad y = h: \quad v_x = 0, \quad v_y = 0;$$

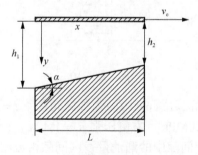

图习题 6-6

试证明：

（1）润滑油的速度分布为 $v_x = \dfrac{1}{2\mu}\dfrac{\mathrm{d}p}{\mathrm{d}x}(y^2 - hy) + \dfrac{v_e}{h}(h - y)$；

（2）润滑油流量 $Q = \dfrac{v_e h_1 h_2}{h_1 + h_2}$；

（3）间隙中油压分布为 $p = \dfrac{6\mu v_e x(h - h_1)}{h^2(h_1 + h_2)}$；

（4）滑板运动时所受的阻力为 $F_x = \dfrac{2\mu v_e L}{h_1 - h_2}\left(2\ln\dfrac{h_1}{h_2} - 3\dfrac{h_1 - h_2}{h_1 + h_2}\right)$；

（5）轴承所受总压力为 $F_y = \dfrac{6\mu v_e L^2}{(h_1 - h_2)^2}\left(\ln\dfrac{h_1}{h_2} - 2\dfrac{h_1 - h_2}{h_1 + h_2}\right)$。

6-7　分别确定水（$\nu = 1.13\times10^{-6}\,\mathrm{m^2/s}$）和重质柴油（$\nu = 205\times10^{-6}\,\mathrm{m^2/s}$）以 1.067m/s 的速度在直径为 305mm 的管道中流动时的流动状态。

6-8　动力黏性系数 $\mu = 10^{-3}\,\mathrm{Pa\cdot s}$ 的水在两块平行板间流动。下板静止，上板以速度 v_0 运动。设两板间距 $h = 3\mathrm{mm}$，$v_e = 0.3\mathrm{m/s}$，试求通过截面的体积流量为零时的压强梯度。

6-9　在习题 6-8 中，若上板运动速度 $v_e = 300\mathrm{m/s}$，压强梯度 $\dfrac{\mathrm{d}p}{\mathrm{d}x} = -200\mathrm{N/m^3}$。试求：

（1）水流量最大速度 $v_{\max}$ 的值及其所在位置；

（2）画出速度分布的简图。

6-10　如图习题 6-10 所示，黏性流体在两块无限大平板之间稳定地流动，上板移动速度 v_1，下板移动速度 v_2，两板距离为 $2h$。试求板间的速度分布。

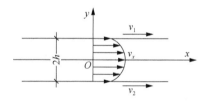

图习题 6-10

6-11　一液压系统如图习题 6-11 所示，控制阀直径 $d = 20\mathrm{mm}$，长度 $L = 10\mathrm{mm}$，阀左侧的液压油压 $p_1 = 20\mathrm{MPa}$，右侧压强 $p_2 = 1\mathrm{MPa}$，阀与缸体之间的径向间隙为 $a = 0.005\mathrm{mm}$，试确定间隙中的漏油量 Q（间隙内流动可近似地看作是两平行平板间的流动，用 N-S 方程解出速度分布后再求流量）。

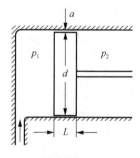

图习题 6-11

6-12 两个无限大的平行平板间，充满着不可压缩的绝热黏性流体，其动力黏性系数 $\mu = 0.0015 \times 10^4 \text{Pa} \cdot \text{s}$。两板间距 $h = 20\text{cm}$，上板以速度 $v_0 = 10\text{m/s}$ 运动，下板固定不动，求流体中每单位体积的内能增加率。设两板间流体速度呈线性变化。

6-13 一半径为 R 的实心圆柱（无限长）在充满着不可压缩的黏性空间中以等角速度 ω 转动。流场的速度分布为 $v_x = -R^2\omega f_y/r^2$，$v_y = R^2\omega f_x/r^2$，其中 r 是到轴线的径向距离，证明在绝热情况下，流场中流体内能增加率等于圆柱克服摩擦力所消耗功的功率。

6-14 运动黏性系数 $\nu = 1.45 \times 10^{-5} \text{m}^2/\text{s}$ 的时均气流进入两平板形成的通道，如图习题 6-14 所示，进口气流速度 $v_\infty = 25\text{m/s}$，平板上边界层内速度分布和边界层厚度近似为

$$v_x / v_0 = \left(\frac{Y}{\delta}\right)^{\frac{1}{7}}, \quad \frac{\delta}{x} = 0.370 \left(\frac{\nu}{v_\infty x}\right)^{\frac{1}{5}}$$

其中，v_0 是中心流速，它是 x 的函数，试求离进口 5m 处的压强差 $p_1 - p_2$。

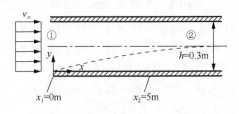

图习题 6-14

6-15 试将边界层微分方程在边界层内积分得出定常二维不可压缩流的积分关系式。

6-16 不可压缩直匀流流过平板，在某处边界层内的速度分布为 $v_x = 4 \times 10^4 y - 2 \times 10^6 y^2$，试证明该处的 $\text{d}\delta^{**}/\text{d}x$ 在数值上恰好等于流体的运动黏性系数。

6-17 设曲壁边界层某处的速度分布为 $v_x = 4 \times 10^4 y - 2 \times 10^6 y^2$，若要使该处的 $\text{d}\delta^{**}/\text{d}x = 0$，则边界层外边界上的速度梯度 $\text{d}v_0/\text{d}x$ 应该为多大？

6-18 设平板层流边界层中的速度分布为 $\dfrac{v_x}{v_0} = \dfrac{Y}{\delta}$，试求：

（1）边界层特性 δ/δ^* 和 δ^*/δ^{**}；

（2）边界层厚度 $\delta(x)$ 和壁面摩擦应力 $\tau_w(x)$ 的表达式。

6-19 已知顺流平板边界层内的速度分布为 $v = v_0 \dfrac{y(2\delta - y)}{\delta^2}$，利用边界层动量积分方程求 δ 与 x 的关系。

6-20　沿平板流动的两种流体，一种是空气，其流速为30m/s，运动黏性系数 $\nu = 1.32 \times 10^{-5}\,\mathrm{m^2/s}$，另一种是水，其流速为1.5m/s，$\nu = 1.003 \times 10^{-6}\,\mathrm{m^2/s}$，求二者在同一位置处的层流边界层之比。

6-21　一薄平板，长3m，宽2m，放置在匀速流动的水中，板面与流速方向平行，水的流速为0.6m/s，$\nu = 1.306 \times 10^{-6}\,\mathrm{m^2/s}$，试求：

（1）整个平板边界层是否都为层流；

（2）设边界层都为层流，并采用 $v_x/v_\infty = 2 \cdot y/\delta - y^2/\delta^2$ 的速度分布时，维持平板不动所需的外力。

6-22　设平板层流边界层中速度分布为

$$\frac{v_x}{v_\infty} = \alpha\left(\frac{y}{\delta}\right) + \beta\left(\frac{y}{\delta}\right)^2$$

其中，α、β 是待定系数，求总阻力系数 C_D 及边界层各特征厚度 δ、δ^* 和 δ^{**}。

6-23　光滑平板平行放置在空气流中，空气流速 $v_\infty = 50\mathrm{m/s}$，压强 $p = 1.01325 \times 10^5\,\mathrm{Pa}$，温度 $t = 20\,^\circ\mathrm{C}$，平板宽2m，长1m，空气的 $\nu = 1.503 \times 10^{-5}\,\mathrm{m^2/s}$。

（1）设整个平板上都是层流边界层，求平板末端处边界层厚度和总阻力；

（2）设整个平板上都是湍流边界层，求平板末端处边界层厚度和总阻力；

（3）设 $Re_{cr} = 3 \times 10^5$，求平板总阻力。

6-24　根据七分之一次方速度分布计算长6m，宽3m平板在水流中的边界层厚度及阻力。设水的流速为6m/s，$\mu = 1.002 \times 10^{-5}\,\mathrm{Pa \cdot s}$，整个平板上都为湍流边界层。

6-25　一流线型火车，高和宽均为3m，长120m，以145km/h的速度行驶，顶面和两侧面可看作是光滑平面，求这三个面上所受的总摩擦阻力和克服此阻力所需的功率，空气温度以20℃计。

6-26　如图习题6-26所示，均匀来流以速度 v_∞ 流过平板，边界层内速度分布为

$$\frac{v_x}{v_\infty} = \sin\left(\frac{\pi}{2}\frac{Y}{\delta}\right)$$

试确定流过 ab 控制面的质量流量。设流动是二维的，垂直纸面方向取单位宽度。

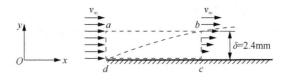

图习题 6-26

第7章 相似理论

对任何一个物理现象和力学现象进行研究，实验是一种重要的手段。很多复杂的现象，特别是对于原本就不清楚的未知现象，无法采用数学分析方法或者数值求解得到，必须依靠实验方法获取大量数据来研究。但对实物直接进行实验的方法有很大局限性：①任何一个物理现象往往有许多影响因素，要研究每一个因素对这一现象的影响，需要进行大量的实验，有时简直是不可能的；②直接实验方法常常只能得出个别量之间的规律性关系，难以抓住现象的内在本质；③对于某些设备，由于条件的限制，有时也是难以直接进行实验的。

为了解决这一问题，以相似理论为基础的模化（模型实验研究）方法是一种行之有效的方法。所谓模化方法就是用方程分析或量纲分析导出相似准则，并在根据相似原理建立起的模型和实验台上，通过实验求出相似准则之间的函数关系，再将此函数关系推广应用到实物上去，从而得到实物工作规律的一种实验研究方法。

本章将简要地介绍相似原理与量纲分析的基本理论、基本方法及其在实际中的应用情况。

7.1 相似第一定理

7.1.1 相似原理与相似要素

所有力学现象的相似概念都来源于几何相似概念。如果两个力学现象之间的几何参数、运动学参数、动力学参数都满足一定的相似关系，人们就说这两个力学现象是动力学相似的。

1. 几何相似

几何相似是指模型与其原模型形状相同，但尺寸不同，对应的线性尺寸（直径、长度、粗糙度等）成比例。

几何学里的相似图形，如图 7-1 所示的两个相似三角形，具有如下性质（相似性质）：各对应线段的比例相等，各对应角彼此相等，即：

$$\begin{cases} \dfrac{l_1''}{l_1'} = \dfrac{l_2''}{l_2'} = \dfrac{l_3''}{l_3'} = \dfrac{h_1''}{h_1'} = C_1 \\ \alpha_1'' = \alpha_1', \quad \alpha_2'' = \alpha_2', \quad \alpha_3'' = \alpha_3' \end{cases} \qquad (7\text{-}1)$$

式中，C_1 为常数。

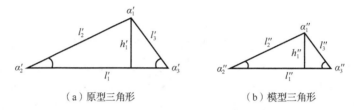

（a）原型三角形　　　　　　（b）模型三角形

图 7-1　两个相似的三角形

反过来讲，满足什么相似条件（条件要最少，但为充分条件）两个三角形才能相似呢？显然，此相似条件为

$$\frac{l_1''}{l_1'} = \frac{l_2''}{l_2'} = \frac{l_3''}{l_3'} = C_1 \qquad (7\text{-}2)$$

即满足条件式（7-2）时，两个三角形就相似，式（7-1）的性质全部符合。

相似条件是指满足某些条件后，一些现象才能彼此相似，而相似性质是指彼此相似的现象，具有什么性质。上述几何相似的概念也可推广到其他物理概念中去。

2. 运动相似

运动相似是指流体运动的速度场相似，即在满足几何相似的两个流场中，在对应时刻，对应点的流体速度方向一致，大小成比例，见图 7-2，即

$$\frac{v_{x1}''}{v_{x1}'} = \frac{v_{y1}''}{v_{y1}'} = \frac{v_{z1}''}{v_{z1}'} = \frac{v_{x2}''}{v_{x2}'} = \frac{v_{y2}''}{v_{y2}'} = \frac{v_{z2}''}{v_{z2}'} = \cdots = C_v \qquad (7\text{-}3)$$

式中，C_v 为常数。

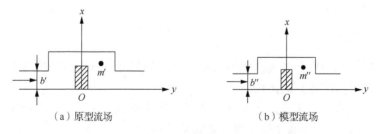

（a）原型流场　　　　　　（b）模型流场

图 7-2　运动相似

所谓对应点是指相似空间中几何位置相似的点，如图 7-2 中的 m' 和 m'' 点，它们满足条件

$$\frac{x'}{b'} = \frac{x''}{b''}, \quad \frac{y'}{b'} = \frac{y''}{b''}, \quad \frac{z'}{b'} = \frac{z''}{b''}$$

所谓对应时刻是指过程相似，即对应的时间间隔成比例，如图 7-3 所示的两个相似的非定常流动中，速度 v 随时间变化的关系，它们应满足条件：

$$\frac{l_1''}{l_1'} = \frac{l_2''}{l_2'} = \cdots = \frac{l_5''}{l_5'} = \frac{\tau''}{\tau'} = C_1 \tag{7-4}$$

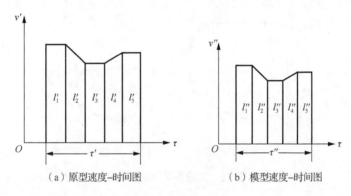

（a）原型速度–时间图　　　　　　（b）模型速度–时间图

图 7-3　速度相似

如果运动是定常的，则在整个运动过程中，对应点上流体速度的方向一致，大小成比例。

运动相似是指对不同的流动现象，在流场中的所有对应点处对应的速度和加速度的方向一致，且比值相同。两个运动相似的流动，其流线和流谱是几何相似的。

3. 动力相似

动力相似是指两个运动相似的流动中，在对应时刻，对应点上作用于流体上的所有外力方向都对应相同，大小成比例。图 7-4 所示动力相似表示从两个相似流动中对应点上取出的两个几何相似的流体微团，作用于其上的力方向一致，大小成比例，即

$$\frac{p_1''}{p_1'} = \frac{p_2''}{p_2'} = \frac{\tau_1''}{\tau_1'} = \frac{\tau_2''}{\tau_2'} = \frac{G''}{G'} = C_f = \text{const} \tag{7-5}$$

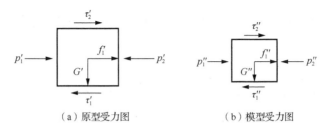

（a）原型受力图　　　　　　　（b）模型受力图

图 7-4　动力相似

两个动力相似的流动，作用在流体相应位置处各力组成的力多边形是几何相似的，如图 7-5 所示。

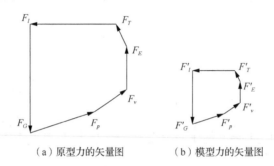

（a）原型力的矢量图　　　　　（b）模型力的矢量图

图 7-5　力的多边形几何相似

$$F_G + F_p + F_v + F_E + F_T + F_l = 0$$

式中，等号左侧分别为重力、压力、黏性力、弹性力、表面张力、惯性力。

若流体微元上的 6 种力，满足动力相似，则必须使上述各力间的比例对应相等，各力之间的比例称为相似准则数，具体如下：

压力与惯性力之比，称为欧拉数，符号 Eu，即

$$Eu = \frac{F_p}{F_l} = \frac{(\Delta p)l^2}{\rho v^2 l^2} = \frac{\Delta p}{\rho v^2}$$

惯性力与重力之比，称为弗劳德数，符号 Fr，即

$$Fr = \frac{F_l}{F_G} = \frac{\rho v^2 l^2}{\rho l^3 g} = \frac{v^2}{gl}$$

惯性力与黏性力之比，称为雷诺数，符号 Re，即

$$Re = \frac{F_l}{F_v} = \frac{\rho v^2 l^2}{\mu v l} = \frac{\rho v l}{\mu} = \frac{v l}{\nu}$$

惯性力与弹性力之比，称为马赫数，符号 Ma，即

$$\frac{F_l}{F_E} = \frac{\rho v^2 l^2}{E l^2} = \frac{\rho v^2 l^2}{\rho c^2 l^2} = \frac{v^2}{c^2}$$

$$Ma = \frac{v}{c}$$

惯性力与表面张力之比，称为韦伯数，符号 We，即

$$We = \frac{F_I}{F_T} = \frac{\rho v^2 l^2}{\sigma l} = \frac{\rho v^2 l}{\sigma}$$

7.1.2 相似准则数与相似理论的关系

彼此相似的物理现象必须服从同样的客观规律，若该规律能用方程表示，则物理方程式必须完全相同，而且对应的相似准则必定数值相等，这就是相似第一定理。相似第一定理是从分析相似现象的相似性质中得出的。为了理解这个定理，需从分析相似性质入手。

彼此相似的两个现象具有四个性质：

（1）由于相似的现象都属于同一种类现象，因此它们都可用文字上与形式上完全相同的方程组（包括描述现象的方程组及描述初始条件与边界条件的方程组）来描述。

（2）用来表征这些现象的一切量，在空间相对应的点和时间相对应的瞬间，其同名物理量之比为常数。这个常数称为相似常数或相似倍数。

（3）相似现象必定发生在几何相似的空间中，因此几何的边界条件必定相似。

（4）各个物理量的相似倍数之间存在一定的联系。这是因为相似现象的一切量各自互成比例［性质（2）］，由这些量所组成的方程组又是相同的［性质（1）］，故各量的比值（相似倍数）不能是任意的，而是彼此相约束的。

下面以一个简单的例子来说明。设有两个由平行壁组成的通道，并有物理性质不同的两种流体分别沿通道轴向流动，见图7-6。

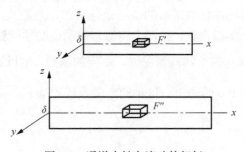

图 7-6　通道内轴向流动的相似

在两个系统中，分别取一个相对应的微元体，它们的运动情况服从牛顿第二定律，即

$$F = m\frac{\mathrm{d}v}{\mathrm{d}t}$$

如果这两个系统内的流体运动相似，这两个现象应能用同一方程来描写［性质（1）］，其差别在于方程中同名物理量的数值不同。因此，对于第一系统内的微元体，有

$$F' = m'\frac{\mathrm{d}v'}{\mathrm{d}t'} \tag{7-6}$$

对于第二系统内的微元体，有

$$F'' = m''\frac{\mathrm{d}v''}{\mathrm{d}t''} \tag{7-7}$$

其同名物理量之比应为常数［性质（2）］，即

$$F'' = C_F F', \quad m'' = C_m m'$$

$$v'' = C_v v', \quad t'' = C_t t' \tag{7-8}$$

式中，C_F、C_m、C_v 和 C_t 为相似常数。

将式（7-8）的关系式代入式（7-7），则描述第二个现象的式（7-7）变成

$$C_F F' = \frac{C_m C_v}{C_t} m'\frac{\mathrm{d}v'}{\mathrm{d}t'} \tag{7-9}$$

比较式（7-6）和式（7-9），可得约束条件：

$$\frac{C_F C_t}{C_m C_v} = 1 \tag{7-10}$$

式（7-10）表明，各相似常数的值不是任意的，是被式（7-10）所约束的。一经选定其中的三个相似常数，第四个相似常数的值必须受到式（7-10）的限制，这是由于 F、m、v、t 这四个物理量受 $F = m\dfrac{\mathrm{d}v}{\mathrm{d}t}$ 的制约，所以这些物理量的相似常数也必然受到式（7-10）的约束。这种约束关系以 C 表示，即

$$C = \frac{C_F C_t}{C_m C_v} = 1 \tag{7-11}$$

C 称为相似指标。式（7-11）是这种力学现象相似时相似第一定理的数学表

达式。因此，相似第一定理又可表述为相似现象的相似指标等于 1。

这种约束关系还可以表示成另一种形式。将式（7-8）代入式（7-11），得

$$\frac{F't'}{m'v'} = \frac{F''t''}{m''v''} \text{ 或 } \frac{Ft}{mv} = \text{不变量} \qquad (7\text{-}12)$$

式中，$\frac{Ft}{mv}$ 是无量纲的综合量。

式（7-12）表明，对于彼此相似的现象，它们在对应点、对应时刻的无量纲综合量 $\frac{Ft}{mv}$ 的值是相等的。这个无量纲综合量称为相似准则，又称相似判据，用作判断现象是否相似。上面所举的简单例子，只是用来说明相似准则的概念及相似第一定理的内容，对于复杂的现象，常存在几个相似准则。

由上面的讨论，可以得出相似第一定理的另一种表述方式：彼此相似的现象，其对应点和对应时刻同名相似准则的数值相同。

大多物理量是有量纲的量，而相似准则是无量纲的，这是它的主要属性，有量纲的综合量就不是相似准则。

在引出相似准则的概念时，强调相似准则中的物理量是对应时刻、对应点上的值。但在实践中，用物理量的平均值构成相似准则更为方便。例如，在管流中，雷诺准则 $Re = \frac{\rho vl}{\mu}$ 中，l 取某代表截面的当量直径 d_e，v、ρ、μ 取该截面上各量的平均值。可以证明，用物理的平均值来构成相似准则是可以的。

同一系统中，在某一时刻的不同点或不同截面上的相似准则会有不同数值；但彼此相似的系统，在对应时刻对应点或对应截面上的相似准则是相同的，因此相似准则并不是常量，只能称为不变量。

7.2　相似第二定理

相似三定理是相似理论的主要内容，也是模化方法的主要理论基础。本节及 7.3 节只从实用的角度介绍相似三定理的内容，而不介绍它们的严格证明过程。

7.2.1　相似第二定理的表述

相似第二定理（相似逆定理）讨论的是，满足什么条件，现象才能相似，即研究相似条件问题，这正是模型实验研究必须遵守的条件，因为模型中出现的现象必须相似于原型（实物）中的现象。

表征现象相似的条件有三个：

（1）由于彼此相似的现象是服从于同一自然规律的现象，故可用文字与形式完全相同的方程组描述。

（2）若这两个现象的定解条件（初始条件和边界条件）也完全相同，则得到的解将是同一个。这两个现象是完全相同的同一现象。若这两个现象的定解条件相似，所有定解条件均有各自一定的比例关系，则得到的解也是互为相似的，表征此两个现象的所有量各自互成比例，即这两个现象是彼此相似的。若这两个现象的定解条件既不相同，也不相似，得到的仅是服从同一自然规律的两个互不相同，也不相似的现象。因此，定解条件相似是现象相似的第二必要条件。

（3）彼此相似的现象中，两个现象的定解条件相似，而描述这两个现象的方程组又是完全相同的，因此只有定解条件的相似倍数互为一定约束时，即由定解条件相似倍数组成的相似指标等于 1 或由定解条件的物理量组成的相似准则在数值上相等，才能实现两现象求解结果相似。因此，由定解条件的物理量组成的相似准则在数值上相等，是现象相似的第三个必要条件。

综上所述，相似条件，即模型实验应遵守的条件，可表述为凡同一种类现象，即被同一完整方程组描述的现象，当定解条件相似，而且由定解条件的物理量组成的相似准则在数值上相等，这些现象就必定相似，这就是"相似第二定理"或"相似逆定理"。

上述相似条件满足后，现象就彼此相似，于是相似性质也就全部出现。

7.2.2　相似模拟建立方法

根据 7.2.1 节相似第二定理，采用方程分析法是建立相似模型的重要方法之一。

如果某个物理问题，其数学模型已经清楚，甚至能建立封闭的方程组及其定解条件，则利用封闭方程组及其定解条件的无量纲化求相似准则，就万无一失。而且，通过这种分析，可以更加清楚地理解物理相似及各种量的影响。

任何正确的物理方程，都是量纲和谐的（一致的），即方程中每一项的量纲都相同，物理方程量纲和谐是由方程分析导出相似准则的基础。

下面以不可压缩定常等温层流动为例来说明这种方法。

连续方程：

$$\frac{\partial v_x}{\partial x} + \frac{\partial v_y}{\partial y} + \frac{\partial v_z}{\partial z} = 0$$

运动方程：

$$\frac{\partial v_x}{\partial t} + v_x \frac{\partial v_x}{\partial x} + v_y \frac{\partial v_x}{\partial y} + v_z \frac{\partial v_x}{\partial z} = = f_x - \frac{1}{\rho}\frac{\partial p}{\partial x} + \frac{\mu}{\rho}\left(\frac{\partial^2 v_x}{\partial x^2} + \frac{\partial^2 v_x}{\partial y^2} + \frac{\partial^2 v_x}{\partial z^2}\right)$$

$$\frac{\partial v_y}{\partial t} + v_x \frac{\partial v_y}{\partial x} + v_y \frac{\partial v_y}{\partial y} + v_z \frac{\partial v_y}{\partial z} = f_y - \frac{1}{\rho} \frac{\partial p}{\partial y} + \frac{\mu}{\rho} \left(\frac{\partial^2 v_y}{\partial x^2} + \frac{\partial^2 v_y}{\partial y^2} + \frac{\partial^2 v_y}{\partial z^2} \right)$$

$$\frac{\partial v_z}{\partial t} + v_x \frac{\partial v_z}{\partial x} + v_y \frac{\partial v_z}{\partial y} + v_z \frac{\partial v_z}{\partial z} = f_z - \frac{1}{\rho} \frac{\partial p}{\partial z} + \frac{\mu}{\rho} \left(\frac{\partial^2 v_z}{\partial x^2} + \frac{\partial^2 v_z}{\partial y^2} + \frac{\partial^2 v_z}{\partial z^2} \right)$$

1）方程组的定解条件

（1）几何条件：流动空间的几何形状及其大小。例如，流体在管内流动，管径 d 及管长 l 的具体数值即是几何条件。

（2）物理条件：流动介质的物理属性，对于所讨论的流动，应给出介质的密度 ρ 和动力黏性系数 μ。

（3）边界条件：具体的流动都受到流动边界的影响。例如，对于管内流动，流速的大小及其分布，直接受进口、出口及壁面处流速的大小及分布的影响，故应给出进口、出口流速的大小及分布，或截面上的平均流速，而壁面上流体的速度总为零（对于黏性流体）。

（4）初始条件：任何流动过程都与初始状态有关，对于非定常流动，要给出初始时刻的流速、温度及物性参数的分布。对于定常流动，则不需要这个条件。

当上述方程及定解条件给定后，一个特定的、具体的流动状态就确定了。

2）各物理量的相似倍数表示式

设有两个彼此相似的流动体系。它们的物理量各以上标"′"和"″"表示，则

$$\begin{cases} \dfrac{v_x''}{v_x'} = \dfrac{v_y''}{v_y'} = \dfrac{v_z''}{v_z'} = C_v, \dfrac{p''}{p'} = C_p, \dfrac{\rho''}{\rho'} = C_\rho \\[3mm] \dfrac{\mu''}{\mu'} = C_\mu, \dfrac{f_x''}{f_x'} = \dfrac{f_y''}{f_y'} = \dfrac{f_z''}{f_z'} = C_g, \dfrac{t''}{t'} = C_t \\[3mm] \dfrac{x''}{x'} = \dfrac{y''}{y'} = \dfrac{z''}{z'} = C_l \end{cases} \qquad (7\text{-}13)$$

3）相似转换

由于 x、y、z 三个坐标方向的运动形式完全一样，所以只对 x 坐标方向的运动方程进行转换。

对第一个体系有

运动方程：

$$\frac{\partial v_x'}{\partial t} + v_x' \frac{\partial v_x'}{\partial x'} + v_y' \frac{\partial v_x'}{\partial y'} + v_z' \frac{\partial v_x'}{\partial z'} = f_x' - \frac{1}{\rho'} \frac{\partial p'}{\partial x'} + \frac{\mu'}{\rho'} \left(\frac{\partial^2 v_x'}{\partial x'^2} + \frac{\partial^2 v_x'}{\partial y'^2} + \frac{\partial^2 v_x'}{\partial z'^2} \right) \qquad (7\text{-}14)$$

连续方程：

$$\frac{\partial v'_x}{\partial x'} + \frac{\partial v'_y}{\partial y'} + \frac{\partial v'_z}{\partial z'} = 0 \tag{7-15}$$

对第二体系有

运动方程：

$$\frac{\partial v''_x}{\partial t''} + v''_x \frac{\partial v''_x}{\partial x''} + v''_y \frac{\partial v''_x}{\partial y''} + v''_z \frac{\partial v''_x}{\partial z''}$$

$$= f''_x - \frac{1}{\rho''} \frac{\partial p''}{\partial x''} + \frac{\mu''}{\rho''} \left(\frac{\partial^2 v''_x}{\partial x''^2} + \frac{\partial^2 v''_x}{\partial y''^2} + \frac{\partial^2 v''_x}{\partial z''^2} \right) \tag{7-16}$$

连续方程：

$$\frac{\partial v''_x}{\partial x''} + \frac{\partial v''_y}{\partial y''} + \frac{\partial v''_z}{\partial z''} = 0 \tag{7-17}$$

根据式（7-13）的关系，有

$$v''_x = C_v v'_x, \cdots, z'' = C_l z' \tag{7-18}$$

将式（7-18）式代入式（7-16）和式（7-17），得

$$\frac{C_v}{C_t} \frac{\partial v'_x}{\partial t'} + \frac{C_v^2}{C_l} \left(\frac{v'_x \partial v'_x}{\partial x'} + \frac{v'_y \partial v'_x}{\partial y'} + \frac{v'_z \partial v'_x}{\partial z'} \right)$$

$$= C_g x' - \frac{C_p}{C_\rho C_l} \frac{1}{\rho'} \frac{\partial p'}{\partial x'} + \frac{C_\mu C_v}{C_\rho C_l^2} \frac{\mu'}{\rho'} \left(\frac{\partial^2 v'_x}{\partial x'^2} + \frac{\partial^2 v'_x}{\partial y'^2} + \frac{\partial^2 v'_x}{\partial z'^2} \right) \tag{7-19}$$

$$\frac{C_v}{C_l} \left(\frac{\partial v'_x}{\partial x'} + \frac{\partial v'_y}{\partial y'} + \frac{\partial v'_z}{\partial z'} \right) = 0 \tag{7-20}$$

比较式（7-14）和式（7-19）及式（7-15）和式（7-20），可以看出：

$$\frac{C_v}{C_t} = \frac{C_v^2}{C_l} = C_g = \frac{C_p}{C_\rho C_l} = \frac{C_\mu C_v}{C_\rho C_l^2} \tag{7-21}$$

由式（7-21）进一步可以得到四个相似的指标式：

$$\begin{cases} \dfrac{C_v C_t}{C_l} = 1 \\[3mm] \dfrac{C_g C_l}{C_v^2} = 1 \\[3mm] \dfrac{C_p}{C_\rho C_v^2} = 1 \\[3mm] \dfrac{C_\rho C_v C_l}{C_\mu} = 1 \end{cases} \tag{7-22}$$

4）将相似倍数表示式代入相似指标式获得相似准则

将式（7-13）代入式（7-22），得如下四个相似准则：

$$\frac{l'}{v't'} = \frac{l''}{v''t''} \text{ 或 } Sr = \frac{l}{vt} = \text{不变量} \tag{7-23}$$

$$\frac{g'l'}{v'^2} = \frac{g''l''}{v''^2} \text{ 或 } Fr = \frac{gl}{v^2} = \text{不变量} \tag{7-24}$$

$$\frac{p'}{\rho'v'^2} = \frac{p''}{\rho''v''^2} \text{ 或 } Eu = \frac{p}{\rho v^2} = \text{不变量} \tag{7-25}$$

$$\frac{\rho'v'l'}{\mu'} = \frac{\rho''v''l''}{\mu''} \text{ 或 } Re = \frac{\rho vl}{\mu} = \text{不变量} \tag{7-26}$$

式中，Sr 为斯特劳哈尔数；Fr 为弗劳德数；Eu 为欧拉数；Re 为雷诺数。

5）用与3）、4）相同的方法，从定解条件的方程推导相似准则

对应的定解条件，导不出相似准则。

上面从不可压缩等温流动导出了四个相似准则，对于一般的流动，还有其他相似准则，这里就不一一介绍了。

7.2.3　量纲

1. 物理量的量纲

自然界中各种物理量之间是以一定的规律性关系联系着的，因此可将某些物理量定为基本量，并给定它们的度量单位。其他物理量定为导出量，它们的单位可根据其与基本量的关系，用基本量的单位来表示，基本量的单位构成一种基本单位系统。

用基本单位系统来表示物理量单位的式子，称为该物理量的量纲，用正体大写字母表示。例如，时间量纲为 T，长度量纲为 L，质量量纲为 M，温度量纲为 Θ。

国际单位制中，规定有 7 个基本单位（量纲），流体力学问题一般涉及其中 4 个，长度米（m）、质量千克（kg）、时间秒（s）、温度开尔文（K），量纲分别为 L、M、T、Θ。

其余各物理量的量纲都是导出量，导出量纲可写为基本量纲指数、幂、乘积的形式。表 7-1 给出了常用物理量的导出量纲。

表 7-1　常用物理量的导出量纲

物理量	符号	量纲
速度	v	LT^{-1}
加速度	a	LT^{-2}
力	F	LMT^{-2}
角度	α	1
压强、切应力	p、τ	$ML^{-1}T^{-2}$
密度	ρ	ML^{-3}
功、能量、热量	W、E、Q	ML^2T^{-2}
功率	N	ML^2T^{-3}
动力黏性系数	μ	$ML^{-1}T^{-1}$
运动黏性系数	v	L^2T^{-1}

2. 有量纲量与无量纲量

具有单位的物理量称为有量纲量，其大小与选择的单位系统有关。没有单位的物理量称为无量纲量，其大小与选择的单位系统无关。例如，平面角定义为对应的弧长除以曲率半径，立体角定义为对应的曲面面积除以曲率半径的平方，都是没有单位的物理量。因此，角度是无量纲量，一个无量纲的量，如角度 α 被写为 $[\alpha]=1$。或者说 α 具有纯数字 1 的量纲。同样，两个长度 l_1 和 l_2 之比的量纲满足：

$$\left[\frac{l_1}{l_2}\right]=\frac{[l_1]}{[l_2]}=1 \tag{7-27}$$

在相似理论中，一般不用有量纲量，而用无量纲量表述现象。因为有量纲量只体现该量数值的大小，而无量纲量能体现的内容却深入得多。例如，无量纲速度 $v/c=Ma$ 表示几倍于音速的速度，它给人们以流动范围的概念（亚声速、超声速流动等），也使人们联想到在此不同流动范围内的一些有关问题（压缩性、空气动力加热等），可见，无量纲量是体现现象内在规律（事物本质）的量，而有量纲只体现现象的外特性。

有量纲量的数值，依采用单位制的不同有所区别。有量纲量的数值和单位制的选择有关，这就涉及人的主观意志，而物理定律是客观存在的，它们不应该随人的意志在体现时有所转移，特别是一些量纲不和谐（不统一）的经验公式，如平均流速 $\bar{v}$ 与水深 h 的关系式：

$$\bar{v}=0.546h^{0.64}$$

当改变 $\bar{v}$、h 的单位时，常数必然有变动。如果体现客观规律的关系式用无因次量（无量纲量）来表达，那么不管采用什么单位，只要同类量单位一致，则无量纲关系式的形式不会有任何变动。因此，表达自然规律的最终形式应该是无量纲关系式。

如用无量纲量给相似下定义时，相似是指无量纲场几何全等的现象。

下面从这个角度来理解几何相似。若分别取图 7-1 中两个三角形的 l_3' 和 l_3'' 作为各自长度的度量单位，那么由式（7-2）得

$$\frac{l_1'}{l_3'} = \frac{l_1''}{l_3''} = \bar{l}_1 , \quad \frac{l_2'}{l_3'} = \frac{l_2''}{l_3''} = \bar{l}_2$$

$$\frac{l_3'}{l_3'} = \frac{l_3''}{l_3''} = \bar{l}_3 = 1$$

即无量纲长度 l_1'/l_3'、l_1''/l_3''；l_2'/l_3'、l_2''/l_3''；l_3'/l_3'、l_3''/l_3'' 分别相等，若用无量纲长度 $\bar{l}_1$、$\bar{l}_2$、$\bar{l}_3$ 重新画出上面两个几何相似的图形，则它们必定合二为一。即两个几何相似的三角形本来就是同一几何图形通过不同的比例放大或缩小而得到的。放大或缩小的关系为

$$l_1' = l_3'\bar{l}_1 , \quad l_1'' = l_3''\bar{l}_1 , \quad l_2' = l_3'\bar{l}_2$$

$$l_2'' = l_3''\bar{l}_2 , \quad l_3' = l_3' , \quad l_3'' = l_3''$$

式中，l_3' 和 l_3'' 分别为两个几何图形的特征长度。原则上，特征长度可任意选择。通常总希望选有代表性的且已知的长度，如机翼的弦长，圆柱半径、管径等。

对于两个相似的速度场，如果分别取各自的特征速度 v_∞ 为度量单位，那么两个流场对应的几何相似点，在对应的瞬间，无量纲速度场是同一速度场，或者说两个相似的速度场是由同一速度场（无量纲）通过不同的比例放大或者缩小得到的。通常总是选择有代表性且已知的速度作为特征速度，如各种物型绕流的远前方均匀来流速度 v_∞，管内流动的平均速度 v_m 等等。这里"对应的瞬时"也是以无量纲时间表示的，即

$$\bar{t}_1 = \frac{t_1'}{\tau'} = \frac{t_1''}{\tau''} , \quad \bar{t}_2 = \frac{t_2'}{\tau'} = \frac{t_2''}{\tau''}$$

特征时间可取某运动过程的周期 τ，或其他有代表性的时间间隔。

若两个运动学相似的流场，分别以各自的特征力为度量单位，则在对应的瞬时，对应的几何相似点上，无量纲力相等。也就是说，两个动力相似的无量纲力场是同一力场；或两个相似的力场是由同一力场（无量纲）通过不同的比例放大或者缩小得到的。

7.3 相似第三定理

在 7.1 和 7.2 节中，分别介绍了相似第一定理及相似第二定理。在相似原理中，还有相似第三定理，这个定理表述为描述某现象的各种量之间的关系，可表示成相似准则之间的函数关系，这种关系式称为"准则关系式"或"准则方程式"。相似第三定理也称为"π 定理"（相似准则一般用 π 表示，起源于首先证明了这个定理的 Buckingham 对相似准则使用的符号）。

对于所有彼此相似的现象，因为相似准则都保持同样的数值，所以它们的准则关系式也应是相同的。由此，如把某现象的实验结果整理成准则关系式，那么得到的这种准则关系式，就可推广到与其相似的现象中去，也就是说，如把遵照相似第二定理的规定进行的模型实验结果整理成准则关系式，则此关系式可推广到实物中去。

7.3.1 量纲独立量与量纲不独立量

一种力学现象包含的许多物理量中，凡是一个物理量的量纲能用其他物理量的量纲组合来表示的（即其量纲能写成其他物理量量纲指数幂乘积的），则称此物理量为量纲不独立量，否则就称为量纲独立量。

对于一个力学现象进行量纲分析时，首先要选择一组量纲独立量，选择物理量作为量纲独立量时要注意：

（1）在一般流体力学中，独立量纲量的数目 $\leqslant 4$，对于流体运动学问题，独立量纲量只有 2 个，对于不可压缩流体动力学问题，不讨论热交换及温度场时，独立量纲量为 3 个，其他一般的流体动力学问题独立量纲量为 4 个。

（2）独立量纲量不一定选具体有基本单位的物理量。

例如，描述液体在管内流动的物理量有压强差 Δp、管径 d、管长 l、密度 ρ、动力黏性系数 μ、平均速度 v_m 和管壁粗糙度 Δ，在上述 7 个物理量中，先选定 d、ρ、v_m 作为量纲独立量。这 3 个量中，每一个量的量纲都不能用其余两个物理量的量纲指数幂乘积形式写出，因此它们的量纲是独立的。其余 4 个量的量纲可分别表示为 $[l]=[\Delta]=[d]$，$[\mu]=[\rho][d][v_\mathrm{m}]$，$[\Delta p]=[\rho][v_\mathrm{m}]^2$。这里也可选 Δp、v_m、l 为量纲独立量，这样 d、μ、Δ、ρ 的量纲就是不独立的。在这个例子中只有 3 个基本量纲出现，因此量纲独立的量最多只有 3 个。由此可知，当一组物理量中有 k 个基本量纲出现时（如前所述，对力学现象 $k \leqslant 4$），则量纲独立的量最多只有 k 个。

上例 Δ、l、μ、Δp 的量纲是通过观察写出的。现在，借助于线性代数写出它们的量纲，因为所有量纲不独立量的量纲都可用量纲独立量的量纲指数、幂、

乘积的形式来表示，所以 Δ、l、μ、Δp 的量纲可分别表示为

$$[l] = [d]^{\alpha_1} [\rho]^{\beta_1} [v_m]^{\gamma_1}$$

$$[\Delta] = [d]^{\alpha_2} [\rho]^{\beta_2} [v_m]^{\gamma_2}$$

$$[\mu] = [d]^{\alpha_3} [\rho]^{\beta_3} [v_m]^{\gamma_3}$$

$$[\Delta p] = [d]^{\alpha_4} [\rho]^{\beta_4} [v_m]^{\gamma_4}$$

因为 $[d] = [l]$，$[\rho] = [m][l]^{-3}$，$[v_m] = [l][t]^{-1}$，$[\Delta] = [l]$，$[\mu] = [m][l]^{-1}[t]^{-1}$，$[\Delta p] = [m][l]^{-1}[t]^{-2}$，所以上面的关系式又可写为

$$[l] \equiv [l]^{\alpha_1} [m]^{\beta_1} [l]^{-3\beta_1} [l]^{\gamma_1} [t]^{-\gamma_1}$$

$$[l] \equiv [l]^{\alpha_2} [m]^{\beta_2} [l]^{-3\beta_2} [l]^{\gamma_2} [t]^{-\gamma_2}$$

$$[m][l]^{-1}[t]^{-1} \equiv [l]^{\alpha_3} [m]^{\beta_3} [l]^{-3\beta_3} [l]^{\gamma_3} [t]^{-\gamma_3}$$

$$[m][l]^{-1}[t]^{-2} \equiv [l]^{\alpha_4} [m]^{\beta_4} [l]^{-3\beta_4} [l]^{\gamma_4} [t]^{-\gamma_4}$$

只有两边相应的指数相等，上述 4 个恒等式才能成立。因此可以求得

$$\alpha_1 = 1，\quad \beta_1 = \gamma_1 = 0$$

$$\alpha_2 = 1，\quad \beta_2 = \gamma_2 = 0$$

$$\gamma_3 = 1，\quad \beta_3 = 1，\quad \alpha_3 - 3\beta_3 + \gamma_3 = -1，\quad \alpha_3 = 1$$

$$\gamma_4 = 2，\quad \beta_4 = 1，\quad \alpha_4 - 3\beta_4 + \gamma_4 = -1，\quad \alpha_4 = 0$$

最后也可得出

$$[l] = [d]$$

$$[\Delta] = [d]$$

$$[\mu] = [d][\rho][v_m]$$

$$[\Delta p] = [\rho][v_m]^2$$

7.3.2 主定量和被定量

在描述某力学过程的一组（全部）物理量中，凡对描述过程起主要和决定作用的物理量称为主定量，由主定量决定的其他物理量称为被定量。要找出描述一

个力学过程的全部物理量并正确地区分哪些是主定量，哪些是被定量，这是量纲分析中最关键的也是最困难的步骤。既不可漏掉起重要作用的主定量，否则易使结果错误或不能说明现象的本质，也不可把那些不起重要作用甚至根本不起作用的因素选为主定量，否则要么使问题复杂化，要么得出荒谬的结果。对于已经建立了数学模型的力学模型，这一步骤是容易实现的。例如，在描述力学过程中的微分方程组及其定解条件中，对现象起主动作用的已知物理量，即方程中的自变量，方程中表示物性和运动学（或动力学）状态的各种常系数（如动力黏性系数 μ、重力加速度 g、比热比 k 等），以及在定解条件中出现的各种参数（有量纲量和无量纲量）都是主定量；由这些主定量确定的待求物理量就是被定量。对于那些尚无数学模型或数学模型尚不完善的力学过程，要正确选定哪些是主定量，哪些是被定量，常要依靠人们通过长期深入的观察积累的经验。

下面以流体力学问题的实例来说明如何确定主定量和被定量。

【例 7-1】　一等截面水平输水管路，管径为 d，管长为 l，管壁粗糙度为 Δ，输送的水流量（体积流量）为 Q。管路两端必需的压差为 Δp（该压差需由水泵或其他动力源提供）。试确定主定量和被定量。

解：主定量应包括 Q、d、l、管径的粗糙度 Δ、水的动力黏性系数 μ 及水的密度 ρ（以区别于其他液体，如油等）。在这个问题中，被定量只有一个，即 Δp。被定量由主定量决定，若借用函数表示法，可写成

$$\Delta p = f\left(Q, d, l, \Delta, \rho, \mu\right)$$

量纲理论中规定：被定量写在左边，主定量写在右边，中间用符号 "‖" 隔开，对于本问题，可记为

$$\Delta p \,\|\, Q, d, l, \Delta, \rho, \mu$$

对水这类不可压缩流体，管路进口压力 p_1 不是主定量，因为在管路其他参数（如 d、l、Δ、μ、ρ）保持不变的条件下，无论管路进口压力 p_1 是多少，管径压差 Δp 只决定于 Q。

【例 7-2】　有一种在明渠或水槽中通用的量水装置——三角堰（图 7-7）。通过对水面高度 h 的测量来确定通过三角堰的流量（体积流量）Q。试分析哪些是主定量？哪些是被定量？

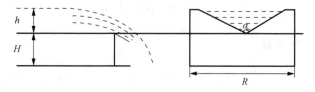

图 7-7　三角堰示意图

　　解：主定量应包括 α 和 h，此外，还应包括水的密度 ρ 和动力黏性系数 μ。由于水的不可压缩性，水面的大气压强 p_a 不起作用，至此主定量还不完全，水之所以由堰口流下，主要是水的重力作用的结果，因此重力加速度 g 也是主定量。设想，如果此堰装置在月球表面，由于重力加速度不同，在其他条件不变的情况下，显然流量也不相同，因此

$$Q \parallel \alpha, h, \rho, \mu, g$$

　　从本例可以看到，尽管 g 在地球的确定地点仅是个不变的常数，但它仍旧是重要的主定量之一，相反，根据经验，水的动力黏性系数 μ 在本问题中所起作用甚小，常可略去不计，相当于采用了无黏性流体模型。

7.3.3　π 定理的推导过程

　　π 定理也称为相似第三定理。下面通过分析某力学过程物理量之间的关系来引出该定理。

　　设描述某力学过程的物理量中有 $n+s$ 个主定量和 m 个被定量，主定量以

$$a_i \left(i = 1, 2, 3, \cdots, l, l+1, \cdots, n, n+1, \cdots, n+s \right) \tag{7-28}$$

表示，被定量以 $b_j \left(j = 1, 2, 3, \cdots, m \right)$ 表示。

　　主定量中前 n 个为有量纲量，其中 l 个是量纲独立量，且 $l \leqslant k$，k 是基本量纲数；后 s 个是无量纲量。

　　被定量中既有有量纲量，又有无量纲量。

　　在此物理过程中，被定量 b_j 与主定量 a_i 之间必然有确定的物理规律联系，这种物理规律通常被表示成各种数学方程式。对于尚无数学模型的力学过程，这种确定的物理规律也必然存在，同时它不因度量单位的不同而改变。在量纲分析中，把这种被定量和主定量之间必然存在的，且不随度量单位的选择而改变的确定的关系记为

$$b_1, b_2, \cdots, b_m \parallel a_1, a_2, \cdots, a_n, a_{n+1}, \cdots, a_{n+s}$$

　　此外，被定量的量纲必可写成主定量量纲指数幂乘积的形式，否则，或是有量纲的主定量有遗漏，或是该被定量不是所讨论力学过程的被定量。

　　如果全部被定量都被无量纲化而写成无量纲的被定量，那么，根据量纲一致的原则，这些无量纲的被定量只能和无量纲的主定量有关（无量纲的主定量是指由有量纲的主定量组合而成的无量纲量，以及本来就是无量纲的主定量），不能和单独出现的有量纲主定量有关。

　　由于有量纲的主定量中有 l 个量纲独立量，这些量纲独立量不可能组成无量

纲量。因此，在 n 个量纲的主定量中只能组成 $n-l$ 个无量纲主定量。

根据上面的分析，可以得出如下的定理：如果在描述某力学现象的物理量中，将全部 m 个被定量无量纲化，则全部 m 个无量纲被定量（记作 π_{bj}，$j=1,2,\cdots,m$），只与 $(n+s)-l$ 个无量纲主定量（记作 π_i，$i=1,2,\cdots,n-l,n+1,\cdots,n+s$）有关，其中 n 是有量纲主定量的个数，l 是量纲独立的主定量个数，s 是无量纲主定量个数，该定理的数学表达式为

$$\pi_{b1},\pi_{b2},\cdots,\pi_{bm}\,\|\,\pi_1,\pi_2,\cdots,\pi_{n-l},\pi_{n+1},\pi_{n+2},\cdots,\pi_{n+s} \tag{7-29}$$

其中

$$\pi_i=\frac{a_{l+i}}{a_1^{\alpha_i}a_2^{\beta_i}\cdots a_l^{\gamma_i}}\qquad\qquad i=1,2,\cdots,n-l \tag{7-30}$$

$$\pi_{n+1}=a_{n+1},\quad \pi_{n+2}=a_{n+2},\quad\cdots,\quad \pi_{n+s}=a_{n+s} \tag{7-31}$$

$$\pi_{bj}=\frac{b_j}{a_1^{\alpha_j}a_2^{\beta_j}\cdots a_l^{\gamma_j}}\qquad\qquad j=1,2,\cdots,m \tag{7-32}$$

这就是相似第三定理。由于无量纲用 π 表示，所以这个定理又称为 π 定理。

π 定理将物理量之间有量纲形式的函数关系 $b_j=f\left(a_1,a_2,a_3,\cdots,a_l,a_{l+1},a_{n+s}\right)$ 改写成无量纲形式的函数关系 $\pi_{bj}=F\left(\pi_1,\pi_2,\pi_3,\cdots,\pi_{n-l},\pi_{n+1},\pi_{n+2},\cdots,\pi_{n+s}\right)$，使函数的自变量减少了 l 个，从而使问题的分析得以简化。

π 定理更重要的意义在于它对实验的指导作用。因为对于彼此相似的现象，存在着相同的被定量和主定量的函数关系，这种函数关系可以是有量纲形式，也可以是无量纲形式。另外，由 π 定理可知，对于相同的函数关系，只要无量纲形式的主定量相同，则无量纲形式的被定量也相同。因此，在实验中如将实验结果按 π 定理整理成无量纲形式的函数关系，则这种函数关系可以推广应用到与实验现象相似的一切现象中，前面已提过，在相似理论中，把无量纲综合量称为相似准则，把无量纲的函数关系式称为准则方程式。π 定理说明必须把实验结果整理成准则方程式，才能将实验结果推广应用于其他相似的现象中去。

对于 $n=l$ 且 $s=0$ 的简单情况，即有量纲的主定量全部是量纲独立的，且不存在无量纲主定量的情况，由于不能组合成一个无量纲的主定量，因而有

$$\pi_{bj}\,\|\,1$$

或

$$\pi_{bj}=\frac{b_j}{a_1^{\alpha_j}a_2^{\beta_j}\cdots a_l^{\gamma_j}}=C_j\qquad j=1,2,\cdots,m$$

即

$$b_j = C_j a_1^{\alpha_j} a_2^{\beta_j} \cdots a_l^{\gamma_j} \qquad (7\text{-}33)$$

由式（7-33）可见，对于这种最简单的情况，通过 π 定理就可立即得到被定量与主定量之间的关系，只有一个常数 C_j 是待定的，一般情况下，C_j 要由实验或建立方程及定解条件得到。

对于一般情况，应用 π 定理的步骤如下：

（1）列出被定量和主定量；

（2）在有量纲的主定量中选定量纲独立量；

（3）按式（7-30）和式（7-32）确定 π_i 和 π_{bj}；

（4）写出 π 定理形式的关系式。

【例 7-3】 由实验对图 7-7 所示的三角堰量水器建立流量 Q 和水高 h 的关系。

解：（1）本例中主定量为 h、g、ρ 和 α，被定量是 Q；

（2）选择 ρ、g、h 为量纲独立量；

（3）确定 π_i 和 π_{bj}，本题中 $n = l$，因此 $\pi_a = \alpha$ 而

$$\pi_Q = \frac{Q}{\rho^\alpha g^\beta h^\gamma}$$

另外，根据量纲分析，有

$$[Q] = [\rho]^\alpha [g]^\beta [h]^\gamma$$

即

$$[l]^3 [t]^{-1} = [m]^\alpha [l]^{-3\alpha} [l]^\beta [t]^{-2\beta} [l]^\gamma$$

由此可得

$$\alpha = 0, \quad \beta = \frac{1}{2}, \quad \gamma = \frac{5}{2}$$

所以

$$Q = \pi_Q g^{\frac{1}{2}} h^{\frac{5}{2}}$$

（4）由式（7-29）得

$$\pi_Q = f(\alpha)$$

于是

$$Q = f(\alpha) g^{\frac{1}{2}} h^{\frac{5}{2}}$$

或

$$\frac{Q}{g^{\frac{1}{2}} h^{\frac{5}{2}}} = f(\alpha)$$

其中，$f(\alpha)$需由实验和其他补充计算确定。当α为某一确定值时，$f(\alpha)$应为常数。因此，对α一定的量堰器（设为α_0），在某一流量下测定Q及对应的h，然后算出$f(\alpha_0)$值，这个值对其他流量也适用，对其他液体也适用。

在本例中只需进行一次实验，就可得出$Q\text{-}h$关系。可见，运用相似理论和量纲分析可使实验次数大大减少。

如果把$\sqrt{ghh^2}$作为三角堰在不同水位高度时的特征流量（即作为流量的度量单位），则所有无量纲流量相等［相当于$f(\alpha)=c$］。因为常数c只决定于α，所以只要α相等，即只要几何相似，所有三角堰的流动（不同高度h，不同的液体ρ）都相似，α_0就是保证三角堰流动的相似准则。根据π定理可以确信，保证α_0相等是使三角堰流动相似的充要条件。这里略去了黏性的影响。

【例 7-4】　试用π定理分析气体管路压强损失Δp的表达式。

解：（1）首先确定与气体管路压强损失有关的物理量，由实验得知当忽略了气流的压缩性时，管中气流的压强损失Δp与流体的物理性质（密度ρ和动力黏性系数μ）、几何特性（管长l、管径d和管壁粗糙度Δ）、运动特征（流速v）有关，有关物理量共 7 个，用函数关系式表示为

$$f(\Delta p, \rho, \mu, l, d, \Delta, v) = 0$$

（2）选择ρ、d、v三个基本物理量。

（3）组成 4 个无量纲π项：

$$\pi_1 = \frac{\Delta p}{\rho^{a_1} d^{b_1} v^{c_1}}$$

$$\pi_2 = \frac{\mu}{\rho^{a_2} d^{b_2} v^{c_2}}$$

$$\pi_3 = \frac{l}{\rho^{a_3} d^{b_3} v^{c_3}}$$

$$\pi_4 = \frac{\Delta}{\rho^{a_4} d^{b_4} v^{c_4}}$$

（4）根据量纲和谐原理确定各 π 项的指数，结果为

$$\pi_1 = \frac{\Delta p}{\rho v^2}$$

$$\pi_2 = \frac{\mu}{\rho d v}$$

$$\pi_3 = \frac{l}{d}$$

$$\pi_4 = \frac{\Delta}{d}$$

（5）写出无量纲方程，把 π_2 写成一般雷诺数形式：

$$Re = \frac{\rho v d}{\mu}$$

可得 $\Delta p = f\left(\dfrac{l}{d}, \dfrac{\Delta}{d}, Re\right)\rho v^2$

这就是圆管流动压强损失的一般关系式，由实验得知压强损失 Δp 和管长 l 成正比，因此 $\Delta p = 2f\left(Re, \dfrac{\Delta}{d}\right)\dfrac{l}{d}\dfrac{\rho v^2}{2}$。

令 $\lambda = 2f\left(Re, \dfrac{\Delta}{d}\right)$，则压强损失可以写为

$$\Delta p = \lambda \frac{l}{d}\frac{\rho v^2}{2}$$

这就是管路压强损失的计算公式，λ 为沿程损失系数，多数情况下需要实验测定。

7.4　模　型　实　验

7.4.1　全面力学相似

相似原理提供了进行模型研究的理论基础，在进行流体力学模型研究时，需要保证模型中的流动与原型中的流动相似。严格地讲，要做到这一点，必须完全遵从相似第二定理，即满足流动相似的下述充分必要条件：

（1）模型中的流动与原型中的流动应被同一完整方程组描述，这只有当模型

中的流动介质与原型中的流动介质一样时才能实现，否则它们的物理特性与温度的关系不会全同。

（2）模型与原型几何相似。

（3）模型与原型中对应截面或对应点上流体的物性（密度 ρ、动力黏性系数 μ 等）相似。

（4）模型与原型进、出口截面处的速度分布相似。

（5）模型与原型流动的初始条件相似。

（6）模型与原型的定性准则相等。

但是，要完全满足上述条件是很困难的，有时甚至是办不到的。

例如，对于黏性不可压缩流体定常流动，尽管只有 2 个相似准则 Re 和 Fr，但也很难满足。

（1）要满足 $(Re)_p = (Re)_m$，则有

$$\frac{v_p l_p}{v_p} = \frac{v_m l_m}{v_m} \tag{7-34}$$

假设两种流动的介质一样，则有

$$v_p l_p = v_m l_m \tag{7-35}$$

模型尺寸为原型尺寸的 1/10：

$$l_p = 10 l_m$$

$$C_v = \frac{v_p}{v_m} = \frac{1}{10}$$

即要求模型中的流速应为原型中的 10 倍。

（2）要满足 $(Fr)_p = (Fr)_m$，则有

$$\frac{g_p l_p}{v_p^2} = \frac{g_m l_m}{v_m^2} \tag{7-36}$$

假设 $g_p = g_m$，则有

$$l_p = 10 l_m$$

$$C_v = \frac{v_p}{v_m} = \sqrt{C_l} = 3.16$$

这与（1）的要求是矛盾的。

上述例子说明，当定性准则有两个时，模型中流体介质的选择受模型尺寸的限制，当定性准则有三个时，除介质的选择受限制外，其他物理量也要相互受限制。这样就无法进行模型研究。

7.4.2 近似模化法

为使模型研究得以进行，必须采取近似模型研究的方法，这种方法实质上是抓主要矛盾的方法。在考虑模型研究时，要先分析一下在相似条件下哪些是主要的、起决定性作用的，哪些是次要的、不起决定性作用的，对后者只作近似的满足，甚至忽略。这样，一方面使实验能够进行，另一方面又不致引起太大的偏差。例如，对于发动机部件结冰相似，在保证几何相似的前提下，需要研究空气绕流流场相似、水滴撞击特性相似、撞击到物面的水质量相似、结冰热力学过程相似。如果所有的相似都满足，只能进行 1∶1 的实验，无法进行模化。通过对发动机部件结冰相似的分析认为，大多数的结冰情况中，马赫数很低，从而忽略可压缩性的影响。这个假定的理论是因为水滴碰撞主要集中在部件的前缘区域，该区域在驻点附近，边界层很薄，黏性影响很小，并且在下游，随着结冰的增长，会使边界层转换为湍流，故可忽略雷诺数对前缘结冰的影响[11]。因此，空气绕流流场相似可作为次要的、不起决定性作用的相似条件，这样能够使得结冰相似实验进行下去。

上面讲的是近似模型研究的必要性，下面再来分析它的可能性。

（1）关于流动介质。相似的流动应是同类流动。用可压缩流体来模化不可压缩流体的流动是不完全正确的。但是，当气体密度相对变化的绝对值小于 5% 时，可以看作是不可压缩流体。因此，当气体的流速不超过其声速的 0.3 倍时，可以用来模化液体的流动。另外，对一般的不等温流动，介质的物理性质随温度的变化对流动的影响不大。对一般热力设备，只要模型与原型中的介质都是黏性流体（不管是水、空气等），就算保证了同类流动这一条件。

（2）模型与原型的几何形状应相似（包括表面粗糙度的相似）。总的几何形状相似是不难做到的。至于表面状态，因其仅对表面附近的流动状态、速度分布起明显的作用，对离开表面一定距离的流动状态、速度分布不起多大作用（这是由后面将介绍的流动稳定性决定的），当模化较大空间内的流动时，表面状态不必保证相似，但在另一些情况下，如模化粗糙管内的湍流流动，由于表面粗糙度对流动损失有影响，所以要尽量保证表面状态的相似。

（3）模型内各点的流动参数与原型相似，在流体温度不均的情况下，是难以实现的。但是在模型研究时，可以用等温介质（如冷空气）的流动模化不等温介质（如热烟气）的流动，再将模型上所得到的结果作必要的修正。

（4）模型与原型进出口截面上速度分布应相似。大量实验表明，当黏性流体在管道中流动时，不管入口处速度分布如何，流经一定距离后，流体速度分布的形状就固定下来。这是黏性流体具有的一种特性，称为稳定性。黏性流体无论在管中还是在复杂形状的管道内流动，都具有这种稳定性。由于黏性流体存在稳定性，所以只要在模型入口前有一段几何相似的稳定段，就能保证进口速度分布相似。同样，出口速度分布相似也无须专门考虑，只要保证出口通道几何相似就行了。

（5）对于定常流动，无须考虑初始条件的相似。

（6）模型流动与原型流动的定性准则应相等。对于一般强迫流动，对流动状态起决定作用的是 Re 准则，而 Fr 准则的影响不大。因此，只需要考虑 Re 准则，Fr 准则可以忽略。但是，是否一定要保证模型与原型的 Re 准则相等呢？这个问题与黏性流体在流动过程中显示出来的另一种特征——自模性有关，流体的流动状态分为三种：层流状态、过渡状态和湍流状态。决定流动为何种状态的是 Re 准则，但是 Re 准则的这种决定作用也只在一定条件下才存在。当 Re 小于某一定值（称为"第一临界值"，即下临界雷诺数）时，流动是层流状态，其速度分布皆彼此相似，不再与 Re 的值有关。例如，圆管中的层流流动，不论 Re 为何值，沿横截面的速度分布形状总是一轴对称的旋转抛物面。流动的这种特性称为自模性或自模化状态。当 Re 大于第一临界值时，流动处于由层流过渡到湍流的过渡状态，这时流体的速度分布变化较大，与 Re 有关。流动进入湍流状态后，若 Re 数继续增加，它对湍流程度及速度分布的影响逐渐减小。当达到某一定值（称为"第二临界值"）以后，流体的流动又进入自模化状态，即不管 Re 多大，流动状态与流速分布不再变化，都彼此相似。通常将 Re 小于第一临界值的范围叫"第一自模区"，而将 Re 大于第二临界值的范围叫"第二自模区"。只要原型设备的 Re 处于自模化区以内，则模型与原型处于同一自模化区就可以了，而 Re 不必相同。

通过分析层流和湍流流动时的相似准则，可以说明上述黏性流动的自模性。层流流动时，Re 很小，黏性力起主要作用，而惯性力与黏性力相比可以忽略不计。当流动的紊乱程度充分大时，黏性力与惯性力相比可略去不计，惯性力起主要作用。在这两种情况下，流动与 Re 无关。

习　题

7-1　某机翼弦长为 600mm，在空气中以 20.2m/s 的速度运动。若以弦长为 150mm 的模型在风洞中实验，当保证雷诺数相似时，风洞实验段的风速应为多少？

7-2　单摆质量为 m，摆长为 l，初始摆角为 φ_0，初始角速度为零，如图习题 7-2 所示。欲求该单摆周期 T_p 及摆角 φ 随时间变化，试分析哪些是被定量？哪些是主定量？并选择量纲独立量将量纲不独立量组成无量纲量。

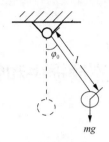

图习题 7-2

7-3 无穷远处均匀的水平方向空气来流，以 v_∞ 速度定常流过直径为 d 的圆球，欲求圆球所受的阻力 D，试按不可压缩黏性流动来处理，确定哪些是主定量，并选择量纲独立量将量纲不独立量组成无量纲量。

7-4 试用 π 定理建立常比热容完全气体状态参数之间的关系。

7-5 圆球在实际流体中做匀速直线运动所受阻力 F 与流体的密度 ρ、动力黏性系数 μ、圆球与流体的相对速度 u_0、圆球的直径 d 有关。试用 π 定理求阻力 F 的表示式。

7-6 煤油管路上的文特利流量计，入口直径300mm，喉部直径150mm，在 $1:3$ 的模型（$C_l = 3$）中用水来进行实验，已知煤油的比重为 0.82，水和煤油的运动黏性系数分别为0.010cm²/s和0.045cm²/s，为达到动力相似，在已知原型煤油流量 $Q_n = 100l/s$ 情况下，模型中水的流量 Q_m 应为多少？若在模型中测得入口和喉部断面的测管水头差 $\Delta h_m = 1.05$m，则原型的测管水头差 Δh_m 为多少？

7-7 某建筑物的模型，在风速为10m/s 时，迎风面压强为 +50Pa，背风面压强为 –30Pa，若温度不变，风速增至15m/s，则迎风面和背风面的压强将各为多少？

7-8 有一直径 $d_f = 20$cm 的输油管，输送运动黏性系数 $v = 40 \times 10^{-6}$m²/s 的油，其流量 $Q_1 = 0.01$m³/s。若在模型实验中采用直径 $d_s = 5$cm 的圆管，试求：

（1）模型中用 20℃的水（$v = 1.003 \times 10^{-6}$m²/s）作实验时的流量；

（2）模型中用运动黏性系数 $v = 17 \times 10^{-6}$m²/s 的空气作实验时的流量。

7-9 汽车高 $h_h = 1.5$m，最大行速 $v_n = 108$km/h，拟在风洞中测定其阻力系数：

（1）已知风洞的最大风速 $v_m = 45$m/s，求模型的最小高度；

（2）模型只测得阻力 $F = 1.50$kN，求原型汽车所受的阻力。

7-10 推导在静压头 Δp 作用下，孔口出流速度 v 的计算式，设 v 与孔口直径 d，流体密度 ρ，动力黏性系数 μ 及 Δp 有关。

第 8 章 流动损失和管网计算

在管路系统中，不同流动情况产生损失的方式及损失的大小不同，流体经历管道的几何特性不同，流动损失也不同。在工程实际中，研究流动损失的目的一是为了正确计算设备和系统中的流动损失，二是为了采取适当措施，尽量减少流动损失，在某些情况下还要利用流动损失。

本章首先介绍管道中的流动损失的分类，进而介绍不同形式管道中损失的计算方法，最后介绍管道的网络算法及发动机中润滑系统元件的网络计算。

8.1 流动损失的分类

8.1.1 流动损失规律与流动状态的关系

流动损失规律是与流动状态联系在一起的。6.4 节中，通过雷诺实验揭示了流动存在层流和湍流两种状态，本小节将学习不同流动状态下的流动损失规律。

根据伯努利方程，流体从图 8-1 的 1-1 截面流到 2-2 截面，由黏性引起的能量损失 h_w 等于这两个截面上压差的液柱高 h。把不同流速时的 h_w 值记录下来，画在对数坐标纸上，可得如图 8-2 所示流动损失与速度的关系。图上 ABK_2C 为层流向湍流转变的过程，CDK_1A 为湍流向层流转变的过程，K_2 是上临界点，K_1 是下临界点。AK_1 对应的是层流，K_2C 对应的是湍流，K_1K_2 为过渡区。图 8-2 反映出层流与湍流的流动损失规律不同。代表层流状态的 AK_1 直线斜率为 m_1，它的方程为

$$\lg h_w = \lg k_1 + m_1 \lg v \tag{8-1a}$$

或

$$h_w = k_1 v^{m_1} \tag{8-1b}$$

代表湍流的 K_2C 直线，其斜率为 m_2，方程为

$$\lg h_w = \lg k_2 + m_2 \lg v \tag{8-2a}$$

或

$$h_w = k_2 v^{m_2} \tag{8-2b}$$

实验得 $m_1 = 1$，m_2 为 1.75～2.00，即层流的流动损失与流速的一次方成正比，而湍流时却与流速的 1.75～2.00 次方成正比。

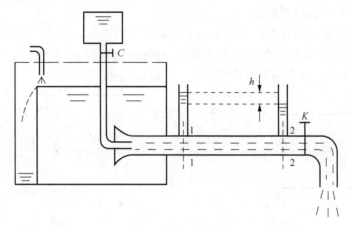

图 8-1　雷诺装置图

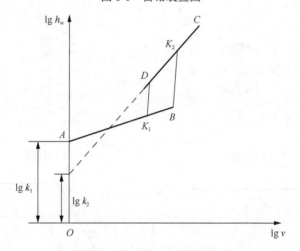

图 8-2　流动损失与速度的关系

层流和湍流的流动损失规律不同，这是它们的流动结构不同所造成的。在层流中，分子间吸引力和分子不规则运动的动量交换产生的阻力引起流动损失，即黏性力引起的损失。在湍流中，除了上述阻力外，更主要的是大量小旋涡的无规则迁移、脉动运动的动量交换产生的阻力引起流动损失，即湍流应力引起的损失。可以看出，流动状态与流动损失是密切相关的。

8.1.2　沿程损失与局部损失

根据流动损失产生的机理和表现形式，可以把流动损失分为匀直管中的沿程损失及管道构件和管道连接件中的局部损失。

　　沿程损失是沿流动路程上各流体层之间的内摩擦产生的流动损失，其数值大小与流体流经的长度成正比。

　　局部损失是流体在流动中遇到局部障碍产生的损失。所谓局部障碍，包括流道发生弯曲，流道截面突然扩大或缩小，流道中遇到各种物体，如阀门等，见图 8-3。这种损失只在局部障碍周围发生，故称为局部损失。

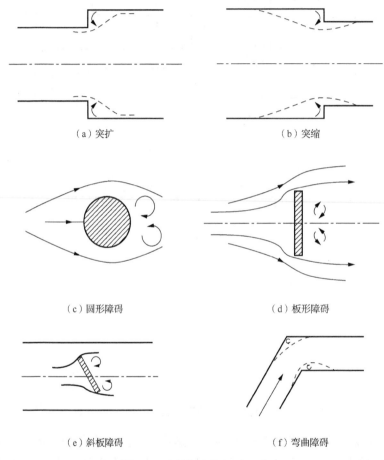

（a）突扩　　　　　　　　　　　　　　（b）突缩

（c）圆形障碍　　　　　　　　　　　　（d）板形障碍

（e）斜板障碍　　　　　　　　　　　　（f）弯曲障碍

图 8-3　局部损失的几种形式

8.2　层流流动的损失计算

8.2.1　圆管截面上的速度分布

　　在管道入口段，管壁对流体的摩擦作用开始仅影响壁面附近的流体运动，使其流速减小，在没有受黏性影响的核心部分，为了保持稳定的质量流率，其流速还略有增大，随着流动的推进，黏性影响的范围逐渐扩大。到某一位置，入口段结束，黏性影响到整个截面上的流速，之后截面上速度的分布将不再变化。将入口段之后的流动称为充分发展的管流。本章仅讨论充分发展的管流。

层流的特点是质点只有轴向速度而无横向速度。如果将圆管水平放置，取管轴为 x 轴（图 8-4），则流体流动速度满足：

$$v = v_x \neq 0, \qquad v_y = v_z = 0$$

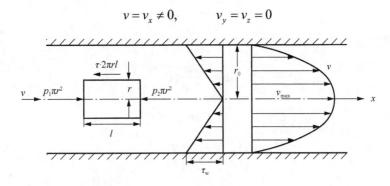

图 8-4　管内层流的速度分布

由于黏性的作用，截面上不同半径处速度是不相同的。但是，对稳定的不可压缩层流运用连续方程可以得到沿 x 方向的不同截面上，半径相同处的流体速度是相同的，因此速度仅是半径 r 的函数，即 $v = v(r)$。

为了进一步找出速度分布规律，对称于管轴取一段半径为 r，长度为 l 的圆柱形流体。由于没有径向及周向速度分量，当忽略重力影响时，所取流体段同一截面上各点压强相同，于是作用在圆柱流体左、右端面上的作用力分别为 $p_1\pi r^2$ 和 $p_2\pi r^2$。在圆柱体侧面上，沿 x 方向作用有切向力，由于各截面上速度分布相同，因此在相同半径处，速度梯度相同，切向力也相同，在 l 长度上的切向力可表示为 $\tau \cdot 2\pi rl$。又由于每个流体质点都沿 x 方向做匀速直线运动，所以加速度为零。根据牛顿第二定律有

$$p_1\pi r^2 - p_2\pi r^2 - \tau \cdot 2\pi rl = 0 \qquad (8\text{-}3)$$

化简式（8-3），并将 $p_1 - p_2$ 写成 Δp，则有

$$\tau = \frac{\Delta pr}{2l} \qquad (8\text{-}4)$$

由式（8-4）可以看出，圆管中层流切应力与半径 r 成正比。在轴线上，$r = 0$，$\tau = 0$；在管壁上，$r = r_0$，$\tau = \tau_w$ 达到最大值，$\tau_w = \Delta pr_0 / 2l$。

根据牛顿内摩擦定律有

$$\tau = -\mu \frac{dv}{dr} \qquad (8-5)$$

因为最大速度在管轴上，随着半径 r 的增大，速度是减小的，也就是说速度梯度是负值，为了保持 τ 为正值，因此式（8-5）中有负号。

将式（8-5）代入式（8-4），得到

$$-\mu \frac{dv}{dr} = \frac{\Delta pr}{2l} \qquad (8-6)$$

分离变量后为

$$dv = -\frac{\Delta p}{2\mu l} r dr \qquad (8-7)$$

积分式（8-7），并注意到 $r = r_0$ 时 $v = 0$，则有

$$\int_0^v dv = -\frac{\Delta p}{2\mu l} \int_{r_0}^r r dr$$

于是得到圆管中层流的速度分布为

$$v = \frac{\Delta p}{4\mu l}(r_0^2 - r^2) \qquad (8-8)$$

式（8-8）表明，流体在圆管中作层流流动时，截面上的速度是按抛物线规律变化的（图8-4）。

由式（8-8）还可以知道，圆管中心处的速度最大，用 v_{max} 来表示，则

$$v_{max} = \frac{\Delta p}{4\mu l} r_0^2 \qquad (8-9)$$

将式（8-9）代入式（8-8），又可将速度分布表示为

$$v = v_{max}\left[1 - \left(\frac{r}{r_0}\right)^2\right] \qquad (8-10)$$

根据式（8-10），可以得到截面上的平均流速 $\bar{v}$ 为

$$\bar{v} = \frac{Q}{\pi r_0^2} = \frac{\int_0^{v_0} v \cdot 2\pi r dr}{\pi r_0^2} \qquad (8-11)$$

运算后，得到

$$\overline{v} = \frac{1}{2}v_{max} = \frac{\Delta p}{32\mu l}d^2 \tag{8-12}$$

由式（8-10）和式（8-12）可以看出，对于给定直径的管道，只要知道流量的大小后，就可算出截面上任意 r 处的速度。

8.2.2　沿程损失的计算

对图 8-1 所示的 1-1、2-2 截面运用伯努利方程：

$$\frac{p_1}{\gamma} + z_1 + \frac{v_1^2}{2g} = \frac{p_2}{\gamma} + z_2 + \frac{v_2^2}{2g} + h_w \tag{8-13}$$

由于圆管各截面上的平均速度相等，即 $v_1 = v_2$，另外，管道水平放置时 $z_1 = z_2$，因此由式（8-13）可得沿程损失：

$$h_w = \frac{p_1 - p_2}{\gamma} = \frac{\Delta p}{\gamma} \tag{8-14}$$

将式（8-9）、式（8-12）代入式（8-14），有

$$h_w = \frac{\Delta p}{\gamma} = \frac{4\mu l v_{max}}{\gamma r_0^2} = \frac{8\mu l \overline{v}}{\gamma r_0^2} = \frac{64\mu}{\rho \overline{v} d}\frac{l}{d}\frac{\overline{v}^2}{2g} \tag{8-15}$$

将式（8-15）化简为

$$h_w = \lambda \frac{l}{d}\frac{v^2}{2g} \tag{8-16}$$

式中，λ 称为沿程损失系数，在层流情况下，$\lambda = 64/Re$；v 是管道截面上的平均流速，为了书写方便，在不易引起混淆的地方，去除了 $\overline{v}$ 上面的横线。

式（8-16）称为达西-魏斯巴赫公式。由这个公式可以看出，若管长越长，管径越小，平均流速越大，则沿程损失越大。

λ 与壁面摩擦应力 τ_w 的关系可推得如下：在 $\tau_w = \Delta p r_0 / 2l$ 中代入式（8-16），并联立式（8-14），得到

$$\tau_w = \frac{\lambda}{8}\rho v^2 \tag{8-17}$$

因为 $\sqrt{\tau_w / \rho}$ 具有速度的量纲，所以又称它为切应力速度或摩擦速度，并以 v^* 表示，由式（8-17），有

$$v^* = \sqrt{\tau_w / \rho} = \sqrt{\lambda / 8}v \tag{8-18}$$

8.3　湍流流动的损失计算

在湍流状态时,流体微团是以无规则的、相互混杂的形式运动的。由于湍流运动的情况极其复杂,因而不能像对待层流那样,严格根据理论分析推导出管内湍流的速度分布和沿程损失计算公式。到目前为止,人们只是在实验的基础上,提出一定的假设,对湍流运动的规律进行分析研究,得出一些半经验半理论的结果。

8.3.1　壁面湍流流动的结构

在圆管内的湍流流动及其他绕物体的湍流流动,其流动空间都受到壁面的限制,壁面几何形状、粗糙程度等对流动有很大影响。在流体力学中,将受到壁面限制的湍流称为壁面湍流,无壁面限制的称为自由湍流。

壁面湍流中存在三个区域,如图 8-5 所示,分别为黏性底层、过渡区、湍流区(核心流)。

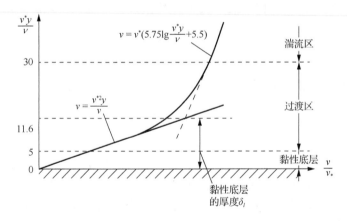

图 8-5　壁面湍流结构

黏性底层也叫层流底层,是紧贴固体壁面很薄的流体层。由于壁面的限制,紧靠壁面附近的流体质点不可能有横向流动。因此,在管壁附近流体质点的运动不容易混乱,仍然处于层流运动的状态,这一层为黏性底层。离开壁面一些距离后,壁面限制减弱,流体作波状流动,相应的区域称为过渡区,在过渡区外面是核心流,湍流在这里得到充分发展。

黏性底层很薄,其厚度通常只有几分之一毫米,但是它对湍流的流动损失及流体与壁面间的热交换等物理过程却有着重要影响。根据理论分析和实验结果,黏性底层的厚度为

$$\delta_l = \frac{32.8d}{Re\sqrt{\lambda}} \tag{8-19}$$

由式（8-19）可知，随着流速的增大，雷诺数升高，黏性底层减薄。当 $Re = 10^5$ 时，对 $d = 100\text{mm}$ 的管道来说，若设 $\lambda = 0.03$，由式（8-19）计算出黏性底层的厚度 $\delta_l = 0.189\text{mm}$。

由于湍流中黏性底层的存在，壁面粗糙度 Δ 对流动损失的影响与黏性底层厚度 δ_l 有很大关系。当 $\delta_l \geqslant \Delta$ 时，黏性底层完全遮掩了管壁的粗糙突出部分，这时核心流感受不到管壁粗糙度的影响，液体就好像在完全光滑的管中流动，在此流动状态下的管道称为水力光滑管。当 $\delta_l < \Delta$ 时，管壁的粗糙突起有一部分或大部分暴露在核心流内，造成旋涡，使流动损失增大。显然，在此情况下的管壁粗糙度对流动是有影响的，这种流动情况下的管道称为水力粗糙管。

8.3.2　湍流的速度分布

1. 分区域的速度分布

由于黏性底层的厚度很薄，速度分布规律可以认为是线性的，其中的流动基本上属于层流，所以可用牛顿内摩擦定律得到

$$\tau = \mu \frac{\mathrm{d}v}{\mathrm{d}y} = \mu \frac{v}{y} = \tau_{\mathrm{w}} \tag{8-20}$$

将摩擦速度的定义式（8-18）代入式（8-20）后，得

$$v^{*2} = \frac{vv}{y} \tag{8-21a}$$

或写成

$$\frac{v}{v^*} = \frac{v^* y}{v} \tag{8-21b}$$

式（8-21b）就是黏性底层中的速度分布规律。

在湍流区，速度分布规律可从普朗特混合长度理论导出。普朗特采用与分子自由行程相比拟的方法，得到流体微团湍流运动引起的切应力 τ_{t}

$$\tau_{\mathrm{t}} = \rho l^2 \left(\frac{\mathrm{d}v}{\mathrm{d}y} \right)^2 \tag{8-22}$$

式中，l 称为流体微团的混合长度，假设 $l = ky$；$\mathrm{d}v/\mathrm{d}y$ 是时均速度梯度。

在湍流区，既有像层流中那样的黏性应力 τ_1，它是由于分子间吸引力及分子

不规则运动动量交换引起的，也有 τ_t，但 τ_t 比 τ_t 小得多，所以在推导速度分布规律时，略去黏性应力 τ_1，并假设 τ_t 和黏性底层内的切应力有相同的数量级，即 $\tau_t \approx \tau_1$，这样有

$$\tau \approx \tau_t = \rho l^2 \left(\frac{\mathrm{d}v}{\mathrm{d}y}\right)^2 = \tau_w \tag{8-23}$$

将式（8-23）除以 ρ，开方后得

$$\sqrt{\frac{\tau_w}{\rho}} = v^* = l\frac{\mathrm{d}v}{\mathrm{d}y} = ky\frac{\mathrm{d}v}{\mathrm{d}y} \tag{8-24}$$

即

$$\frac{\mathrm{d}v}{v^*} = \frac{1}{k}\frac{\mathrm{d}y}{y} \tag{8-25}$$

积分后可得

$$\frac{v}{v^*} = \frac{1}{k}\ln y + C' \tag{8-26}$$

令 $C' = C - \frac{1}{k}\ln\frac{v}{v^*}$，则式（8-26）可写为

$$\frac{v}{v^*} = \frac{1}{k}\ln\frac{yv^*}{v} + C \tag{8-27}$$

式中，k 和 C 需要通过实验确定。在光滑的直圆管中，根据实验得到 $k = 0.4$，$C = 5.5$，代入式（8-27），并将自然对数改为普通对数后，就可得流速的分布规律为

$$v = v^*\left(5.75\lg\frac{yv^*}{v} + 5.5\right) \tag{8-28}$$

式（8-28）适用于水力光滑管。

在过渡区内，由于黏性应力 τ_1 和湍流应力 τ_t 具有相同的数量级，因此难以进行理论分析，其中的速度分布规律要由实验来确定。从工程要求来说，式（8-28）可以适用于除黏性底层之外的任何区域。

由图 8-5 可以看出，湍流的速度分布规律与层流有着很大的差别：在湍流中，各个区域有不同的速度分布规律；在靠近壁面处的速度变化很大，在核心流中速度变化较小。从整体上看，湍流的速度分布更"均匀"。这是流体中各层流体质点相互掺混的结果。

式（8-21b）和式（8-28）所表示的直线和曲线的交点见图 8-5，理论上可看作由黏性底层到湍流区的转变点，与该点相应的 $yv^*/v = 11.6$，即

$$y = \frac{11.6v}{v^*} = \delta_l \qquad (8\text{-}29)$$

将式（8-29）除以 d，并应用式（8-18），就可求得式（8-19），即

$$\delta_l = \frac{32.8d}{Re\sqrt{\lambda}}$$

根据实验数据，湍流流动可按如下数值分区：

黏性底层

$$yv^*/v < 5$$

过渡区

$$5 < yv^*/v < 30$$

湍流区

$$yv^*/v > 30$$

2. 工程常用的速度分布

由于上面讨论得到的速度分布关系式较复杂，所以在精度要求不是很高的工程计算中，常采用由实验归纳的指数公式，即

$$\frac{v}{v_{\max}} = \left(\frac{y}{r_0}\right)^n \qquad (8\text{-}30)$$

式中，指数 n 随 Re 而变化，具体数值如表 8-1 所示。

表 8-1　指数 n 的取值

Re	4.0×10^3	2.3×10^4	1.1×10^5	1.1×10^6	2.0×10^6	3.2×10^6
n	$1/6$	$1/6.6$	$1/7$	$1/8.8$	$1/10$	$1/10$

由表 8-1 可知，当 $Re = 1.1 \times 10^5$ 时，$n = 1/7$，于是

$$\frac{v}{v_{\max}} = \left(\frac{y}{r_0}\right)^{1/7} \qquad (8\text{-}31)$$

这就是布拉休斯提出的七分之一次方速度分布规律。它在工程实际中得到了广泛

应用。

3. 湍流中的最大速度和平均速度

由式（8-28）可得 $y = r_0$ 的圆管轴线上的最大流速为

$$v_{\max} = v^* \left(5.75 \lg \frac{r_0 v^*}{v} + 5.5 \right) \tag{8-32}$$

由式（8-28）可得

$$v - v_{\max} = \frac{v^*}{k} \ln \frac{y}{r_0} \tag{8-33}$$

通过圆管的流量为

$$Q = 2\pi \int_0^{r_0} v(r_0 - y) \mathrm{d}y = 2\pi \int_0^{r_0} \left(v_{\max} + \frac{v_0}{k} \ln \frac{y}{r_0} \right)(r_0 - y) \mathrm{d}y \tag{8-34}$$

于是平均流速为

$$\bar{v} = \frac{Q}{\pi r_0^2} = 2 \int_0^1 \left(v_{\max} + \frac{v_0}{k} \ln \frac{y}{r_0} \right)\left(1 - \frac{y}{r_0} \right) \mathrm{d}\left(\frac{y}{r_0} \right) \tag{8-35}$$

积分后得

$$\bar{v} = v_{\max} - \frac{3}{2} \frac{v^*}{k} = v_{\max} - 3.75 v^* \tag{8-36a}$$

经实验修正后，式（8-36a）可以表示为

$$\bar{v} = v_{\max} - 4.07 v^* \tag{8-36b}$$

由式（8-36b）和式（8-12）可得平均流速与最大流速之间的关系为

$$\frac{\bar{v}}{v_{\max}} = \frac{1}{1 + 4.07 \sqrt{\lambda / 8}} \tag{8-37}$$

平均流速与最大流速的比值通常在 0.80～0.85。若用七分之一次方速度分布规律式（8-31），则可证明 $\bar{v}/v_{\max} = 0.817$，与层流的 $\bar{v}/v_{\max} = 0.5$ 相比，可见湍流的速度分布比较均匀。

8.3.3　湍流的沿程损失计算

对于水力光滑管，将 $v_{\max}$ 的表达式（8-32）代入式（8-36a），则有

$$\bar{v} = v_{\max} - 3.75 v^* = v^* \left(5.75 \lg \frac{r_0 v^*}{\nu} + 1.75 \right) \tag{8-38}$$

式中，$r_0 v^* / \nu = \dfrac{\bar{v} d v^*}{2\nu\bar{v}} = \dfrac{Re v^*}{2\bar{v}} = \dfrac{Re}{2}\sqrt{\dfrac{\lambda}{8}}$，因此式（8-38）可化为

$$\frac{\bar{v}}{v^*} = 5.75 \lg \frac{Re\sqrt{\lambda}}{2\sqrt{8}} \tag{8-39}$$

再由式（8-18），$\lambda = 8\left(v^* / \bar{v} \right)^2$，进一步将式（8-39）化为

$$\frac{1}{\sqrt{\lambda}} = 2.03 \lg Re\sqrt{\lambda} - 0.91 \tag{8-40}$$

经实验修正后可得

$$\frac{1}{\sqrt{\lambda}} = 2 \lg Re\sqrt{\lambda} - 0.8 \tag{8-41}$$

若用七分之一次方速度分布，则可导出布拉休斯公式：

$$\lambda = \frac{0.3164}{Re^{0.25}} \tag{8-42}$$

式（8-42）适用于 Re 为 $5\times10^3 \sim 1\times10^5$，当 Re 超过 10^5 时，则应采用式（8-41）。

8.4　管道中的损失

8.4.1　管道中的沿程损失

8.2 节和 8.3 节介绍了不同流态下的沿程损失系数的计算方法。但是，由于湍流运动的复杂性，湍流的沿程阻力系数尚不能像层流那样，严格地从理论上推导出来。为了探索湍流沿程阻力系数的变化规律，1933 年德国力学家尼库拉泽（Nikuradse）对不同直径的管道进行了一系列实验，后称之为尼库拉泽实验。为了比较确切地表示管壁粗糙度的特性，尼库拉泽实验采用了人工粗糙的管壁，即以颗粒均匀的砂粒贴附在涂油漆后的管壁上。用砂粒直径 Δ 表示绝对粗糙度，Δ 与管径之比 Δ/d 称为相对粗糙度。尼库拉泽实验用的 Δ/d 为 1/1014～1/30，实验结果以 Re 为横坐标，λ 为纵坐标，横纵坐标分别取对数，给出如图 8-6 所示的曲线。

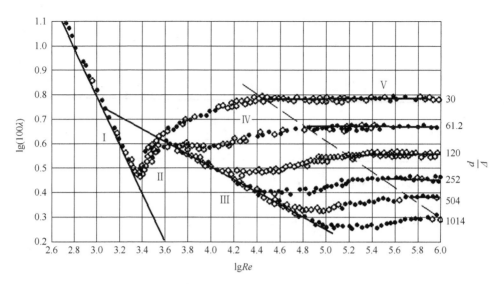

图 8-6　管道中沿程损失与雷诺数关系曲线

根据曲线所展示的规律，可将其分为五个区域：

第 Ⅰ 区——层流区。当 $Re < 2000$ 时，λ 与 Re 的关系在对数坐标图上为一直线。管壁相对粗糙度不同的圆管，其实验点都在同一直线上，这表示 λ 只与 Re 有关，与 Δ/d 无关。沿程损失系数合乎 $\lambda = 64/Re$。

第 Ⅱ 区——层流向湍流的过渡区。满足 $2000 < Re < 4000$。此区域的范围较小，工程中处于这个区域内的情况不多。这个区域内的 λ 还没有总结出可供计算用的一般公式。

第 Ⅲ 区——光滑管区。此区内流体虽已处于湍流状态，但管壁粗糙度对 λ 值仍无影响。不同粗糙度的实验点都在同一直线上。此时，黏性底层淹没了粗糙的管壁，对核心流来说，好像流过光滑的壁面一样，λ 仅随 Re 变化。这个区域的范围为 $4000 < Re < 80(d/\Delta)$。随着 Re 增加，d/Δ 小的管道，实验点在 Re 较低时，偏离光滑管区；d/Δ 大的管道，实验点在 Re 较高时，才会偏离光滑管区。

第 Ⅳ 区——粗糙管区。在这个区域内，随着雷诺数的增大，黏性底层逐渐减薄，以致不能遮盖住管壁的粗糙突起部分，管壁粗糙度对流动发生影响。显然，粗糙度越大，由光滑管转变成粗糙管时所对应的 Re 数越小。这个区域的范围在 $80\left(\dfrac{d}{\Delta}\right) < Re < 4160\left(\dfrac{d}{2\Delta}\right)^{0.85}$，在这个区域 λ 既与 Re 有关，也与 d/Δ 有关。

第 Ⅴ 区——阻力平方区。在这个区域内，黏性底层的厚度趋近于零，粗糙表面全部突出在湍流中，这时沿程损失系数与 Re 无关，仅与粗糙度有关。由于在这个区域中，沿程损失与速度平方成正比，因此称为阻力平方区，也叫湍流粗糙区。

这个区域中的雷诺数满足 $Re > 4160 \left(\dfrac{d}{2\Delta} \right)^{0.85}$。

上面介绍的尼库拉泽图（图 8-6）揭示了管道中沿程损失的规律，得出了在不同 Re 下的函数关系。但是必须指出，尼库拉泽是在人工粗糙的管道上进行实验的，实际的商品管道不可能像人工粗糙管那样分布得如此均匀。它的粗糙度、粗糙形状及分布状态都是不规则的。此外，即使绝对粗糙度（平均 Δ 值）相同，但管道材料不同时，也会得出不同的沿程损失系数，因此，在进行实际计算时，使用尼库拉泽图是有困难的。为此，莫迪用实际的商品管道进行了类似于尼库拉泽的实验，并得出了莫迪图。莫迪图得出的沿程损失规律与尼库拉泽得出的相类似，其主要差别在于从过渡区到阻力平方区之间，莫迪图得到的规律是 λ 随 Re 的增大而连续地减小，见图 8-7。

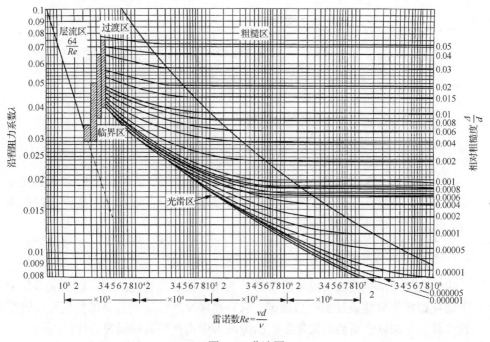

图 8-7　莫迪图

8.4.2　管道中的局部损失

8.4.1 小节只讨论了等截面直管中的沿程损失，在实际的管道系统中，大多是由许多不同管径的直管，通过一定的方式连接起来的，使管道的尺寸和走向能按需要安排。此外，为了控制、测量和生产的需要，还要在管路上安装阀门和其他设备。这样，除了在各直管道内产生沿程损失外，流体通过接头、阀门、弯管等局部障碍时都要产生一定的流动损失，这种损失称为局部损失。下面将讨论局部损失产生的原因、计算方法及减少局部损失的措施。

1. 局部损失产生的原因

下面以通道截面突然缩小的情况说明局部损失产生的原因。图 8-8 表示一流通截面突然缩小的流体通道。当流体从 1 截面向前流动时，有一部分流体与 2 截面的壁面发生碰撞。由于实际流体并非理想的弹性体，碰撞的结果就是产生能量损失。壁面的阻碍使部分流体折向轴线方向流动，这些流体具有垂直于管道轴线的速度分量。流体进入截面小的通道后，流动方向又逐渐发生变化，到 4 截面，垂直于管轴的速度分量消失。在这个过程中，外侧流体与中心流体进行动量交换并消耗一部分能量。此外，在拐角 2 截面和缩颈 3 截面处旋涡中，流体剧烈地不规则运动、碰撞、摩擦也会引起能量消耗。

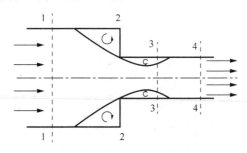

图 8-8　截面突然缩小的流体通道

综上所述，碰撞和旋涡是产生局部损失的主要原因。当然，在 1、4 截面间也有沿程损失，但它比局部损失要小得多，可以略去不计。实际上，在测定局部损失时，也包括了这部分的沿程损失。

2. 局部损失的计算方法

由于产生局部损失的情况多种多样，且流动情况具有复杂性，所以大多数情况下的局部损失只能通过实验来确定。只有在极少数情况下的局部损失可以进行理论计算。下面以管道截面突然扩大的情况为例来介绍局部损失的计算方法。

图 8-9 表示了管道截面突然扩大的流体通道。小管中平直的流动在 1 截面处遇到突然扩大的管道，由于流体的惯性，流体只能逐渐扩大，如图中虚线所示，在管壁与虚线之间形成旋涡区，到 2 截面，流体才充满整个管道。

取 1221 为控制体，大管道的 1-1 和 2-2 是控制体的界面。设小管的截面积为 A_1，平均速度为 v_1。在 1 截面处的压强为 p_1，大管的截面积为 A_2，在 2 截面处流体的平均速度为 v_2，压强为 p_2，实验证实，在旋涡区内的压强也等于 p_1，于是根据伯努利方程，有

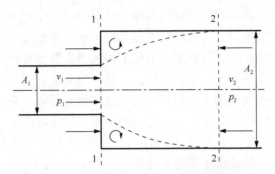

图 8-9　管道截面突然扩大的流体通道

$$\frac{p_1}{\gamma} + \frac{v_1^2}{2g} + z_1 = \frac{p_2}{\gamma} + \frac{v_2^2}{2g} + z_2 + h_w \tag{8-43}$$

式中，h_w 就是局部损失项，由式（8-43）可得出 h_w 的表达式为

$$h_w = \frac{p_1 - p_2}{\gamma} + \frac{1}{2g}(v_1^2 - v_2^2) \tag{8-44}$$

根据不可压缩定常流动的连续方程有

$$A_1 v_1 = A_2 v_2 \tag{8-45}$$

另据动量方程有

$$p_1 A_2 - p_2 A_2 = \rho A_2 v_2 (v_2 - v_1) \tag{8-46}$$

将式（8-45）、式（8-46）代入式（8-44）后，得

$$h_w = \frac{1}{g}(v_2^2 - v_1 v_2) + \frac{1}{2g}(v_1^2 - v_2^2)$$

$$= \frac{1}{2g}(v_1 - v_2)^2$$

$$= \frac{v_1^2}{2g}\left(1 - \frac{A_1}{A_2}\right)^2 = \frac{v_2^2}{2g}\left(\frac{A_2}{A_1} - 1\right)^2 \tag{8-47}$$

令 $\zeta_1 = \left(1 - \dfrac{A_1}{A_2}\right)^2$ 和 $\zeta_2 = \left(\dfrac{A_2}{A_1} - 1\right)^2$，则式（8-47）可写作

$$h_w = \zeta_1 \frac{v_1^2}{2g} = \zeta_2 \frac{v_2^2}{2g} \tag{8-48}$$

式中，ζ_1 和 ζ_2 称为局部损失系数。式（8-48）表明，管道截面突然扩大时的局部

损失等于局部损失系数和流体动能的乘积。式（8-48）中，ζ_1 和 ζ_2 有不同的数值，因为计算所用的速度不同。一般用发生局部损失后的速度进行计算。

从上面推导的结果看，突然扩大的局部损失系数仅与管道扩大程度，即面积比有关，与流动的雷诺数无关。但是实验证明，在雷诺数不是很大时，局部阻力系数随着雷诺数的增大而减小，只有当流动进入阻力平方区后（即雷诺数足够大后），局部损失系数才与 Re 无关。这是因为在不同的雷诺数下，截面上的速度分布有所不同。只有当流动进入阻力平方区后，速度分布才基本上不随 Re 变化，相应地用平均速度计算的动量才不需要修正。

对于其他情况下的局部损失，如渐扩、弯头、节流孔等也可以用式（8-48）的形式来表示，即

$$h_{\mathrm{w}} = \zeta \frac{v^2}{2g} \qquad (8\text{-}49)$$

但是，其中的局部损失系数 ζ 大多要由实验来确定，在工作中可以从有关手册中查阅。下面分别介绍几种较常见的局部损失系数值，如无特别说明，局部损失系数都是对应于发生损失以后的速度给出的。

1）流入大容器

如图 8-10 所示。这时可以当作截面突然扩大的特殊情况看待，用损失前的速度来计算，即

$$\zeta_1 = \left(1 - \frac{A_1}{A_2}\right)^2$$

此时 $A_1 / A_2 \approx 0$，所以 $\zeta_1 = 1$，这意味着流体出口后动能都损失了，流速 $v_2 \approx 0$。

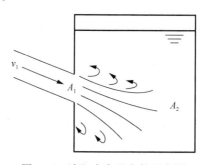

图 8-10　流入大容器突扩示意图

2）渐扩管

如图 8-11 所示，为了减少突然扩大时的局部损失，在工程中常采用渐扩的管道。在渐扩管中，沿流向压强增大，流速减小，由于黏性的影响，靠近壁面处流速较小，如果动量不足以克服逆压梯度，则近壁处的流线就要被滞止，流体倒流

引起旋涡，产生能量损失。显然，扩散角 θ 的加大会增加这种旋涡损失。但是若 θ 很小，为达到一定扩张比，就要增加扩散长度并增加摩擦损失，因此 θ 存在最佳值。一般能量损失最小的 θ 约为 6°～16°。θ 在 60°左右时损失最大，渐扩管的局部损失系数可按式（8-50）计算：

$$\zeta = \frac{\lambda}{8\sin\dfrac{\theta}{2}}\left[1-\left(\frac{A_1}{A_2}\right)^2\right] + K\left(1-\frac{A_1}{A_2}\right) \qquad （8\text{-}50）$$

式中，系数 K 的数值见表 8-2。

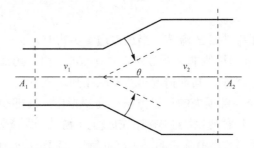

图 8-11　渐扩管示意图

表 8-2　系数 K 的取值

$\theta / (°)$	8	10	12	15	20	25
K	0.14	0.16	0.22	0.30	0.42	0.62

3）弯管

如图 8-12 所示，在弯管中流线发生弯曲，流体受到向心力的作用，弯管外侧的压强高于内侧的压强。图中 AB 区域内，流体的压强升高。B 点以后，流体的压力渐渐降低，与此同时，在弯管内侧的 $A'B'$ 区域内，流体进行增速降压的流动，$B'C'$ 区域内是增压减速流动。在 AB 和 $B'C'$ 这两个区域内，由于流动是增压减速的，会引起流体脱离壁面，形成旋涡区，造成损失。此外，由于黏性的作用，管壁附近的流体速度小，在内外压力差的作用下，会沿管壁从外侧向内侧流动。同时，由于连续性，管中心流体会向外侧壁

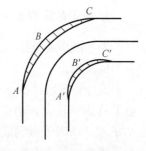

图 8-12　弯管示意图

面流去，从而形成一个双旋涡形式的横向流动，整个流动呈螺旋状。横向流动的出现，也会引起流体能量的损失。弯管的局部损失可按下列经验公式计算：

$$h_{\mathrm{w}} = \zeta \frac{v^2}{2g} = k\frac{\theta}{90}\frac{v^2}{2g} \qquad （8\text{-}51）$$

系数 k 的计算式为

$$k = 0.131 + 0.159 \left(\frac{d}{R} \right)^{3.5}$$

式中，R 是弯管中线的曲率半径；d 为管径。

4）突缩

根据实验结果，突缩的局部损失系数可用式（8-52）计算：

$$\zeta = 0.5 \left(1 - \frac{A_1}{A_2} \right) \tag{8-52}$$

计算时，用管道缩小后的流速。当进口边缘尖锐时，$\zeta = 0.5$；当进口边缘圆顺时，$\zeta = 0.2$；当进口边缘非常圆顺时，$\zeta = 0.05$。由于局部损失的具体情况非常多，这里不再一一列举，其他情况可查有关手册。

以上介绍了单个局部损失的计算方法。需要指出，局部损失使截面上的速度分布发生很大变化，这种变化能影响局部损失上下游某一距离处。流体通过局部损失后，要经过一段距离才能消除它的影响，重新建立起正常的速度分布。局部损失的影响长度为 $20d \sim 40d$，其中 d 为圆管的直径。对上游的影响长度要比对下游的影响短些。在工程实践中常遇到各局部损失之间的距离小于影响长度的情况，此时，局部损失不能进行简单的叠加，而是比简单的叠加所得的损失大。这是因为前一个局部损失对流速的影响尚未消除，又进入后一个局部损失，从而加强了对速度的影响。当局部损失之间的距离小于影响长度时，要由实验来确定组合后的局部损失。

3. 减小的局部损失措施

为了减少能量损失，在设计动力工程的气、液、风等各种管道时，应设法减少局部损失。

设计管道时，在结构布置允许的条件下，应尽量避免弯转角过大的"死弯"。至于弯曲半径 R，对热力设备中的汽水管道来说，一般管道直径 d 较小，常用 $R/d > 3.5$。对于风洞或者通风管道来说，d 较大，因此横向流的问题比较突出，为了减少横向流的影响，一方面使弯曲半径适当放大，以减少流体转弯时产生的离心力；另一方面，常在弯道内安装导流叶片，这既可减少弯道内侧的压强差，又可以减少横向流的影响范围。在风洞设计中，转弯处都会采用这种设计，如图 8-13 所示，可以看到风洞转弯处设置有导流叶片。

设计渐扩管时，扩张角应控制在 α 为 6°～16°，面积比较大时，可用隔板或用几个同心扩张管来达到正常的扩张角。在三通中，总管安装分流板或合流板、总管与支管连接应圆顺等都是减小局部损失的方法。

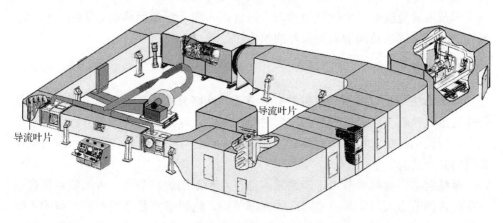

图 8-13　美国 cox 风洞[12]

还应该指出，在一些情况下可以利用局部损失。在航空发动机上为了防止燃烧室出口的高温高压燃气进入滑油腔内，需要将燃气和轴承的滑油腔隔开，这就需要采用密封装置。封严篦齿是一种利用流体压力损失实现限流功能的装置，由于其结构可靠，封严性能好，在燃气涡轮发动机中得以广泛应用。

封严篦齿由转子和静子两部分组成，转子上沿流向有若干个篦形齿，齿与齿之间形成齿腔，齿尖与静子之间有很小的间隙。间隙对流过的气体造成节流，气流依次流经多个齿腔和齿尖间隙，产生强烈的压力损失，在封严篦齿前后形成压力差。该压力差使得流经篦齿的空气受到限制。当这种封严装置用于轴承腔封严时，它只允许空气从轴承腔的外侧流入内侧，从而防止滑油泄漏。图 8-14 为某一燃气涡轮发动机轴承腔中的篦齿封严装置。

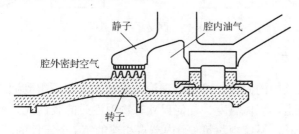

图 8-14　发动机篦齿封严装置结构图

8.5　管道的网络算法

在航空发动机润滑系统中，网络算法是一种常用的计算方法，能够快速得到润滑系统各部分的流量、温度、压力等参数，为润滑系统的合理设计提供指导。

本节以管道流动损失计算为基础，结合第 6 章所学的流体动力学的方程，学习管道的网络算法及润滑系统元件的模化和处理。

8.5.1　网络算法简介

网络算法[13]是求解复杂系统的有效方法。网络算法的基本思想是将复杂系统分解为由元件和节点组成的网络，针对系统单一元件建立特性计算方程，并在节点上应用流动控制方程，从而建立方程组对系统进行整体分析，获得系统内流体参数的分布情况。

系统网络中有两类节点，即系统内部节点和系统边界节点。内部节点指虚拟的系统内部节点或与实际腔室对应的内部节点。边界节点是系统网络求解的定解条件，系统进口边界节点的流体参数和出口边界节点压力是已知的，出口边界温度和内部节点的流体参数是待求的。系统中的节点用于系统元件间流体参数的传递。

图 8-15 为一简单网络系统示意图。为讨论方便，现对系统中各元件或节点代码含义进行说明。j 为需要计算的内部节点或边界出口节点；l 为元件代码，l_j 为与 j 节点相连的元件代码；k 为与 j 节点相连的元件另一端（进口或出口）节点代码；下标"i"表示流进 j 节点的上游元件或元件进口节点；下标"o"表示流出 j 节点的下游元件或元件出口节点；1，2，…表示流进或流出元件数超过 1 时的序号。

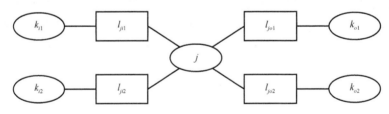

图 8-15　网络系统示意图

1. 流量和压力

对于润滑系统中的元件，可通过理论分析和实验修正得到通过该元件的质量流量与进出口压力、流体温度、几何尺寸等物理性质的表达式。令 B 为包含非压力参数的其他量时，系统中与第 j 个内节点相连的第 l 个元件的质量流量为

$$\dot{m}_{l_j} = f_{l_j}(B_{l_j}, p_j, p_k) \tag{8-53}$$

根据连续方程，对于稳态系统，流进流出每个内部节点流量的代数和为零。设与节点 j 相连的元件有 n 个，系统中内部节点数为 N，则有

$$\sum_{l=1}^{n} \dot{m}_{l_j} = \sum_{l=1}^{n} f_{l_j}(B_{l_j}, p_j, p_k) = 0; \qquad j = 1, 2, \cdots, N \tag{8-54}$$

针对网络中的每一个节点，依据式（8-54）写出一个方程，因此式（8-54）表示的是有 N 个方程的方程组。在开始进行网络系统计算时，系统内部节点压力未知，其值可根据边界压力假设，内部节点上将会出现流量残量，即

$$\sum_{l=1}^{n} \dot{m}_{l_j} = \Delta \dot{m}_j \neq 0; \qquad j = 1, 2, \cdots, N \tag{8-55}$$

通过计算逐步消除节点流量残量，即可求得真实元件流量和系统内各节点压力。

2. 热量和温度

在计算中，忽略滑油与管路及外界环境之间的热交换，因此润滑系统的流动换热主要是滑油与换热元件或内部结构之间的换热。

流体流经换热元件的换热量 Q_l 可以表示成质量流量 $\dot{m}$、定压热容 c_p 和元件进出口温差 ΔT_l 的关系，即

$$Q_l = \dot{m}_l c_{p_l} \Delta T_l \tag{8-56}$$

根据能量守恒原理，在稳定系统中流进节点的热量应等于流出节点的热量。而且，系统内部节点和出口节点的流体温度只受该节点上游相连元件中的换热量 Q_l 的影响。若与内部或边界出口节点 j 相连的上游元件有 n 个，系统内部节点总数为 N，系统边界出口节点总数为 M，则

$$\sum_{l=1}^{n} \left[\dot{m}_{l_{ji}} c_{p_{ki}} T_{ki} + Q_{l_{ji}} \right] - \left[\sum_{l=1}^{n} \dot{m}_{l_{ji}} \right] c_{p_j} T_j = 0; \tag{8-57}$$
$$j = 1, 2, \cdots, N+1, \cdots, N+M$$

令 $N + M = S$ 并将方程组（8-57）写成矩阵形式，则有

$$\dot{m} c_{p s \times s} T_s = -Q_s \tag{8-58}$$

直接求解方程组（8-58）可得到流体在系统各节点的温度。

在系统计算中，流量和压力对计算收敛的影响很大，而换热的影响很小。根据经验可先按等温流计算，待流量平衡后再进行换热修正，如此反复迭代总计算量较少。

8.5.2 润滑系统元件模化和处理

从网络算法的计算原理可知，元件特性的计算是润滑系统整体分析的基础。本节以航空发动机润滑系统为例，将润滑系统中的各种功能部件和结构模化为流体网络计算中的元件，给出各种元件的特性计算模型和相关处理方法。

1. 润滑系统元件分类及处理方法

发动机润滑系统是一个复杂的系统，主要由供油子系统、回油子系统和通风子系统组成，各子系统除了管路元件外还包括大量的功能附件和结构。本小节主要对供、回油系统中的各种管路元件、功能附件和结构进行模化。

1）润滑系统元件分类

根据滑油流经各种元件时，流体参数的变化情况将系统中的元件分为以下三类：

（1）流动阻力元件。滑油流经阻力元件时，产生流动损失，滑油压力减小。流动阻力元件主要包括沿程损失元件、典型局部阻力元件和特殊阻力元件。沿程损失元件主要指各种直管；典型局部阻力元件主要包括系统管路中的各种弯头、突扩、突缩、渐扩、渐缩、节流孔、滑油喷嘴等；特殊阻力元件主要包括各种阀门，如单向阀、滑油滤等。计算中，将滑油在系统管路中的流动简化为绝热流动，因此只考虑滑油流经阻力元件时的流动损失。

（2）增压元件。增压元件指润滑系统中的滑油泵。滑油流经滑油泵时，滑油泵给滑油做功，滑油压力明显增加，滑油温度略有上升。由于滑油泵对系统滑油温度的影响非常小，为了简化计算，只考虑滑油泵的增压特性，不考虑其对滑油温度的影响。

（3）换热元件。滑油流经换热元件时温度发生明显变化。换热元件主要指散热器、轴承腔和附件机匣等。由于滑油流经散热器时产生压力损失，所以散热器也是流阻元件，如果滑油散热器设计在供油管路中，除了考虑散热器的换热特性外，还要对其流动阻力特性进行计算。

2）元件处理方法

根据润滑系统中元件种类的不同，分别采用以下两种方法进行处理：

（1）直接法。直接法通过研究并建立元件特性计算模型，在网络计算时直接调用特性模型进行计算。主要适用于系统中的基本流阻元件。例如，第一类元件中的沿程损失元件和典型局部阻力元件等。

（2）间接法。间接法是将已有的元件特性嵌入系统，在网络计算时直接调用元件特性进行计算。间接法的关键是元件特性的获得，主要适用于系统中的特殊阻力元件、增压元件和换热元件。元件工作特性的获得有两种途径：一是依靠润滑系统附件特性实验，如滑油泵、滑油滤、单向活门等；二是针对具体元件，进行深入的计算分析。

2. 润滑系统元件特性计算模型

1）流动阻力元件

（1）直管的特性计算。如图 8-16 所示，流体在倾斜直管中流动。图中 p_1 为直管进口压力，p_2 为直管出口压力，D 为管径，L 为管长，z_1 和 z_2 分别为直管进出口距基准位置的高度。

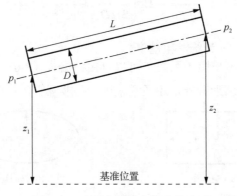

图 8-16　流体在倾斜直管中的流动

根据伯努利方程有

$$\frac{p_1}{\gamma} + \frac{v_1^2}{2g} + z_1 = \frac{p_2}{\gamma} + \frac{v_2^2}{2g} + z_2 + h_w \qquad (8-59)$$

式中，v_1、v_2 分别表示直管进出口流速；h_w 表示沿程损失。

因为直管各截面上的平均速度相等，即 $v_1 = v_2$，所以图 8-16 中倾斜管进出口压力差为

$$\Delta p = p_1 - p_2 = \gamma(z_2 - z_1) + \gamma h_w \qquad (8-60)$$

沿程损失 h_w 可表示为

$$h_w = \frac{fL}{D} \cdot \frac{\dot{m}^2}{2\rho^2 A^2 g} \qquad (8-61)$$

式中，ρ 为流体密度；g 为重力加速度；A 为截面面积；$\dot{m}$ 为质量流量；f 为摩擦阻力系数。

将式（8-61）代入式（8-60）可得直管的流动损失计算公式：

$$\Delta p = \frac{fL}{D} \cdot \frac{\dot{m}^2}{2\rho A^2} + \gamma(z_2 - z_1) \qquad (8-62)$$

摩擦阻力系数 f 的计算方法如下：

当 $Re \leqslant 2300$，

$$f = \frac{64}{Re} \qquad (8-63)$$

当 $Re > 2300$，采用 Colebrook 方程计算，即

$$\frac{1}{\sqrt{f}} = -2\lg\left(\frac{\Delta}{3.7D} + \frac{2.51}{Re\sqrt{f}}\right) \qquad (8\text{-}64)$$

式中，Re 为雷诺数；Δ 为绝对粗糙度。

对于圆形直管，摩擦阻力系数 f 可以直接根据式（8-63）和式（8-64）计算。但是润滑系统中除了圆形管外，还经常采用一些非圆管，如图 8-17 所示。

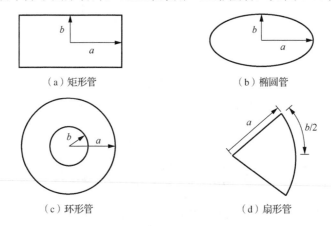

（a）矩形管　　　　　　　　　　　（b）椭圆管

（c）环形管　　　　　　　　　　　（d）扇形管

图 8-17　非圆管示意图

采用 White 法[14]进行非圆管摩擦阻力系数的计算，具体计算方法如下：

当 $Re \leqslant 2300$，

$$f = \frac{4Po}{Re} \qquad (8\text{-}65)$$

当 $Re > 2300$，

① 有效直径为

$$D_{\text{eff}} = \frac{16D_h}{Po} \qquad (8\text{-}66)$$

② 有效雷诺数为

$$Re_{\text{eff}} = \frac{\dot{m}D_{\text{eff}}}{\mu A} \qquad (8\text{-}67)$$

③ 将 Re_{eff} 代入 Colebrook 方程（式 8-64）计算摩擦阻力系数 f。

White 法中，Re 根据当量直径 D_h 计算，P_O 为 Poiseuille 数，计算方法如下：

当 $b/a < 0.2508$，

$$Po = A_0 \left(\frac{b}{a} \right)^{A_1} \tag{8-68}$$

式中，$A_0 = 24.8272$；$A_1 = 0.0479888$。

当 $b/a > 0.2508$，

$$Po = A_0 + A_1 \left(\frac{b}{a} \right) + A_2 \left(\frac{b}{a} \right)^2 + A_3 \left(\frac{b}{a} \right)^3 + A_4 \left(\frac{b}{a} \right)^4 \tag{8-69}$$

多项式（8-69）中的 Poiseuille 数系数根据非圆管的形式确定，表 8-3 给出了四种非圆管的 Poiseuille 数系数。

表 8-3　非圆管 Poiseuille 数系数

系数	矩形管	椭圆管	环形管	扇形管
A_0	23.9201	19.7669	11.9852	22.0513
A_1	−29.436	−4.53458	3.01553	6.44473
A_2	30.3872	−11.5239	−1.09712	−7.35451
A_3	−10.7128	22.3709	0	2.78999
A_4	0	−10.0874	0	0

（2）典型局部阻力元件特性计算。在润滑系统管路中，有许多产生局部阻力的元件和结构，主要包括弯头、折管、突扩、突缩、渐扩、渐缩、节流孔等，如图 8-18 所示。对于局部阻力损失一般采用式（8-70）进行计算：

$$\Delta p = p_2 - p_1 = \zeta \frac{\dot{m}^2}{2\rho A^2} \tag{8-70}$$

式中，ζ 为局部阻力系数。

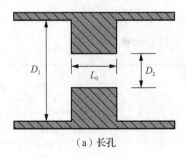

（a）长孔

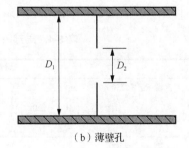

（b）薄壁孔

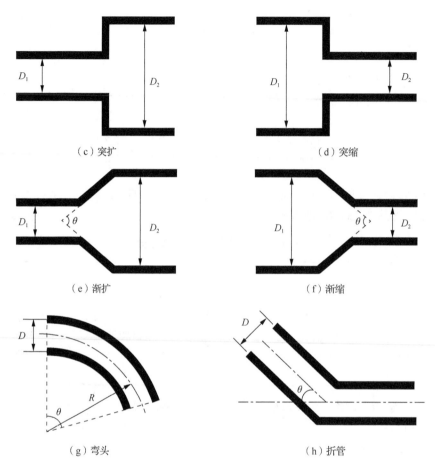

图 8-18　局部阻力元件

阻力系数 ζ 取决于流动雷诺数 Re 和产生阻力处的几何形状,其大多由实验确定,本书分别给出了润滑系统各种局部阻力元件阻力系数的计算模型,具体见表 8-4。从表 8-4 可知,计算模型考虑了雷诺数 Re 对局部阻力系数的影响,模型中的雷诺数 Re 均以元件上游的流动条件来确定。

表 8-4　局部阻力系数 ζ 的计算模型

元件	局部阻力系数 ζ
长孔[15]	上游 $Re \leqslant 2500$: $$\zeta = \left[2.72 + \left(\frac{D_2}{D_1}\right)^2\left(\frac{120}{Re} - 1\right)\right]\left[1 - \left(\frac{D_2}{D_1}\right)^2\right]\left[\left(\frac{D_1}{D_2}\right)^4 - 1\right]\left[0.584 + \frac{0.0936}{\left(L_0/D_2\right)^{1.5} + 0.225}\right]$$ 上游 $Re > 2500$: $$\zeta = \left[2.72 - \left(\frac{D_2}{D_1}\right)^2\left(\frac{4000}{Re}\right)\right]\left[1 - \left(\frac{D_2}{D_1}\right)^2\right]\left[\left(\frac{D_1}{D_2}\right)^4 - 1\right]\left[0.584 + \frac{0.0936}{\left(L_0/D_2\right)^{1.5} + 0.225}\right]$$

续表

元件	局部阻力系数 ζ

薄壁孔[15]

上游 $Re \leqslant 2500$：

$$\zeta = \left[2.72 + \left(\frac{D_2}{D_1}\right)^2\left(\frac{120}{Re} - 1\right)\right]\left[1 - \left(\frac{D_2}{D_1}\right)^2\right]\left[\left(\frac{D_1}{D_2}\right)^4 - 1\right]$$

上游 $Re > 2500$：

$$\zeta = \left[2.72 - \left(\frac{D_2}{D_1}\right)^2\left(\frac{4000}{Re}\right)\right]\left[1 - \left(\frac{D_2}{D_1}\right)^2\right]\left[\left(\frac{D_1}{D_2}\right)^4 - 1\right]$$

突扩[15]

上游 $Re \leqslant 4000$：

$$\zeta = 2\left[1 - \left(\frac{D_1}{D_2}\right)^4\right]$$

上游 $Re > 4000$：

$$\zeta = \left[1 + 0.8f\right]\left[1 - \left(\frac{D_1}{D_2}\right)^2\right]^2$$

突缩[15]

上游 $Re \leqslant 2500$：

$$\zeta = \left[1.2 + \frac{160}{Re}\right]\left[\left(\frac{D_1}{D_2}\right)^4 - 1\right]$$

上游 $Re > 2500$：

$$\zeta = \left[0.6 + 0.48f\right]\left(\frac{D_1}{D_2}\right)^2\left[\left(\frac{D_1}{D_2}\right)^2 - 1\right]^2$$

渐扩[15]

上游 $Re \leqslant 4000$：

$$\zeta = 2\left[1 - \left(\frac{D_1}{D_2}\right)^4\right]\left[2.6\sin\left(\frac{\theta}{2}\right)\right]$$

上游 $Re > 4000$：

$$\zeta = \left[1 + 0.8f\right]\left[1 - \left(\frac{D_1}{D_2}\right)^2\right]^2\left[2.6\sin\left(\frac{\theta}{2}\right)\right]$$

渐缩[15]

上游 $Re \leqslant 2500$：

$$\zeta = \begin{cases} \left[1.2 + \dfrac{160}{Re}\right]\left[\left(\dfrac{D_1}{D_2}\right)^4 - 1\right]\sqrt{\sin\left(\dfrac{\theta}{2}\right)}, & 45° < \theta < 180° \\[3mm] \left[1.2 + \dfrac{160}{Re}\right]\left[\left(\dfrac{D_1}{D_2}\right)^4 - 1\right]\left[1.6\sin\left(\dfrac{\theta}{2}\right)\right], & 0° < \theta \leqslant 45° \end{cases}$$

上游 $Re > 2500$：

$$\zeta = \begin{cases} \left[0.6 + 0.48f\right]\left(\dfrac{D_1}{D_2}\right)^2\left[\left(\dfrac{D_1}{D_2}\right)^2 - 1\right]^2\sqrt{\sin\left(\dfrac{\theta}{2}\right)}, & 45° < \theta < 180° \\[3mm] \left[0.6 + 0.48f\right]\left(\dfrac{D_1}{D_2}\right)^2\left[\left(\dfrac{D_1}{D_2}\right)^2 - 1\right]^2\left[1.6\sin\left(\dfrac{\theta}{2}\right)\right], & 0° < \theta \leqslant 45° \end{cases}$$

续表

元件	局部阻力系数 ζ
弯头[16]	$\zeta = \left(\dfrac{\theta}{90°}\right)\left[0.131 + 0.159\left(\dfrac{D}{R}\right)^{3.5}\right]$
折管[16]	$\zeta = 0.94\sin^2\left(\dfrac{\theta}{2}\right) + 2.047\sin^4\left(\dfrac{\theta}{2}\right)$

当长孔元件 $L_0/D_2 \leqslant 5$ 时，模型的计算结果与实验数据吻合较好[15]，但是当 $L_0/D_2 > 5$ 时，则需要用突缩和突扩元件的组合来模拟长孔元件流动阻力特性。

表 8-4 中渐扩模型的适用条件是 $\theta \leqslant 45°$，当 $\theta > 45°$ 时渐扩模型不再适用，此时可以将渐扩元件直接当作突扩元件来计算，而且计算结果与实验数据吻合[15]。

（3）滑油喷嘴。滑油喷嘴是润滑系统供油管路中的重要附件，系统中的流动阻力损失主要发生在滑油喷嘴上，因此其流阻计算的准确性对系统供油计算有很大的影响。此处采用文献[17]和[18]给出的模型来模拟滑油喷嘴流阻特性：

$$\dot{m} = \frac{C_d A_n}{(1-c^2)^{1/2}}\sqrt{2\rho\Delta p} \tag{8-71}$$

式中，$c = d_n{}^2/D^2$，d_n 为喷嘴孔径，D 为管径；A_n 为喷嘴截面面积；C_d 为喷嘴流量系数。文献[17]通过大量的实验数据拟合出了喷嘴流量系数的计算公式，具体为

$$\frac{1}{C_d} = \frac{1}{C_{du}} + \frac{20}{Re}\left(1 + 2.25\frac{l_n}{d_n}\right) - \frac{0.005\dfrac{l_n}{d_n}}{1 + 7.5(\log^{0.00015Re})^2} \tag{8-72}$$

式中，l_n 为喷嘴孔长；Re 为喷嘴雷诺数，有

$$Re = \frac{(2\rho\Delta p)^{1/2} \cdot d_n}{\mu} \tag{8-73}$$

C_{du} 为 $Re = 2\times10^4$ 时的喷嘴流量系数，有

$$C_{du} = 0.827 - 0.0085\frac{l_n}{d_n} \tag{8-74}$$

式（8-71）计算模型的使用范围为 $2 \leqslant \dfrac{l_n}{d_n} \leqslant 10$，$10 \leqslant Re \leqslant 2\times10^4$。

（4）特殊阻力元件。特殊阻力元件主要包括润滑系统中的各种阀门、滑油滤、滑油散热器等。由于特殊阻力元件的阻力特性难以通过简单的计算分析得到，必须通过润滑系统的附件实验或深入的分析研究获得。

本小节对于滑油滤和各类阀门给出两种方法进行处理。第一种方法是将特殊元件处理为局部阻力元件，根据局部阻力特性计算公式（8-70）进行计算，其中

阻力系数 ζ 通过特殊元件的流阻特性曲线获得。第二种方法是将特殊元件的流阻特性曲线以方程或数据表的形式嵌入系统中进行计算，方程的形式为

$$\dot{m} = A \cdot \Delta p^B + C \cdot \Delta p^2 + D \cdot \Delta p + E \tag{8-75}$$

式中，Δp 为进出口压差；系数 A、B、C、D、E 根据特殊元件的流阻特性曲线拟合得到。

2）增压元件

增压元件指润滑系统中的滑油增压泵，滑油增压泵的功能是给滑油做功，提高滑油压力，并将滑油输送到各润滑点。润滑系统中的增压元件一般采用齿轮泵等。由于齿轮泵工作时不可避免地存在供油损失（充填损失和泄漏损失），所以齿轮泵的理论供油量要比实际供油量大，理论计算很难计算准确，必须通过附件实验获得齿轮泵的工作特性。

齿轮泵的供油量是随泵转速而变化的，此处仍采用特性数据表或式（8-75）的形式将齿轮泵的特性曲线嵌入系统进行计算，只是式（8-75）中的 Δp 变为泵的转速 n。

3）换热元件

换热元件指润滑系统中的轴承腔、附件机匣和滑油散热器，其换热特性必须通过深入的热分析研究得到。本部分将换热元件的换热特性用式（8-76）表示：

$$T_{\text{out}} = f(T_{\text{in}}, \text{工况参数}) \tag{8-76}$$

即换热元件的滑油出口温度 T_{out} 是滑油进口温度 T_{in} 和工况参数的函数。

润滑系统整体热分析时，换热元件的换热特性仍然以特性数据表或方程的形式嵌入系统。

【例 8-1】　以某发动机滑油系统后轴承腔的滑油供油支路的计算分析为例，介绍流体网络算法在管网计算方面的应用。

解：在实际的供油过程中，某发动机后轴承腔滑油在压力的作用下，首先经过该供油支路的节流孔，然后经过由不同管路元件组成的管路流入轴承腔，最后经过 3 个滑油喷嘴喷出，分别向 4#轴承与前密封装置、5#轴承和后密封装置供给润滑油。图 8-19 为基于流体网络算法的思想，将实际的供油管路简化为由元件和节点组成的流体网络系统模型。模型中包括 21 个管路元件和 22 个网络节点。21 个元件包括节流孔、直管、弯头、突扩、突缩及滑油喷嘴等。22 个网络节点中有 4 个边界节点，其中一个进口边界节点代表后轴承腔的滑油进口，三个出口边界节点代表轴承腔内不同润滑冷却部位滑油喷嘴的出口。图 8-20～图 8-23 分别为系统流量、压力、流速和温度计算结果。

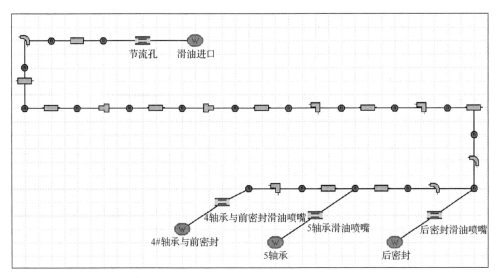

图 8-19　某发动机滑油系统后轴承腔供油管路流体网络系统模型

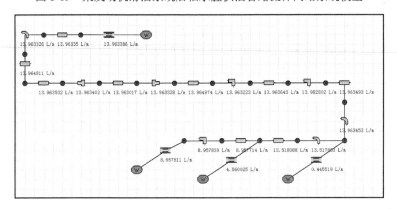

图 8-20　供油系统各元件系统流量计算结果

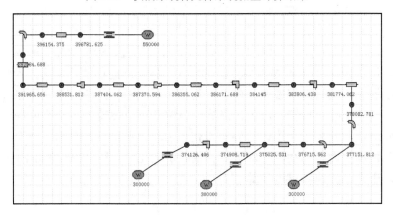

图 8-21　供油系统各节点压力计算结果

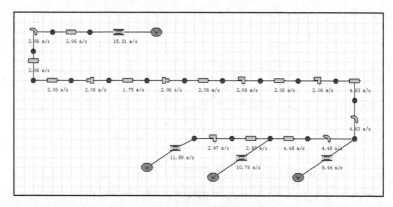

图 8-22　供油系统各元件流速计算结果

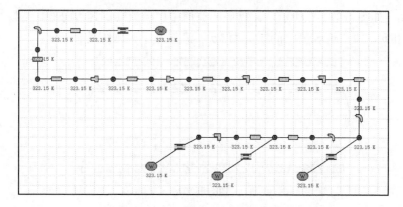

图 8-23　供油系统各节点温度计算结果

习　题

8-1　分别求出中质柴油（$\nu = 4.41 \times 10^{-6}\,\mathrm{m^2/s}$）和水（$\nu = 1.13 \times 10^{-6}\,\mathrm{m^2/s}$）在直径为152.44mm的管道里流动时的临界速度（对应于临界雷诺数）。

8-2　一个直径$d = 200\mathrm{mm}$，长度$l = 1000\mathrm{m}$的输油管，输送流量为$Q = 0.04\mathrm{m^3/s}$，运动黏性系数$\nu = 1.6\mathrm{cm^2/s}$，求沿程损失h_w。

8-3　直径为多少的管道可以在层流状态下输送$5.67 \times 10^{-3}\,\mathrm{m^3/s}$的中质柴油（$\nu = 6.08 \times 10^{-6}\,\mathrm{m^2/s}$）？

8-4　如图习题8-4所示，黏性流体在重力作用下流过一细斜管，管半径为r_0，$\alpha = 30°$，求：

（1）当管内压力为常数时，定常流动的运动微分方程；

（2）管内流速分布；

（3）动力黏性系数与流量Q的关系。

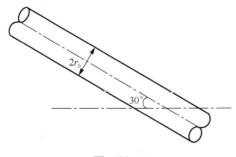

图习题 8-4

8-5　试证明两无限大固定平行平板间层流流动的平均流速与最大流速之比为 2/3。

8-6　如图习题 8-6 所示，计算环形通道中层流流动的速度分布。环隙内外半径为 a 和 b，每单位长度上的压降为 Δp，流体是不可压缩的。

图习题 8-6

8-7　如图习题 8-7 所示，轴套沿固定轴以速度 v_0 移动，轴套长 l，间隙中有不可压缩流体作层流流动，若流体中压强为常数，求：

（1）间隙内流体的速度分布；

（2）维持轴套移动所需的力。

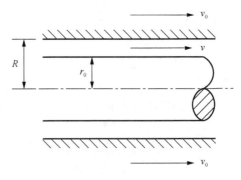

图习题 8-7

8-8　水在直径为 305mm 的管道中流动时，在 300m 长度上的沿程损失为 15m

水柱，试求：

（1）管壁上的切应力；

（2）离管道中心线 55mm 处的切应力；

（3）摩擦速度；

（4）当 $\lambda = 0.05$ 时的平均流速。

8-9 用油泵抽运相对密度为 0.860 的中质润滑油，流经长 304.8m，直径 51mm 的水平管道，流量为 $1.23 \times 10^{-3} \text{m}^3/\text{s}$。若压降是 207kPa，那么油的动力黏性系数是多少？

8-10 润滑油在圆管中作层流运动，已知管径 $d = 1\text{cm}$，管长 $l = 5\text{m}$，流量 $Q = 80\text{cm}^3/\text{s}$，沿程损失 $h_\text{w} = 30\text{m}$（油柱），试求油的运动黏性系数？

8-11 当 $Re = 3500$ 时，光滑管内的流动可能是层流或湍流。设 20℃ 的水流过内径为 50.8mm，长为 1.3m 的光滑管，求：

（1）湍流和层流时的平均流速比；

（2）湍流时的沿程损失；

（3）层流时管中心的流速。

8-12 方形光滑管道的边长为 a 和 b，截面积一定，求流过一定流量时，沿程损失最小的 a/b 值（设流动为层流）。

8-13 流体经过如图习题 8-13 所示的环状间隙，自左向右流过。间隙两边的压强为 p_1 和 p_2。设间隙通道的沿程损失系数为 λ，进出间隙的局部损失系数为 $\sum \zeta$。求流过间隙的体积流量。

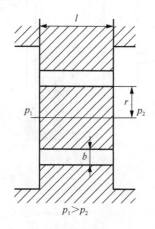

图习题 8-13

8-14 如图习题 8-14 所示，突然扩大管段的局部损失 $h_\text{w} = \dfrac{v_1^2}{4g}$，试证明：

（1）突然扩大前后管段的流速之比 $\dfrac{v_1}{v_2} = 2 + \sqrt{2}$ ；

（2）突然扩大前后管段的管径之比 $\dfrac{d_1}{d_2} = \sqrt{\dfrac{2 - \sqrt{2}}{2}}$ 。

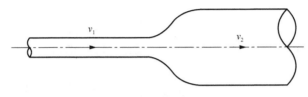

图习题 8-14

8-15　油在管中以 $v = 1\text{m/s}$ 的速度运动，如图习题 8-15 所示。油的密度 $\rho = 920\text{kg/m}^3$，$l = 3\text{m}$，$d = 25\text{mm}$，水银压差计测得 $h = 9\text{cm}$。试求：

（1）油在管中流动的流态；

（2）油的运动黏性系数；

（3）若保持相同的平均流速反向流动，压差计的读数有什么变化。

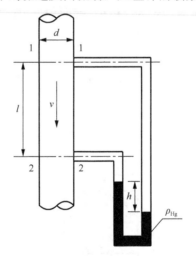

图习题 8-15

第 9 章　可压缩一维定常流动

在流体力学中，一般把液体看作不可压缩流体。对于气体，其密度是随压强和温度变化的，但是当气体在流场中各点的速度相对于当地声速很小，且流动中没有功和热交换时，其密度的相对变化也不大，这时可以把气体作为不可压缩流体看待。然而，当气体速度接近声速或超过声速时，其流动参数的变化规律及流动现象和不可压缩流体有着相当大的差别，这时必须考虑气体的可压缩性。

本章介绍可压缩气体流动的一些基本概念和知识，其中包括可压缩流体运动与不可压缩流体运动的物理差别、理想气体一维定常流动的各种参数变化规律、渐缩喷管和拉瓦尔喷管中气体的流动，以及发动机空气系统中容腔压力的瞬态响应。

9.1　声速和马赫数

9.1.1　声速

声速是指在可压缩介质中微弱扰动的传播速度。如图 9-1（a）所示，有一个半无限长等截面直圆管，左端装有活塞，管内充满静止流体。若推动活塞以微小速度 dv 向右运动，然后活塞保持 dv 的速度继续向右运动，活塞的运动给流体一个微弱扰动，使紧贴活塞的那层流体最先受到压缩，其压强、密度和温度有个微小增量，这层流体也以速度 dv 运动，这层被压缩后以速度 dv 运动的流体，就像活塞一样，又压缩下一层流体，使其压强、密度和温度也略有增大，速度也为 dv。这样，压缩作用将一层一层传播出去。

如果圆管中的活塞不是向右而是向左运动，则紧贴活塞的那层流体首先膨胀，压强、密度和温度将略为减小，并具有向左的运动速度，这层流体又像活塞一样，使下一层流体膨胀并向左运动。依此类推，扰动也将逐渐向右传播出去。

从上述讨论可知，流体受到压缩或膨胀的扰动，都将向右传播，在这个传播过程中，受到扰动和尚未受到扰动的流体之间有一个分界面 [如图 9-1（a）中 mn 线所示]，在分界面的两侧，流体参数有一微小差别，这个分界面称为微弱扰动波或声波，其传播速度称为声速（c）。

下面以压缩扰动为例，推导声速的公式。如图 9-1（a）所示，在声波经过之

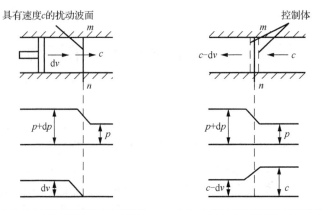

（a）绝对坐标系下微弱扰动波的传播　　　（b）相对坐标系下微弱扰动波的传播

图 9-1　微弱扰动波的传播

前，流体处于静止状态，压强为 p，密度为 ρ；在微弱扰动波通过之后，波后受扰流体的速度变为 $0+\mathrm{d}v$，压强变为 $p+\mathrm{d}p$，密度变为 $\rho+\mathrm{d}\rho$。

为分析方便，将坐标固结在波面上，如图 9-1（b）所示。这实际上是假定观察者以和波面相同的速度在移动。因此，从移动的观察者来看，这个过程就变成了一个定常流动的流体流经观察者。取图 9-1（b）中虚线所示的区域作为控制体，波面处于控制体中，波面两侧截面积都为 A。

对控制体写出连续方程：

$$c\rho A = (c-\mathrm{d}v)(\rho+\mathrm{d}\rho)A \tag{9-1}$$

略去二阶小量，得

$$\frac{\mathrm{d}\rho}{\rho} = \frac{\mathrm{d}v}{c} \tag{9-2}$$

对控制体建立动量方程时，忽略控制面上的切向力，于是有

$$pA - (p+\mathrm{d}p)A = \rho cA[(c-\mathrm{d}v)-c] \tag{9-3}$$

整理可得

$$\mathrm{d}p = \rho c\,\mathrm{d}v \tag{9-4}$$

由式（9-2）及式（9-4）消去 $\mathrm{d}v$，得声速公式

$$c^2 = \frac{\mathrm{d}p}{\mathrm{d}\rho} \tag{9-5}$$

由于流体受到的是微弱的扰动，其压强、密度和温度等参数的变化极为微小，

因而整个过程接近于可逆过程。另外，该过程进行得相当迅速，与外界来不及进行热交换，这就使得该过程接近于绝热过程。因此，微弱扰动的传播可以被看作是一个可逆的绝热过程，即等熵过程。于是，声速公式（9-5）可以写成

$$c = \sqrt{\left(\frac{\partial p}{\partial \rho}\right)_s} \qquad (9\text{-}6)$$

式中，下标"S"表示等熵过程。声速公式（9-6）无论对气体还是液体都适用。对于常比热容完全气体，等熵过程中存在 $p/\rho^k = \text{const}$ 及关系 $p = \rho RT$。因此，常比热容完全气体的声速公式可写为

$$c = \sqrt{k\frac{p}{\rho}} = \sqrt{kRT} \qquad (9\text{-}7)$$

对于空气，$k = 1.4$，$R = 287.06 \text{J/(kg·K)}$，即

$$c = 20.1\sqrt{T} \qquad (9\text{-}8)$$

由式（9-6）看出，流体的可压缩性大，则微弱扰动波传播得慢，声速小；反之，流体的可压缩性小，则扰动波传播得快，声速大。由式（9-7）看出，在同一种气体中，声速随着介质温度的升高而增大，与气体绝对温度 T 的平方根成正比。声速与介质的性质有关，不同的介质中有不同的声速。

需要注意的是，声速是一个热力学参数，各点的状态参数不同，各点的声速也不同，因此声速指的是某一点在某一瞬时的声速，即所谓"当地声速"。

9.1.2　马赫数

在实际计算中，通常用当地的流体速度与声速的比值来作为判断气体压缩性影响的标准，即

$$Ma = \frac{v}{c} \qquad (9\text{-}9)$$

式中，Ma 称为马赫数，是一个无量纲量。通常 v 和 c 两者都是时间和位置的函数，因此 Ma 并不是与 v 成正比的无量纲流动速度。

通常按照自由流的马赫数对流动分类：$Ma \leqslant 0.3$，低速流动；$Ma < 1$，亚音速流动；$Ma \approx 1$，跨声速流动；$Ma > 1$，超声速流动，出现包括激波在内的一些新现象；$Ma > 5$，高超声速流动，出现某些实质上全新的现象，如气体的电离等。

微弱扰动在流动气体中传播时，$Ma < 1$ 和 $Ma > 1$ 有本质的差别。下面就来讨论微弱扰动源（如声音脉冲按固定的时间间隔发出）在静止的空气中静止不动或做等速直线运动时，微弱扰动波在空间气体中的四种传播情况：

（1）扰动源在静止气体中不动。假定微弱扰动按固定的时间间隔发出，则声波必然以声速 c 间隔地从扰动源"0"向各个方向传播，声波在空间为一球面波，如图 9-2（a）所示（图中 $t=3\text{s}$）。可见，随着时间的推移，扰动可以传遍整个气体。

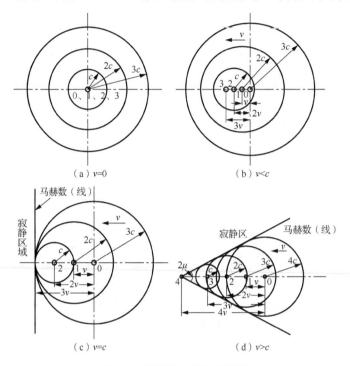

图 9-2　微弱扰动的传播图形

（2）扰动源以亚声速（ $v<c$ ）在静止气体中自右向左作等速直线运动。扰动源从"0"点出发，经过一段时间，如 $t=3\text{s}$ ，扰动源便前进了一段距离 $3v$ 而达到"3"点，如图 9-2（b）所示。这时，与扰动源同时从"0"点发出的球面波的半径则为 $3c$ 。显然声波始终赶在扰动源的前面，即在扰动源还没有到达以前，气体就被扰动了。因此，当物体以亚声速运动时，它的微弱扰动波可以达到气体中任何一点。

（3）扰动源以声速（ $v=c$ ）在静止气体中运动，则扰动源总在扰动波上。这样，就有无数的球面波在同一点相切，在该切点处出现了一个分界面（平面），如图 9-2（c）所示。在分界面前面的气体是未被扰动的，而在分界面后面的气体是已被扰动了的。扰动传播的范围被限制在垂直于扰动源运动方向的一个平面所划出的下游半个空间内，因此微弱扰动波不能向上游传播。

（4）扰动源以超声速（ $v>c$ ）在静止气体中运动，扰动源就永远在扰动波前面，如图 9-2（d）所示。这时，扰动与未扰动气体的分界面是以扰动源为顶点、锥角 $\mu=\sin^{-1}\dfrac{c}{v}=\dfrac{1}{Ma}$ 的后圆锥面。此锥称为马赫锥， μ 称为马赫角。马赫角从 $90°$

开始（相当于 $v = c$ 的情况），随着 Ma 的增大而逐渐减小，此马赫锥内的区域称为扰动的影响区，马赫锥以外称为"寂静区"，不受扰动影响。由此可见，超声速气流下游扰动传不到上游。例如，超音速飞机飞行时，马赫锥是以飞机为顶点并随飞机前进，锥面以外的空气不受影响，因此即使看见飞机飞过，也听不到声音，只有人进入马赫锥后，才能听见声音。

9.2 完全气体定常等熵流动

在很多实际的可压缩气体流动中，如压气机、进气道和喷管内的流动等，可以先忽略气体的黏性影响和所受的质量力，作为完全气体的等熵流动来分析，需要时再考虑黏性的影响，这样可使问题大为简化。本节将介绍完全气体定常等熵流动中的主要关系式和几个重要参数。

9.2.1 三种参考状态

三种参考状态指的是滞止状态、临界状态和最大速度状态。处于任何状态的流体，都可设想通过等熵过程转变为对应的滞止状态、临界状态和最大速度状态。应当指出，上述三种参考状态，可以是问题中真实存在的状态，也可以是实际上不存在的假想状态。对于等熵流动来说，参考状态往往是真实可能存在的状态。

1）滞止状态

速度为 v，热力状态为 p、ρ 的气体，它在定常流场中等熵地滞止到 $v = 0$ 时的状态称为滞止状态。其相应的参数称为滞止参数，又称驻点参数或总参数，用上标"*"表示。例如，p^* 为滞止压强、ρ^* 为滞止密度、T^* 为滞止温度，或分别称为总压、总密度、总温。其值按式（9-10）～式（9-13）确定。

$$\frac{k}{k-1}\frac{p}{\rho}+\frac{v^2}{2}=h+\frac{v^2}{2}=h^*=c_pT^* \tag{9-10}$$

$$\frac{c^2}{k-1}+\frac{v^2}{2}=\frac{c^{*2}}{k-1} \tag{9-11}$$

$$p^*=\rho^*RT^*,c^*=\sqrt{kRT^*} \tag{9-12}$$

$$\frac{p^*}{\rho^{*k}}=\frac{p}{\rho^k},S^*=S=C_v\ln\frac{p}{\rho^k}+\text{const} \tag{9-13}$$

定常等熵流动中，沿流线所有的滞止参数不变。因为由式（9-10）、式（9-13）可知，沿流线有

$$c_p T^* = \text{const} , \qquad S^* = S = \text{const} \tag{9-14}$$

式（9-14）表明，完全气体在管内做绝能定常流动时，各截面滞止温度不变，即 $T_2^* = T_1^*$。当然，这只有在 c_p 是一个不随温度而变化的常数及 $c^2 = kRT$ 成立时，才有这个结论。

根据热力学第一定律，完全气体的滞止压强和滞止密度的关系为

$$dS = c_p \frac{dT}{T} - R \frac{dp}{p} = c_p \frac{dT^*}{T^*} - R \frac{dp^*}{p^*} \tag{9-15}$$

如果流动绝能（但并不一定等熵），则 $dT^* = 0$，故有

$$dS = -R \frac{dp^*}{p^*} \tag{9-16}$$

可见对等熵流动（$dS = 0$）必有 $dp^* = 0$，即一维定常等熵流动，沿整个流动滞止压强 p^* 不变。但这一结论不能推广应用于绝能非等熵过程。对绝能非等熵流动，沿流动方向发生的熵增必定伴随着沿流动方向滞止压强的下降。

同理可以证明，对定常等熵流动，沿整个流动滞止密度 ρ^* 保持不变。而对定常绝能的非等熵流动，沿流动方向滞止密度下降。

滞止参数值与坐标系有关，计算式（9-10）～式（9-13）只适用于惯性系（绝对坐标系）。这是因为滞止参数和相应的动能有关，必然随观察者所处地位不同而变。

2）临界状态

速度为 v，热力状态为 p、ρ 的流体质点，在定常流场中等熵地加速或减速到恰好是声速（$Ma = 1$）时的状态称为临界状态。此状态的参数称为临界参数，用下标 "cr" 表示。例如，流动速度就是临界速度，用 v_{cr} 表示，$v_{cr} = c_{cr}$，由能量方程可得

$$\frac{c^2}{k-1} + \frac{v^2}{2} = \frac{k+1}{k-1} \frac{c_{cr}^2}{2} \tag{9-17}$$

3）最大速度状态

速度为 v，热力状态为 p、ρ 的流体质点，假想它在定常流场中等熵地加速到 $p = 0$（同时必有 $T = 0$，$\rho = 0$）时的质点速度称为最大速度，用 v_{max} 表示。根据能量方程，有

$$\frac{k}{k-1} \frac{p}{\rho} + \frac{v^2}{2} = \frac{v_{max}^2}{2} \tag{9-18}$$

v_{max} 是一个假想参数，实际上是不可能存在的，因为这时气流的热能全部转

变为动能，即气体中分子运动全部停止，显然这是不可能的。这仅作为分析和计算中的一个参考速度。

9.2.2　用滞止参数表示各种特定速度

使式（9-10）、式（9-11）、式（9-17）、式（9-18）等号的右边相等，可得

$$h^* = c_p T^* = \frac{k}{k-1}\frac{p^*}{\rho^*} = \frac{k}{k-1}RT^* = \frac{c^{*2}}{k-1} = \frac{k+1}{k-1}\frac{c_{cr}^2}{2} = \frac{v_{max}^2}{2} \tag{9-19}$$

由此可得

$$v_{max} = \sqrt{2h^*} = \sqrt{2c_p T^*} = \sqrt{\frac{2k}{k-1}\frac{p^*}{\rho^*}} = c^*\sqrt{\frac{2}{k-1}} \tag{9-20}$$

$$c_{cr} = \sqrt{\frac{2k}{k+1}RT^*} = \sqrt{\frac{2k}{k+1}\frac{p^*}{\rho^*}} = c^*\sqrt{\frac{2}{k+1}} = v_{max}\sqrt{\frac{k-1}{k+1}} \tag{9-21}$$

9.2.3　速度系数

在讨论气体的流动时，除了用马赫数外，还常用气流速度与临界声速之比 $\dfrac{v}{c_{cr}}$，比值称为速度系数，并用字母 λ 表示，即

$$\lambda = \frac{v}{c_{cr}} \tag{9-22}$$

λ 与 Ma 的关系可由式（9-17）推得，将式（9-17）两端各除以 v^2，得

$$\frac{1}{k-1}\frac{1}{Ma^2} + \frac{1}{2} = \frac{1}{2}\frac{k+1}{k-1}\frac{1}{\lambda^2} \tag{9-23}$$

简化后即得 λ 与 Ma 的关系为

$$\lambda^2 = \frac{(k+1)Ma^2}{2+(k-1)Ma^2} \tag{9-24}$$

$$Ma^2 = \frac{\dfrac{2}{k+1}\lambda^2}{1-\dfrac{k-1}{k+1}\lambda^2} \tag{9-25}$$

分析这两个关系，可以知道：当 $Ma=0$ 时，$\lambda=0$；当 $Ma<0$ 时，$\lambda<0$；当 $Ma=1$ 时，$\lambda=1$；当 $Ma>1$ 时，$\lambda>1$；当 $Ma\to\infty$ 时，$\lambda=\lambda_{max}=\sqrt{\dfrac{k+1}{k-1}}$。

因此，λ 与 Ma 一样，也是表示亚声速流或超声流的一个简单标志。

和 Ma 相比，应用 λ 的好处是：①在绝能流动中，临界声速是一个常数，因此流速 v 和 λ 成正比，由 λ 求流速 v，只要乘上一个常数 c_{cr} 就行了，这样在计算一系列的速度时就简便多了；Ma 中的声速 c 是随气流温度 T 而变化的，知道了气流的 Ma，还必须知道气流的静温，才能算出速度 v。如果要计算一系列的速度，这样的计算就显得繁琐多了。②在绝能流动，当气流速度趋向于 $v_{\max}$ 时，声速 c 下降为零，Ma 趋向无限大，在做图表曲线时就很不方便。当 $v \rightarrow v_{\max}$ 时，λ 是一个有限量，即 $\lambda_{\max} = \sqrt{\dfrac{k+1}{k-1}}$，这样就消除了上述困难。

9.2.4　静参数与滞止参数的关系

由绝能流动的能量方程

$$c_p T + \frac{v^2}{2} = c_p T^* \tag{9-26}$$

得

$$\frac{T}{T^*} = 1 - \frac{v^2}{2c_p T^*} = 1 - \frac{v^2}{2\dfrac{k}{k-1}RT^*} = 1 - \frac{k-1}{k+1}\frac{v^2}{c_{\text{cr}}^2} = 1 - \frac{k-1}{k+1}\lambda^2 \tag{9-27}$$

将式（9-20）及式（9-21）代入式（9-27），得

$$\frac{T}{T^*} = 1 - \frac{k-1}{k+1}\lambda^2 = \left(1 + \frac{k-1}{2}Ma^2\right)^{-1} = 1 - \frac{v^2}{v_{\max}^2} \tag{9-28}$$

再运用等熵关系式，可得

$$\frac{p}{p^*} = \left(1 - \frac{k-1}{k+1}\lambda^2\right)^{\frac{k}{k-1}} = \left(1 + \frac{k-1}{2}Ma^2\right)^{-\frac{k}{k-1}} = \left(1 - \frac{v^2}{v_{\max}^2}\right)^{\frac{k}{k-1}} \tag{9-29}$$

$$\frac{\rho}{\rho^*} = \left(1 - \frac{k-1}{k+1}\lambda^2\right)^{\frac{1}{k-1}} = \left(1 + \frac{k-1}{2}Ma^2\right)^{-\frac{1}{k-1}} = \left(1 - \frac{v^2}{v_{\max}^2}\right)^{\frac{1}{k-1}} \tag{9-30}$$

式（9-28）~式（9-30）建立了流体静参数 p、ρ、T 和滞止参数 p^*、ρ^*、T^* 及 Ma（或 λ 或 $v_{\max}$）之间的关系。对于一维绝能等熵流动，在流动过程中，滞止参数是个常数，所以根据 Ma（或 λ）就可以很方便地算出流体静参数。

假如在流动过程中，滞止参数有变化，则这三个式子中的所有参数都应取同一点的值。

9.3　变截面管流

一般情况下，影响管道中流体流动的因素很多，如管道截面积的变化，管壁的摩擦，热量的交换，加入引出气流等，并且实际中往往是几种因素同时存在。但是，在具体问题中，并不是每种因素都起着同样的作用，而是有主有次。因此，为了使问题便于分析和求解，常略去次要因素。本节主要讨论截面积变化起主要作用的管流，假设在流动中管内流体与外界没有能量、质量的交换，也不计管壁的摩擦作用，所讨论的流体是定比热容的完全气体，流动是一维定常的。喷气发动机的尾喷管、进气道及实验风洞中的流动等都可以近似地看作是这样的流动。

9.3.1　速度与截面积变化的关系

对于不可压缩流体沿变截面管道的流动，当截面积减小时，流体的运动速度加大；当截面积增大时，流体的运动速度减小。

对于可压缩流体在变截面管道中的流动，气流速度与面积之间的关系就不完全是这样，下面用一维定常的基本方程来分析可压缩流动的情况。

一维定常流动的连续方程的微分形式为

$$\frac{\mathrm{d}\rho}{\rho} + \frac{\mathrm{d}v}{v} + \frac{\mathrm{d}A}{A} = 0 \tag{9-31}$$

一维定常流动的动量方程的微分形式（不计摩擦）为

$$\mathrm{d}p = -\rho v \mathrm{d}v = -\rho v^2 \mathrm{d}v / v \tag{9-32}$$

另外，$\dfrac{\mathrm{d}p}{\mathrm{d}\rho} = c^2 = Ma^{-2}v^2$，将此关系代入式（9-32），则有

$$\frac{\mathrm{d}\rho}{\rho} = -Ma^2 \frac{\mathrm{d}v}{v} \tag{9-33}$$

将式（9-33）代入式（9-31），得

$$\frac{\mathrm{d}A}{A} = (Ma^2 - 1)\frac{\mathrm{d}v}{v} \tag{9-34}$$

这就是一维定常等熵管流速度变化与管道截面积变化的关系式。

由式（9-34）可以看出：

（1）如 $Ma < 1$，则 $\mathrm{d}A$ 与 $\mathrm{d}v$ 异号，即亚声速流动时，管道截面积越小，流速

越大；管道截面积越大，流速越小。亚声速流动的上述特点与不可压缩流动是相似的。

（2）如 $Ma>1$，则 $\mathrm{d}A$ 与 $\mathrm{d}v$ 同号，即超声速流动时，管道截面积越小，流速越小；管道截面积越大，流速越大。这个特性刚好与亚声速流动相反。原因在于在 $Ma>1$ 的条件下，ρ 的下降率高于 v 的上升率，见式（9-33），通过相同的流量 $\rho v A$ 需要更大的截面积 A。

（3）如 $Ma=1$，则 $\mathrm{d}A=0$，且只可能为最小截面，即声速截面必是流管极值截面，而且是最小截面。由于对具有最小截面的管道（即具有喉部的管道）当喉部前为亚声速流时，随着截面积的逐渐收缩，气流逐渐加速，这样才有可能增加到声速。当喉部前为超声速流时，随着截面积逐渐收缩，气流逐渐减速，这样才有可能减小到声速。

9.3.2　临界截面、密流和流量公式

1. 临界截面

管内定常等熵流动中，$Ma=1$ 的截面称为临界截面，其截面积用 A_{cr} 表示，它可以是一个假想截面，也可以是在实际管道中存在的截面。如存在该截面，根据上面的讨论，该截面必是实际管道的喉部或最小截面。

下面通过 A_{cr} 来建立管道内任一截面上的 Ma 与面积 A 的关系。

$$\frac{A}{A_{\mathrm{cr}}}=\frac{\rho_{\mathrm{cr}}v_{\mathrm{cr}}}{\rho v}=\frac{\rho_{\mathrm{cr}}}{\rho}\frac{c_{\mathrm{cr}}}{c}\frac{c}{v}=\frac{\rho_{\mathrm{cr}}}{\rho}\left(\frac{T_{\mathrm{cr}}}{T}\right)^{\frac{1}{2}}\frac{1}{Ma}=\frac{\rho_{\mathrm{cr}}}{\rho^{*}}\frac{\rho^{*}}{\rho}\left(\frac{T_{\mathrm{cr}}}{T^{*}}\frac{T^{*}}{T}\right)^{\frac{1}{2}}\frac{1}{Ma} \tag{9-35}$$

应用式（9-28）、式（9-30）及临界参数的定义，得

$$\frac{A}{A_{\mathrm{cr}}}=\frac{1}{Ma}\left[\frac{2}{k+1}\left(1+\frac{k-1}{2}Ma^{2}\right)\right]^{\frac{k+1}{2(k-1)}} \tag{9-36}$$

式（9-36）联系了 A、A_{cr} 与 Ma 的关系。由某一截面上的 A 和 Ma 即可确定 A_{cr}，相反，如已知 A_{cr} 即可确定该截面上的 Ma。

由 A/A_{cr} 确定 Ma 时有两个解，分别对应于超声速流动与亚声速流动，而 $A/A_{\mathrm{cr}}=1$ 时对应于 $Ma=1$。

2. 密流

单位截面通过的质量流量称为密流，用 ρv 表示。由 $\dot{m}=\rho v A=\rho_{\mathrm{cr}}v_{\mathrm{cr}}A_{\mathrm{cr}}$ 可知，临界截面上 A_{cr} 最小，因此该处密流最大。

3. 流量公式

$$\dot{m} = \rho_{cr} v_{cr} A_{cr} = \frac{\rho_{cr}}{\rho^*} \frac{p^*}{RT^*} \frac{c_{cr}}{c^*} \sqrt{kRT^*} A_{cr}$$

$$= \left(\frac{2}{k+1}\right)^{\frac{1}{k-1}} \left(\frac{2}{k+1}\right)^{\frac{1}{2}} \sqrt{\frac{k}{R}} \frac{p^*}{\sqrt{T^*}} A_{cr}$$

$$= \sqrt{\frac{k}{R}} \left(\frac{2}{k+1}\right)^{\frac{k+1}{2(k-1)}} \frac{p^*}{\sqrt{T^*}} A_{cr} \tag{9-37}$$

式中，$\dot{m}$ 为质量流量，$k = 1.4$ 时，

$$\dot{m} = \frac{0.6847}{\sqrt{R}} \frac{p^*}{\sqrt{T^*}} A_{cr} \tag{9-38}$$

对于空气，$k = 1.4$，$R = 287.06 \, \text{J}/(\text{kg} \cdot \text{K})$，则有

$$\dot{m} = 0.04042 \frac{p^*}{\sqrt{T^*}} A_{cr} \tag{9-39}$$

另外，

$$A_{cr} = A \frac{\rho v}{\rho_{cr} v_{cr}} = A \left(\frac{k+1}{2}\right)^{\frac{k}{k-1}} \lambda \left(1 - \frac{k-1}{k+1} \lambda^2\right)^{\frac{1}{k-1}}$$

$$= A q(\lambda) \tag{9-40}$$

式中，

$$q(\lambda) = \left(\frac{k+1}{2}\right)^{\frac{1}{k-1}} \lambda \left(1 - \frac{k-1}{k+1} \lambda^2\right)^{\frac{1}{k-1}} = \frac{\rho v}{\rho_{cr} v_{cr}}$$

$q(\lambda)$ 随 λ 的变化有如下特点，当 $\lambda = 0$ 时，$q(\lambda) = 0$；$\lambda < 1$ 时，$q(\lambda) < 1$；$\lambda = 1$ 时，$q(\lambda) = 1$，达到最大值；$\lambda > 1$ 时，$q(\lambda) < 1$；$\lambda = \lambda_{max} = \sqrt{\dfrac{k+1}{k-1}}$ 时，$q(\lambda) = 0$。

这种变化规律是可以理解的，因为 $q(\lambda) = \dfrac{\rho v}{\rho_{cr} v_{cr}}$，其物理意义是相对密流，由于同一管道内，各截面上的流量相同，面积最小处，密流最大，即 $\rho_{cr} v_{cr}$ 是最大密流，其他截面上的 ρv 均小于 $\rho_{cr} v_{cr}$，所以除在 $\lambda = 1$ 的临界截面上之外，$q(\lambda)$ 的取值都小于 1。

由式（9-40）及式（9-37），可得

$$\dot{m} = \sqrt{\frac{k}{R}} \left(\frac{2}{k+1} \right)^{\frac{k+1}{2(k-1)}} \frac{p^*}{\sqrt{T^*}} A q(\lambda) \qquad (9\text{-}41)$$

对于 $k = 1.4$ 的空气，则有

$$\dot{m} = 0.04042 \frac{p^*}{\sqrt{T^*}} A q(\lambda) \qquad (9\text{-}42)$$

由以上计算流量的公式中可以看出：

（1）管道中通过的质量流量与 p^* 成正比，与 $\sqrt{T^*}$ 成反比。

（2）确定 $\dot{m}$ 的关键在于寻找 A_{cr}，寻找的方法是按给定条件先寻找已知截面 A 上的 Ma，然后由式（9-36）求得 A_{cr}。A_{cr} 是临界截面（假想管道的最小截面）。

（3）实际管道的最小截面上，流速如达到声速时，其截面积 A_{min} 就是 A_{cr}。这时流过的质量流量最大：

$$\dot{m}_{max} = 0.04042 \frac{p^*}{\sqrt{T^*}} A_{min} \qquad (9\text{-}43)$$

式中，$\dot{m}_{max}$ 又称为堵塞流量，它是管道可能通过的最大流量。

（4）式（9-37）也适用于定常非等熵流动。这时各个截面都有自己的 ρ_{cr}、v_{cr}、A_{cr}、T^* 和 ρ^*。

9.4　正　激　波

与前几节研究的等熵流动的微弱扰动波传播不同，当超声速气流流过大的障碍物时（如超声速飞机、火箭等在空中飞行），气流在障碍物前受到急剧压缩，压强和密度突然显著地增加。这时所产生的有限强度的扰动波将以比声速大得多的速度传播开来，波面所到之处，气流诸参数将发生突然变化。这种有限强度的扰动波称为激波。激波形成后，微弱扰动波的传播规律就不再适用。

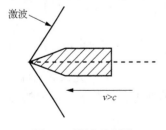

图 9-3　激波示意图

激波有几种不同类型，每一种都有各自的特点。如图 9-3 所示的激波相对于形成激波的物体是静止的，这表明激波传播速度等于物体本身的速度，否则激波就不会附着在物体上。当激波垂直于流动方向时，称为正激波。激波都可简化为等值正激波。本节主要讨论正激波的一般特征并导出正激波基本方程和计算关系式。

9.4.1　正激波的基本方程

图 9-4（a）所示的激波以速度 v_s 向右传播。在激波通过之前，流体处于静止状态，压强为 p_1，密度为 ρ_1，速度为零；在激波通过之后，压强为 p_2，密度为 ρ_2，速度为 v_f，这是非定常流动。为分析方便，可将坐标与激波固接在一起，如图 9-4（b）所示。将流动转化为定常流动，此时波前速度变为 $v_1 = v_s$，波后速度变为 $v_2 = v_s - v_f$。取一控制体如图 9-4（b）中虚线所示，它把激波包括在内。

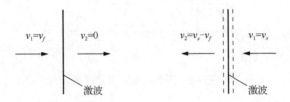

（a）绝对坐标系下的激波传播　　　（b）相对坐标系下的激波传播

图 9-4　激波传播示意图

对控制体建立的连续方程为

$$\rho_1 v_1 = \rho_2 v_2 \tag{9-44}$$

对控制体建立的动量方程为

$$p_1 + \rho_1 v_1^{\,2} = p_2 + \rho_2 v_2^{\,2} \tag{9-45}$$

对控制体建立的能量方程为

$$\frac{k}{k-1}\frac{p_1}{\rho_1} + \frac{v_1^{\,2}}{2} = \frac{k}{k-1}\frac{p_2}{\rho_2} + \frac{v_2^{\,2}}{2} \tag{9-46}$$

由这组方程可以确定激波的性质及激波前后的各种关系式。

9.4.2　正激波绝热关系

在正激波基本方程中消去 v_1、v_2，可得到压强比与密度比的关系式：

$$\frac{p_2}{p_1} = \frac{(k+1)\dfrac{\rho_2}{\rho_1} - (k-1)}{(k+1) - (k-1)\dfrac{\rho_2}{\rho_1}} \tag{9-47}$$

式（9-47）就是正激波绝热关系式，又称兰金-于戈尼奥（Rankine-Hugoniot）关系。如图 9-5 所示，由图可知：

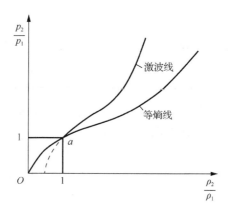

图 9-5 压强比与密度比关系

（1）由式（9-47）绘出的激波绝热线和等熵关系 $\dfrac{p_2}{p_1} = \left(\dfrac{\rho_2}{\rho_1}\right)^k$ 绘出的等熵线大不相同，因为

$$S_2 - S_1 = c_v \ln \frac{p_2}{\rho_2{}^k} - c_v \ln \frac{p_1}{\rho_1{}^k} = c_v \ln \frac{\dfrac{p_2}{p_1}}{\left(\dfrac{\rho_2}{\rho_1}\right)^k} \tag{9-48}$$

由式（9-48）可见，当 $\dfrac{p_2}{p_1} = \left(\dfrac{\rho_2}{\rho_1}\right)^k$ 时，$S_2 - S_1 = 0$；当 $\dfrac{p_2}{p_1} > \left(\dfrac{\rho_2}{\rho_1}\right)^k$ 时，$S_2 - S_1 > 0$；当 $\dfrac{p_2}{p_1} < \left(\dfrac{\rho_2}{\rho_1}\right)^k$ 时，$S_2 - S_1 < 0$。由图 9-5 可以看出，在等熵线的上方为熵增过程，其下方为熵减过程。激波线与等熵线于 a 点相交，其坐标为（1，1），因此 a 点以上激波线处于熵增区域，a 点以下（虚线部分）则处于熵减区域。显然，a 点以上，$\dfrac{p_2}{p_1} > 1$，即气体通过激波经受绝热压缩，压缩过程是熵增过程，这个结论与热力学第二定律并不矛盾。在 a 点以下 $\dfrac{p_2}{p_1} < 1$，即气体通过激波经受绝热膨胀，膨胀过程是熵减过程，这个结论违反热力学第二定律。因此，可得如下结论：激波只可能是压缩波，气体通过激波的过程是熵增过程。应当指出，在激波前或激波后，气体所经历的过程都是等熵的。

（2）激波压缩比等熵压缩强烈得多，这就是说，通过激波后压强可以无限升高。但应注意，密度的升高却是有限的。因为 $\dfrac{p_2}{p_1} \to \infty$ 时，$\dfrac{\rho_2}{\rho_1}$ 有一极限值 $\dfrac{k+1}{k-1}$。

9.4.3　普朗特速度关系

在正激波基本方程中消去 p、ρ 后，可建立速度关系：

$$v_1 v_2 = c_{cr}^2 \quad \text{或} \quad \lambda_1 \lambda_2 = 1 \tag{9-49}$$

式（9-49）为普朗特速度关系式。由 $\dfrac{v_1}{v_2} = \dfrac{\rho_2}{\rho_1} \geqslant 1$，知 $v_1 > v_2$，$\lambda_1 > \lambda_2$，再由式（9-49）知，必有 $\lambda_1 > 1$，$\lambda_2 < 1$。即 $Ma_1 > 1$，$Ma_2 < 1$。说明正激波产生的条件必然是来流 $Ma_1 > 1$。（注意，这里的速度都是相对于激波而言的）激波后的流动是亚音速的（$Ma_2 < 1$）。

利用式（9-24）和式（9-49）可得

$$Ma_2 = \left(\frac{1 + \dfrac{k-1}{2} Ma_1^2}{k Ma_1^2 - \dfrac{k-1}{2}} \right)^{\frac{1}{2}}$$

9.4.4　正激波前后热力学参数关系

正激波前后热力学参数均可用 k 和 Ma_1 的函数表示。

（1）压强关系为

$$\frac{p_2 - p_1}{p_1} = \frac{\rho_1 v_1^2 - \rho_2 v_2^2}{p_1} = \frac{\rho_1 v_1^2}{p_1}\left(1 - \frac{v_2^2}{v_1^2}\right) = k Ma_1^2 \left(1 - \frac{1}{\lambda_1^2}\right) = k Ma_1^2 - k\left[\frac{2}{k+1}\left(1 + \frac{k-1}{2} Ma_1^2\right)\right]$$

因此，

$$\frac{\Delta p}{p_1} = \frac{p_2 - p_1}{p_1} = \frac{2k}{k+1}(Ma_1^2 - 1) \tag{9-50}$$

$$\frac{p_2}{p_1} = \frac{2k}{k+1} Ma_1^2 - \frac{k-1}{k+1} \tag{9-51}$$

式中，$\dfrac{\Delta p}{p_1}$ 称为激波强度，由式（9-50）可知 $(Ma_1^2 - 1)$ 也反映了激波强度。

（2）密度关系为

$$\frac{\rho_2}{\rho_1} = \frac{v_1}{v_2} = \frac{v_1^2}{c_{cr}^2} = \lambda_1^2 = \frac{Ma_1^2}{\dfrac{2}{k+1}\left(1 + \dfrac{k-1}{2} Ma_1^2\right)} \tag{9-52}$$

（3）熵增关系为

$$\frac{S_2 - S_1}{c_v} = \ln\left[\frac{p_2}{p_1}\left(\frac{\rho_1}{\rho_2}\right)^k\right] = \ln\left\{\left[1 + \frac{2k}{k+1}(Ma_1^2 - 1)\right]\left[\frac{(k-1)Ma_1^2 + 2}{(k+1)Ma_1^2}\right]^k\right\} \quad （9\text{-}53）$$

如 $Ma_1^2 - 1 = \varepsilon \leqslant 1$，则可得

$$\frac{S_2 - S_1}{c_v} = \frac{2}{3}\frac{(k-1)k}{(k+1)^2}(Ma_1^2 - 1)^3 + O[(Ma_1^2 - 1)^4]$$

式中，O 表示泰勒展开后的无穷小量。通常当 $Ma_1^2 \leqslant 1.3$ 时，可近似认为激波过程是等熵过程。

（4）滞止关系。尽管气流通过激波时熵增加，但能量方程仍是

$$\frac{v_1^2}{2} + c_1 T_1 = \frac{v_2^2}{2} + c_2 T_2 = c_p T^* = \text{const}$$

因此，对于完全气体绝能定常压缩过程，若 $c_p = \text{const}$，则

$$T_1^* = T_2^*$$

即常比热容完全气体定常绝能流动，正激波前后滞止焓和滞止温度不变。

由式（9-39）及 $\dfrac{p^*}{\rho^{*k}} = \dfrac{p}{\rho^k}$，得

$$S_2 - S_1 = R\ln\frac{p_1^*}{p_2^*} + c_p\ln\frac{T_2^*}{T_1^*} = R\ln\frac{p_1^*}{p_2^*} \quad （9\text{-}54）$$

将式（9-54）与式（9-53）相比，可得激波前后滞止压强的关系式：

$$\frac{p_1^*}{p_2^*} = \frac{\rho_2^*}{\rho_1^*} = \left[1 + \frac{2k}{k+1}(Ma_1^2 - 1)\right]^{-\frac{1}{k-1}}\left[\frac{(k+1)Ma_1^2}{(k-1)Ma_1^2 + 2}\right]^{\frac{k}{k-1}} \quad （9\text{-}55）$$

因为 $S_2 - S_1 > 0$，所以 $p_2^* < p_1^*$，即气流通过激波时 p^* 下降。

9.4.5 应用举例

关于正激波关系的一些公式推导及求证，主要是灵活应用正激波基本方程及普朗特速度关系，正激波计算问题关键在于寻找 Ma_1，然后利用有关公式求其他参数。

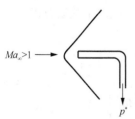

图 9-6 超声速气流流过总压测管

【例 9-1】 用总压管测超声速气流时，它的正前方有一正激波（图 9-6）。如测量总压为 220kPa，又测得来流静压为 39kPa，求气流 Ma_1。

解：由图 9-6 可知，对于定常超声速流动，皮托管只能测得波后总压 p_2^*，而

$$\frac{p_2^*}{p_1} = \frac{p_2^*}{p_1^*}\frac{p_1^*}{p_1} = \left[1 + \frac{2k}{k+1}(Ma_1^2 - 1)\right]^{\frac{1}{k-1}} \left[\frac{(k+1)Ma_1^2}{(k-1)Ma_1^2 + 2}\right]^{\frac{k}{k-1}} \left(1 + \frac{k-1}{2}Ma_1^2\right)^{\frac{k}{k-1}}$$

将本题测量结果 $p_2^* = 220\text{kPa}$ ， $p_1 = 39\text{kPa}$ 代入，得 $Ma_1 = 2$ 。

【例 9-2】 空气流过一个无摩擦、绝热的收缩-扩张喷管。空气的滞止压强和温度分别为 $7.0 \times 10^5\text{Pa}$ 和 500K。喷管扩张段的面积比是 $\dfrac{A_e}{A_t} = 11.91$。如图 9-7 所示，一道正激波停留在扩张段中马赫数为 3.0 的地方，计算喷管出口平面处马赫数、静温和静压。假定 $k = 1.4$。

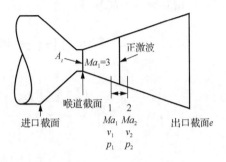

图 9-7 收扩喷管内激波示意图

解：根据式（9-41），由 $Ma_1 = 3$ 得 $Ma_2 = 0.4752$，即

$$Ma_2 = \left(\frac{1 + \dfrac{k-1}{2}Ma_1^2}{kMa_1^2 - \dfrac{k-1}{2}}\right)^{\frac{1}{2}} = 0.4752$$

由式（9-55）求得 $p_2^* = 0.3283 p_1^* = 0.3283 \times 7.0 \times 10^5 = 2.2981 \times 10^5 (\text{Pa})$

通过激波总温不变，可知 $T_2^* = T_1^* = 500\text{K}$。

在位置 2 和出口截面 e 间的流动等熵，所以

$$T_e^* = T_2^* = 500\text{K}, \qquad p_e^* = p_2^* = 2.2981 \times 10^5 \text{Pa}$$

利用式（9-36），由 $Ma_1 = 3.0$， $Ma_2 = 0.4752$,得

$$\frac{A_1}{A_{1cr}} = \frac{A}{A_t} = \frac{1}{Ma_1}\left(\frac{2}{k+1} + \frac{k-1}{k+1}Ma_1^2\right)^{\frac{k+1}{2(k-1)}} = 4.2346$$

$$\frac{A_2}{A_{2cr}} = \frac{1}{Ma_2}\left(\frac{2}{k+1} + \frac{k-1}{k+1}Ma_1^2\right)^{\frac{k+1}{2(k-1)}} = 1.3900$$

于是

$$\frac{A_e}{A_{ecr}} = \frac{A_e}{A_{2cr}} = \frac{A_e}{A_t}\frac{A_t}{A_1}\frac{A_2}{A_{2cr}} = 11.91 \times \frac{1}{4.2346} \times 1.3900 = 3.9094$$

根据式（9-36），由 $\dfrac{A_e}{A_{ecr}} = 3.9094$，对亚声速流动，得

$$Ma_e = 0.15$$

根据式（9-28），得

$$T_e = T_e^* \left(1 + \frac{k-1}{2} Ma_e^2\right)^{-1} = 0.9955 T_e^* = 497.8(\text{K})$$

$$p_e = p_e^* \left(1 + \frac{k-1}{2} Ma_e^2\right)^{\frac{k}{k-1}} = 0.9844 p_e^* = 2.2623 \times 10^5 (\text{Pa})$$

9.5　理想气体管内等熵流动

9.5.1　渐缩喷管

假定气体从很大的容器中经过渐缩喷管流入外界反压为 p_b 的空间（假设 p_b 可调）。大容器中的流体看作是静止的，其参数为 p^*、ρ^*、T^* 等。设喷管出口截面上的参数为 p_e、ρ_e、T_e 等。假想不计喷管中的流动损失。

如图 9-8（a）所示，对容器中 o 截面和喷管出口 e 截面应用定常绝能等熵流公式，确定喷管各截面上的气流参数。

（1）亚声速排气条件。

根据喷管排出流体与环境流体之间接触面两侧的匹配条件，出口截面压强 p_e 应等于环境压强（背压）p_b，这样，就有简单的出口边界条件 $p_e = p_b$。

（2）喷管工况。

对于某个固定容器压强，考查"1""2""3""4"［图 9-8（b）及（c）］范围内改变环境反压 p_b 所造成的影响。

在情况"1"时，$\dfrac{p_b}{p^*} = 1$，管内没有流动。若反压下降，则管内将有流量通过。

对于情况"2"，$1 > \dfrac{p_b}{p^*} > \dfrac{p_{cr}}{p^*}$，流动处处为亚声速，在出口截面上 $p_e = p_b$，称此流动状态为亚临界状态，利用式（9-56）求 Ma_e，即

$$Ma_e = \left\{ \frac{2}{k-1} \left[\left(\frac{p^*}{p_b} \right)^{\frac{k-1}{k}} - 1 \right] \right\}^{\frac{1}{2}} \qquad (9\text{-}56)$$

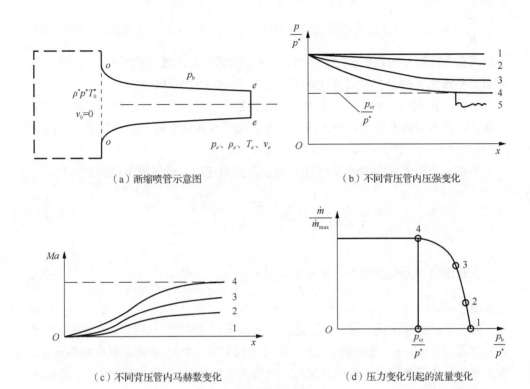

（a）渐缩喷管示意图　　　　　　　　　　　（b）不同背压管内压强变化

（c）不同背压管内马赫数变化　　　　　　　（d）压力变化引起的流量变化

图 9-8　渐缩管内的参数变化

1～5 表示不同情况

再由 Ma_e，求质量流量 $\dot{m}$：

$$\dot{m} = Av\rho = Av\frac{p}{RT} = A\frac{pv}{\sqrt{KRT}}\sqrt{\frac{k}{R}}\sqrt{\frac{T^*}{T}}\frac{1}{\sqrt{T^*}}$$

$$= A\sqrt{\frac{k}{R}}\frac{p}{\sqrt{T^*}}Ma\sqrt{1+\frac{k-1}{2}Ma^2} = A\sqrt{kp^*\rho^*}Ma\left(1+\frac{k-1}{2}Ma^2\right)^{-\frac{k+1}{2(k-1)}} \quad (9\text{-}57)$$

质量流量 $\dot{m}$ 对于 $\dfrac{p_b}{p^*}$ 的变化曲线如图 9-8（d）所示。管中各截面的 Ma 由式（9-58）确定：

$$\frac{A}{A_e} = \frac{Ma_e}{Ma}\left(\frac{1+\dfrac{k-1}{2}Ma^2}{1+\dfrac{k-1}{2}Ma_e^2}\right)^{\frac{k+1}{2(k-1)}} \quad (9\text{-}58)$$

$\dfrac{p}{p^*}$ 沿 x 方向的分布曲线见图 9-8（b）。式（9-58）中 $\dfrac{A}{A_e}$ 为管中沿 x 方向上任意位置截面面积与出口面积之比，Ma 沿 x 方向的分布曲线见图 9-8（c）。管中各截面上的压强 p 的分布可由式（9-29）与式（9-57）中的 Ma 解得。

显然，p_b 越低，管中同一截面上的压强越低，马赫数越大，且管中通过的流量越大，在出口截面达到声速之前，上述曲线只有数量上的差别，而无本质区别［图 9-8（b）中"2""3"］，而且出口压强 $p_e = p_b$。

但是，当反压 p_b 下降到致使出口流速达到声速时，喷管流量达到最大值：

$$\dot{m}_{\max} = A_{cr}\sqrt{kp^*\rho^*}\left(\frac{2}{k+1}\right)^{\frac{k+1}{2(k-1)}} \tag{9-59}$$

此时出口处为临界状态，$A_e = A_{cr}$，$v_e = v_{cr} = c_{cr}$，$\dfrac{p_e}{p^*} = \dfrac{p_{cr}}{p^*} = \left(\dfrac{2}{k+1}\right)^{\frac{k}{(k-1)}}$。这就是情况"4"。

若 p_b / p^* 继续下降，则出口压强 $p_e = p_{cr} > p_b$ 不会再变，这种流动状态称为超临界状态，管中压强、马赫数分布仍如图 9-8（b）"4"所示，质量流量保持为 $\dot{m}_{\max}$。这种现象称为阻塞现象，即喷管通过的流量是有限的，这正是渐缩喷管中的流动的重要特性之一。

从 p_{cr} 到 p_b 的膨胀发生在喷管之外，图 9-8（b）中的"5"示意此种情况。

9.5.2　拉瓦尔喷管流动

拉瓦尔喷管即缩放喷管，主要用来获取超声速气流。通常它的上游连接大的容器，其中压强可认为是驻点压强 p^*，下游压强为环境压强 p_b，出口截面压强为 p_e，喉部截面压强为 p_t。

1）面积比公式

面积比指的是拉瓦尔喷管中，管道任何一个截面积与临界截面积之比，即 $\dfrac{A}{A_{cr}}$。这个面积比与截面 A 上的气流 Ma（或 λ）的关系由式（9-36）和式（9-40）描述为

$$q(\lambda) = \frac{A_{cr}}{A}$$

和

$$\frac{A}{A_{\mathrm{cr}}} = \frac{1}{Ma}\left[\left(1+\frac{k-1}{2}Ma^2\right)\left(\frac{2}{k+1}\right)\right]^{\frac{k+1}{2(k-1)}}$$

这两个式子的应用条件是绝能等熵流动。当用于拉瓦尔喷管时，A_{cr} 即喉部面积 A_t，这时上述两个公式中的应用条件需加上喉部马赫数为 1，即 $Ma_t = 1$。

面积比 $\frac{A}{A_{\mathrm{cr}}}$ 随 Ma 的变化曲线表示在图 9-9 上，由图可见，面积比的数值是由 Ma 唯一确定的，也就是说，要在喷管出口得到指定马赫数的超声速气流，那么产生这个指定 Ma 的气流所需的喷管面积比 $\frac{A_e}{A_{\mathrm{cr}}}$ 是唯一的。这一点是和渐缩喷管不同的。渐缩喷管出口截面上的气流 Ma 与喷管面积无关，它由压强比 $\frac{p_b}{p^*}$ 唯一地确定。

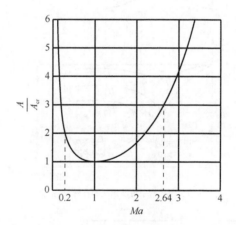

图 9-9　面积比 $\frac{A}{A_{\mathrm{cr}}}$ 随 Ma 的变化

2）喷管工况

从面积比式（9-36）和式（9-40）看出，要建立一定 Ma 的超声速出口气流，就必须有一定的管道出口面积比。但是，这仅是一个必要条件，具备了面积比的条件后，能否出现超声速气流还要由气流本身的总压和背压条件来决定。下面来讨论压强比 $\frac{p_b}{p^*}$ 对拉瓦尔喷管的影响。为了讨论方便，假设气流总压维持一定，出口反压可以改变。设拉瓦尔喷管喉部面积为 A_t，出口面积为 A_e。

当面积比 $\frac{A_e}{A_t}$ 给定时，可按面积比式（9-36）求得出口截面上为超声速流时的气流马赫数 Ma_e，并算出口截面上气流的压强 p_e，记这样的压强为 p_1。

在图9-10上示意地画出了拉瓦尔喷管中可能出现的各种流动工况及喷管内的一维流压强分布。这些流动工况可归结为四种类型，同一种流动类型的流动图形在本质上没有什么差别。

（1）第 I 种类型，$p_b \leqslant p_1$。

当 $p_b < p_1$ 时，气流在喷管内没有得到完全膨胀，在出口截面上气流压强高于外界压强，超声速气流流出喷管后继续膨胀，其压强分布如图 9-10（a）中的曲线 ABC（①）所示。C 点对应的压强是 p_1。在这个范围内的反压，它的变化不影响喷管内部的流动，因为气流在出口截面上的速度是超声速的，而反压变化造成的扰动是以声速传播的，所以这种扰动传不到喷管内部。

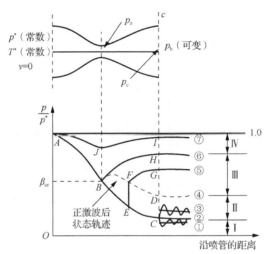

（a）拉瓦尔喷管中可能出现的各种流动工况

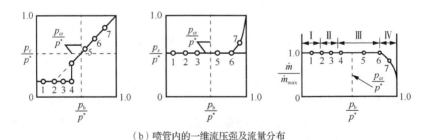

（b）喷管内的一维流压强及流量分布

图 9-10　拉瓦尔喷管内的流动情况

①～⑦表示不同流动；1～7表示不同流动状态

（2）第 II 种类型，$p_1 < p_b \leqslant p_2$。

当反压升高到 $p_b > p_1$ 后，在出口截面上超声速气流的压强小于外界压强，因此气流在出口处产生激波，见图 9-10（a）中 ABC（③）曲线所代表的流动。气流通过激波，压强升高到和外界压强相同。随着反压的增大，激波前后的压强比增大，当 p_b 达到某个 p_2 值时，激波是贴在出口的正激波，见图 9-10（a）中曲线 $ABCD$（④）所代表的流动。D 点对应的压强是 p_2，也就是正激波后的压强，它可由波前总压 p^* 及马赫数 Ma_e 算出。

（3）第Ⅲ种类型，$p_2 < p_b \leqslant p_3$。

反压大于 p_2 后，激波传播速度大于气流速度而进入喷管的扩张段，在某一截面上稳定下来。激波后是亚声速流动，在扩张管内继续减速增压，到出口截面上，气流压强等于反压，图中 $ABEFG$（⑤）代表了这种流动。

（4）第Ⅳ种类型，$p^* \geqslant p_b > p_3$。

反压若高于 p_3，则整个管内都是亚音速流动，图中 AJI（⑦）代表了这种流动。在这种流动中，反压的变化会影响整个管内的流动，出口截面上的气流 Ma_e 不再与面积比 $\dfrac{A_e}{A_t}$ 有关，仅由 $\dfrac{p_b}{p^*}$ 决定。

对应于各种类型流动的出口气流压强，喉部压强及相对流量与反压的关系见图 9-10（b）。

对于给定面积比的喷管，若保持反压不变，使进口总压从 p_b 开始逐渐提高，那么流动从第Ⅳ种类型开始，依次出现第Ⅲ、Ⅱ、Ⅰ种流动。

对于更一般的情况，p^*、p_e 同时改变，则可由 $\dfrac{p_b}{p^*}$ 的比值来确定流动类型。

【例 9-3】　某涡轮喷气发动机在地面实验时，测得发动机收缩喷管进口处燃气滞止压强为 $2.3 \times 10^5 \mathrm{Pa}$，滞止温度为 $9258.5\mathrm{K}$，燃气绝热指数 $k = 1.33$，喷管出口截面积 $A_e = 0.1675\mathrm{m}^2$，实验时的大气压强 $p_b = 0.987 \times 10^5 \mathrm{Pa}$。求喷管出口截面上的喷气速度 v_e，压强 p_e，通过喷管的燃气质量流量 $\dot{m}_e$。

解：判断喷管内流动工况的关键在于，先求得临界压强比 $\dfrac{p_{ecr}}{p^*}$。当 $\dfrac{p_b}{p^*} = \dfrac{p_{ecr}}{p^*}$ 时，为临界流动状态"4"，此时，$Ma_e = 1$，$p_e = p_b$，$\dot{m} = \dot{m}_{max}$；当 $\dfrac{p_b}{p^*} > \dfrac{p_{ecr}}{p^*}$ 时，为亚临界流动状态"2"或"3"，此时 $Ma_e < 1$，$p_e = p_b$，$\dot{m} < \dot{m}_{max}$；当 $\dfrac{p_b}{p^*} < \dfrac{p_{ecr}}{p^*}$ 时，为超临界流动状态，此时 $Ma_e = 1$，$p_e = p_{ecr} > p_b$，$\dot{m} = \dot{m}_{max}$。

本题中有

$$\frac{p_b}{p^*} = \frac{0.987 \times 10^5}{2.30 \times 10^5} = 0.429$$

$$\frac{p_{ecr}}{p^*} = \left(1 + \frac{k-1}{2}\right)^{\frac{k}{k-1}} = \left(\frac{2}{k+1}\right)^{\frac{k}{k-1}} = 0.54$$

因此，喷管工况属于超临界状态

$$p_e = 0.54p^* = 0.54 \times 2.3 \times 10^5 = 1.242 \times 10^5 (\text{Pa})$$

$$v_e = c_{\text{cr}} = \sqrt{\frac{2k}{k+1}RT^*} = \sqrt{\frac{2 \times 1.33}{1.33+1} \times 287 \times 928.5} = 552(\text{m/s})$$

$$\dot{m}_e = \dot{m}_{\max} = A_e\sqrt{kp^*\frac{p^*}{RT^*}\left(\frac{2}{k+1}\right)^{\frac{k+1}{2(k-1)}}} = 50.3(\text{kg/s})$$

【例 9-4】　有一拉瓦尔喷管，$\dfrac{A_t}{A_e} = 0.5926, p_b = 100\text{kPa}$。求下列流动情况下总压 p^* 的变化范围：（1）全管为 $Ma < 1$ 的流动；（2）管内有正激波。

解： 判断拉瓦尔喷管内流动工况的关键在于，先确定喷管的特征压强比：

$$\frac{p_1}{p^*},\ \frac{p_2}{p^*},\ \frac{p_3}{p^*}$$

$\dfrac{A_t}{A_e} = \dfrac{A_{\text{cr}}}{A_e} = 0.5926$，由式（9-36）算得 $Ma_{e1} = 0.372, Ma_{e2} = 2.000$，又由式（9-36）算得 $\dfrac{p_3}{p^*} = 0.9088$，$\dfrac{p_1}{p^*} = 0.1278$；再由 $Ma_{e2} = 2.000$，按式（9-51）算得 $\dfrac{p_2}{p_1} = 4.5$，

$$\frac{p_2}{p^*} = \frac{p_2}{p_1}\frac{p_1}{p^*} = 4.5 \times 0.1278 = 0.5751$$。

（1）$1 \geqslant \dfrac{p_b}{p^*} > \dfrac{p_3}{p^*}, \dfrac{p_b}{\dfrac{p_3}{p^*}} > p^* \geqslant p_b$，所以有

$$110\text{kPa} > p^* \geqslant 100\text{kPa}$$

（2）$\dfrac{p_3}{p^*} > \dfrac{p_b}{p^*} > \dfrac{p_2}{p^*}$，$\dfrac{p_b}{p_2/p^*} > p^* > \dfrac{p_1}{p_3/p^*}$，所以有

$$173.9\text{kPa} > p^* > 110\text{kPa}$$

9.6　发动机容腔压力的瞬态响应

本节介绍可压缩一维流动在发动机空气系统中的应用——容腔压力的瞬态响应。

9.6.1 空气系统的容腔效应

空气系统是航空发动机内流系统中重要的功能系统。空气系统的主要作用包括提供用于冷却涡轮盘和涡轮叶片的冷气，封严涡轮盘轮缘和轴承腔，发动机整流罩防冰等。图 9-11 给出了典型航空发动机高温端空气系统的流路示意图[19]。

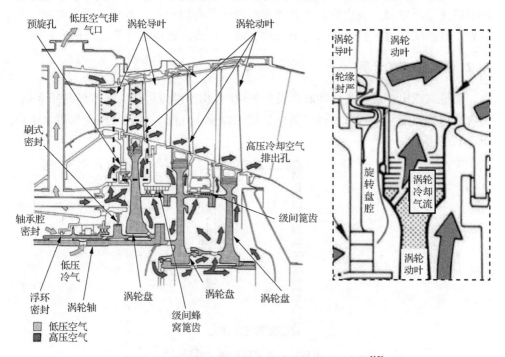

图 9-11 典型航空发动机空气系统的流路示意图[19]

目前，发动机空气系统的设计与校核计算主要以稳态工况为研究基础，但在飞机实际飞行过程中，航空发动机可能处于非稳定的过渡状态，如起飞状态、加速状态、减速状态等。在发动机正常工作时，民用发动机的瞬态变化过程较平缓；军用发动机因飞机姿态变化、高机动加减速等各种原因常常出现发动机参数快速变化的现象，其瞬变过程可能更强烈。除此之外，当发动机出现主轴断裂、空中停车等故障时，发动机的工作性能参数在短时间内迅速变化。

当发动机处于各种瞬态变化的过渡工作状态时，空气系统也处于非稳定的过渡工作状态，因此其工作介质——空气的状态参数在过渡状态随时变化。空气系统在过渡状态和稳定状态的区别主要体现在：当空气系统处于稳定状态时，进出口流量守恒；当空气系统在过渡状态时，由于进出口工况随时间变化引起的容腔效应，其参数变化相比主流参数变化具有滞后性，因此空气系统元件的进出口流量可能不守恒。由于盘腔在瞬态变化过程中的容腔效应，盘腔内元件的瞬态响应时间远超过其他元件的瞬态响应时间，因此盘腔是影响空气系统瞬态响应的最关键部件。尤其在空气系统边界强瞬变作用下，盘腔的容腔效应导致盘腔的进出口质量流量不相等。

所谓容腔效应是指盘腔进出口边界条件随时间变化时，由于盘腔具有一定体积、盘腔有诸多限流元件或结构，以及空气的可压缩性，在某一特定时刻盘腔的进出口流量不守恒。腔内空气的物性参数变化具有滞后性，导致了空气系统的参数处于过渡状态时，盘腔处于复杂的瞬态响应过程，该现象已有大量研究验证。

9.6.2　瞬态响应的计算

当进口或出口边界条件随时间发生变化时，由于腔内流体的密度随时间变化，腔内流体参数变化具有滞后性，因此进出口流量不匹配。容腔效应现象可以结合图 9-12 来描述。

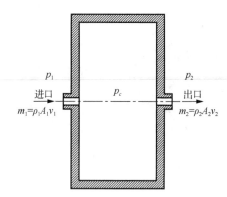

图 9-12　容腔效应演示模型

如图 9-12 所示，对于一个有限体积的容腔，其进出口面积远小于容腔轴向截面积，因此进出口段体积相比容腔体积可忽略。p_c 为腔内静压，在某个确定的时刻点为固定值，p_1 为进口总压，p_2 为出口静压。在某个时刻 t，p_1 增加，因此 ρ_1 和 m_1 增加，在较短的时间 Δt 内 p_c 暂时不变，从而使 m_2 暂时不变，此时 $\Delta m = m_1 - m_2$ 为正值。由于容腔具有一定体积，进出口流量不守恒，即容腔效应。

为了定量分析盘腔过渡态的容腔效应，需要对容腔效应涉及的主要参数进行分析。根据前文所述，未出现燃气入侵时，盘腔可视为总参数与静参数相等的恒压腔室，腔内各处温度相等，因此这里的公式推导主要包含压力、密度等气动参数，暂不考虑温度的影响。

为了保证容腔效应公式的成立，对盘腔作以下假设：

（1）气体在腔内的状态变化过程视为绝热过程；

（2）腔室的体积有限；不考虑腔内气体流动导致的盘腔内压力分布差异，即认为腔室内总参数与静参数相等。

基于腔室一维流模型，下面给出了无量纲腔压变化方程的推导过程。

由气体动力学原理，经过孔或缝的质量流量可写为

$$\dot{m} = \sqrt{\frac{p_2^2 A^2}{kRT} \frac{2k^2}{k-1} \left(\frac{p_2}{p_1}\right)^{\frac{2}{k}} \left[1 - \left(\frac{p_2}{p_1}\right)^{\frac{k-1}{k}}\right]} \tag{9-60}$$

式中，A 为进口流通截面面积。

当流体流入腔室时，

$$\dot{m}_{in} = \sqrt{\frac{p_c^2 A^2}{kRT} \frac{2k^2}{k-1} \left(\frac{p_c}{p_{in}}\right)^{\frac{2}{k}} \left[1 - \left(\frac{p_c}{p_{in}}\right)^{\frac{k-1}{k}}\right]} \tag{9-61}$$

式中，下标"in"表示流体流入的参数。

当流体流出腔室时，

$$\dot{m}_{out} = \sqrt{\frac{p_{out}^2 A^2}{kRT} \frac{2k^2}{k-1} \left(\frac{p_{out}}{p_c}\right)^{\frac{2}{k}} \left[1 - \left(\frac{p_{out}}{p_c}\right)^{\frac{k-1}{k}}\right]} \tag{9-62}$$

式中，下标"out"表示流体流出的参数。

假设容腔只有一个进口和一个出口，瞬态过程中以容腔为单元的连续方程可表达为

$$V \frac{d\rho_c}{dt} = \dot{m}_{in} - \dot{m}_{out} \tag{9-63}$$

式中，V 为容腔体积；ρ_c 为腔内流体密度。

将式（9-61）与式（9-62）代入式（9-63）得

$$v \frac{dp_c}{RTdt} = \sqrt{\frac{p_c^2 A_{in}^2}{kRT} \frac{2k^2}{k-1} \left(\frac{p_c}{p_{in}}\right)^{\frac{2}{k}} \left[1 - \left(\frac{p_c}{p_{in}}\right)^{\frac{k-1}{k}}\right]}$$

$$- \sqrt{\frac{p_{out}^2 A_{out}^2}{kRT} \frac{2k^2}{k-1} \left(\frac{p_{out}}{p_c}\right)^{\frac{2}{k}} \left[1 - \left(\frac{p_{out}}{p_c}\right)^{\frac{k-1}{k}}\right]} \tag{9-64}$$

于是有

$$\frac{\mathrm{d}p_c}{\mathrm{d}t} = \frac{RT}{v}kp_cA_{\mathrm{in}}\left(\frac{p_c}{p_{\mathrm{in}}}\right)^{\frac{1}{k}}\sqrt{\frac{1}{kRT}\frac{2}{k-1}\left[1-\left(\frac{p_c}{p_{\mathrm{in}}}\right)^{\frac{k-1}{k}}\right]}$$

$$-\frac{RT}{v}kp_{\mathrm{out}}A_{\mathrm{out}}\left(\frac{p_{\mathrm{out}}}{p_c}\right)^{\frac{1}{k}}\sqrt{\frac{1}{kRT}\frac{2}{k-1}\left[1-\left(\frac{p_{\mathrm{out}}}{p_c}\right)^{\frac{k-1}{k}}\right]} \qquad (9\text{-}65)$$

式中，R 为理想气体常数。

为了便于计算与实验，一般采用无量纲的形式，引入无量纲参数：

$$p_c^* = \frac{p_c}{p_{c0}},\ p_{\mathrm{in}}^* = \frac{p_{\mathrm{in}}}{p_{c0}},\ p_{\mathrm{out}}^* = \frac{p_{\mathrm{out}}}{p_{c0}},\ A_{\mathrm{in}}^* = \frac{A_{\mathrm{in}}}{A_r},\ A_{\mathrm{out}}^* = \frac{A_{\mathrm{out}}}{A_r},\ t^* = \frac{A_r t\sqrt{kRT_{c0}}}{V}$$

式中，T_{c0} 为初始状态容腔内空气温度；A_r 为参考面积。

得到

$$\frac{1}{A_r}\frac{\mathrm{d}}{\mathrm{d}t}\left(\frac{p_c}{p_{c0}}\right) = \frac{RT}{v}k\frac{p_c}{p_{c0}}\frac{A_{\mathrm{in}}}{A_r}\left(\frac{p_c}{p_{c0}}\frac{p_{c0}}{p_{\mathrm{in}}}\right)^{\frac{1}{k}}\sqrt{\frac{1}{kRT}\frac{2}{k-1}\left[1-\left(\frac{p_c}{p_{c0}}\frac{p_{c0}}{p_{\mathrm{in}}}\right)^{\frac{k-1}{k}}\right]}$$

$$-\frac{RT}{v}k\frac{p_{\mathrm{out}}}{p_{c0}}\frac{A_{\mathrm{out}}}{A_r}\left(\frac{p_{\mathrm{out}}}{p_{c0}}\frac{p_{c0}}{p_c}\right)^{\frac{1}{k}}\sqrt{\frac{1}{kRT}\frac{2}{k-1}\left[1-\left(\frac{p_{\mathrm{out}}}{p_{c0}}\frac{p_{c0}}{p_c}\right)^{\frac{k-1}{k}}\right]} \qquad (9\text{-}66)$$

将无量纲参数代入式（9-66）得

$$\frac{\mathrm{d}p_c^*}{\mathrm{d}t^*} = \frac{p_c}{p_{c0}}\frac{A_{\mathrm{in}}}{A_r}\left(\frac{p_c}{p_{c0}}\frac{p_{c0}}{p_{\mathrm{in}}}\right)^{\frac{1}{k}}\sqrt{\frac{2}{k-1}\left[1-\left(\frac{p_c}{p_{c0}}\frac{p_{c0}}{p_{\mathrm{in}}}\right)^{\frac{k-1}{k}}\right]}$$

$$-\frac{p_{\mathrm{out}}}{p_{c0}}\frac{A_{\mathrm{out}}}{A_r}\left(\frac{p_{\mathrm{out}}}{p_{c0}}\frac{p_{c0}}{p_c}\right)^{\frac{1}{k}}\sqrt{\frac{2}{k-1}\left[1-\left(\frac{p_{\mathrm{out}}}{p_{c0}}\frac{p_{c0}}{p_c}\right)^{\frac{k-1}{k}}\right]} \qquad (9\text{-}67)$$

当考虑多个进出口时，有

$$\frac{\mathrm{d}p_c^*}{\mathrm{d}t^*} = p_c^*A_{\mathrm{in}}^*\left(\frac{p_c^*}{p_{\mathrm{in}}^*}\right)^{\frac{1}{k}}\sqrt{\frac{2}{k-1}\left[1-\left(\frac{p_c^*}{p_{\mathrm{in}}^*}\right)^{\frac{k-1}{k}}\right]}$$

$$-p_{\text{out}}^* A_{\text{out}}^* \left(\frac{p_{\text{out}}^*}{p_c^*}\right)^{\frac{1}{k}} \sqrt{\frac{2}{k-1}\left[1-\left(\frac{p_{\text{out}}^*}{p_c^*}\right)^{\frac{k-1}{k}}\right]} \tag{9-68}$$

当考虑流动损失时，有

$$\frac{\mathrm{d}p_c^*}{\mathrm{d}t^*} = \sum_{l=1}^{m} C_{d,l}\, p_c^*\, A_{\text{in},l}^* \left(\frac{p_c^*}{p_{\text{in},l}^*}\right)^{\frac{1}{k}} \sqrt{\frac{2}{k-1}\left[1-\left(\frac{p_c^*}{p_{\text{in},l}^*}\right)^{\frac{k-1}{k}}\right]}$$

$$-\sum_{j=1}^{n} C_{d,j}\, p_{\text{out},j}^*\, A_{\text{out},j}^* \left(\frac{p_{\text{out},j}^*}{p_c^*}\right)^{\frac{1}{k}} \sqrt{\frac{2}{k-1}\left[1-\left(\frac{p_{\text{out},j}^*}{p_c^*}\right)^{\frac{k-1}{k}}\right]} \tag{9-69}$$

历史人物

马赫（Ernst Mach，1838~1916 年）奥地利物理学家和哲学家，1860 年获维也纳大学博士学位。他在力学、声学、热力学、实验心理学及哲学方面都有贡献。马赫用纹影技术研究飞行抛射体的工作最为人所熟知，1887 年研究了空气中运动的物体发出以声速 c 传播的球面扰动波，当物体的速度 v 大于 c 时，扰动波的波前形成以物体为顶点的锥形包络面，锥面母线与物体运动方向所形成的角度 α 与 v、c 的关系是 $\sin\alpha = c/v$。1907 年，普朗特首次称角 α 为马赫角。1929 年，阿克莱特鉴于比值 v/c 在空气动力学研究中日益显示的重要性，建议用术语马赫数表示。20 世纪 30 年代末，马赫数成为表征流体运动状态的重要参数。作为一个哲学家，马赫对当时物理学的许多基本观点持怀疑态度。[以上内容来源于《流体力学通论》[2]，作者刘沛清，科学出版社]

习　题*

9-1　超声速飞机在 1500m 高度上以 750m/s 的恒速飞行。飞机直接飞越一个静止的地面观察者，当飞机飞越观察者后需经过多少时间观察者方能听到飞机的声音?假设平均声速为 335m/s，飞机产生的小扰动可按声波对待。

9-2　某喷气发动机，在尾喷管出口处燃气的温度为 873K，燃气速度为 560m/s，燃气的绝热指数 $k=1.33$，$R=287.4\text{J}/(\text{kg}\cdot\text{K})$，求燃气流的声速和 Ma。

---

* 本章习题不作特别说明时，研究对象均为无黏完全气体定常绝能流动。

9-3　空气在某一变截面管道内流动。已知截面积为 0.01314m^2 处 $T^* = 38^\circ\text{C}$，$p = 41.37\text{kPa}$，$\dot{m} = 1\text{kg/s}$，求该截面上流动 Ma。

9-4　证明：变截面管道内无黏完全气体作定常等温流动时，任意两截面上的截面积与马赫数之间有下列关系：

$$\frac{A_2}{A_1} = \frac{Ma_1}{Ma_2}\exp\left[\frac{k}{2}(Ma_2^2 - Ma_1^2)\right]$$

9-5　子弹以 300m/s 的速度在空气中飞行，空气的压强为 $1.013\times10^5\text{Pa}$，温度为 15°C，试求子弹前端的压强。

9-6　空气假定是 $k = 1.4$ 的无黏性气体，流经一无摩擦管道。空气速度沿流动方向增加。在位置 1 处静温为 333.3K，静压为 $2.0684\times10^5\text{Pa}$，平均速度为 152.4m/s。在位置 2 上当地马赫数为 1。试计算位置 2 的静温平均速度、静压及密度。

9-7　直径为 150mm 管道中的空气流通过收缩型喷管流入大气，大气压强为 $1.013\times10^5\text{Pa}$，喷管出口直径为 25mm，若出口处气体射流压强为 $1.38\times10^5\text{Pa}$，管道中的压强为多大？

9-8　空气流以 100kg/s 定常等熵地进入喷气发动机的进气道。在截面积为 0.464m^2 处，$Ma = 3$，$T = -60^\circ\text{C}$，$p = 15.0\text{kPa}$，试确定下游 $T = 138^\circ\text{C}$ 处对应的截面面积和流动速度。

9-9　某涡轮喷气发动机的收缩喷管进口燃气总压 $p_1^* = 2.36\times10^5\text{Pa}$，总温 $T_1^* = 790\text{K}$。喷管出口截面处于临界状态，尾喷管出、进口总压比（总压恢复系数）为 0.98。求出口处的流速、静温、静压。设燃气的绝热指数 $k = 1.4$，$R = 287.4\text{J/(kg·K)}$。

9-10　空气流等熵地通过收缩型喷管进入压强为 124000Pa 的容器。假设空气进入喷管时的速度可忽略，其压强为 200000Pa，温度为 20°C，喷管出口面积为 75cm^2，求通过喷管的质量流量。

9-11　如图习题 9-11 所示，一高亚声速校测风洞，开口工作段与大气相通。欲使工作段马赫数达到 $Ma = 0.8$，高压气源对此风洞应提供多高的总压？假定工作段之后安装一亚声速扩压器，如图习题 9-11（b），扩压器出口与大气相通。若能使扩压器出口气流马赫数减小到 $Ma = 0.2$，问此时动力源应提供多高的总压（假定流动是等熵的）？

9-12　有两个相连的容积很大的贮气罐，各有收缩喷管，通过喷管 2 向大气中流出空气，如图习题 9-12 所示。喷管 1、2 的出口截面积相等，$A_1 = A_2$。由喷管 1 流出的气体经过不可逆的等压滞止过程，使气罐 Ⅱ 内气体的滞止压强与喷管 1 的出口压强相等。又假定喷管 1 和 2 中的流动等熵，且已知 p^*、T^*、k，$p_1^* > p_2^* > p_2$。

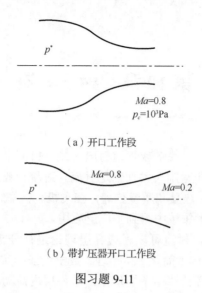

（a）开口工作段

（b）带扩压器开口工作段

图习题 9-11

（1）试证明 $Ma_2 > Ma_1$；

（2）如果增大 p_1^* 使 $Ma_2 = 1$，求 Ma_1 及 $\dfrac{p_1^*}{p_1}$。

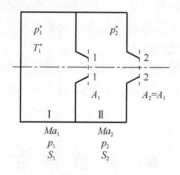

图习题 9-12

　　9-13　正激波前气流马赫数 $Ma = 2.0$，气流总温 $T^* = 335\text{K}$，总压 $p^* = 600\text{kPa}$，试确定激波后的静压。

　　9-14　空气流在缩放型喷管中某截面产生正激波，通过正激波压强由 69000Pa 突跃至 207000Pa，试计算在喷管喉部和上游气源箱体中压强各为多少？

　　9-15　对固定坐标系（即坐标系固结在激波上），证明（c_1、Ma_1 分别为波前气体声速及马赫数）：

$$\frac{v_2 - v_1}{c_1} = -\frac{2}{k+1}\left(Ma_1 - \frac{1}{Ma_1}\right)$$

第10章 射　　流

射流是指流体从小孔、喷嘴或管道射出，或靠机械推动，并同周围流体掺混的流体流动，如烟气经烟囱排入大气就是射流。射流一般为湍流流型，具有紊动扩散作用，能进行动量、热量和质量传递，在飞机、火箭、水泵、通风机、锅炉、化工冶金设备等许多技术领域中得到了广泛应用。

距射流源足够远处，射流可以用边界层理论进行分析。普朗特学派 1904～1921 年逐步将 N-S 方程作了简化，从推理、数学论证和实验测量等各个角度，建立了边界层理论，能实际计算简单情形下，边界层内流动状态和流体与固体间的黏性力。格特勒根据普朗特的自由湍流理论，对不可压缩流体的平面湍性射流进行了完整的理论分析，求解了平面射流的流速分布，利用射流动量守恒原理推导了射流轴线的沿程变化规律，求得了与实验相吻合的结果。射流是流体力学研究的一个重要内容，射流的研究经历了从层流射流到湍流射流，从单股射流到多股射流，从二维平面射流到三维射流，从常态无旋射流到可变有旋射流，以及从实验理论分析到数值模拟的发展过程。

本章将在实验基础上阐述简单射流的基本现象及有关物理量之间的联系，进而介绍简单射流的纯理论分析方法，在此基础上再介绍温差射流和几种复杂射流流动的特点。

10.1　射　流　概　述

10.1.1　射流的分类

可以按照不同的特征对射流进行分类。

（1）按照流体的流动状态，可将射流分为层流射流和湍流射流。除非流动雷诺数非常小，一般情况下，射流流体从小孔、喷嘴或管道射出后，这种继续扩散流动的流体微团产生强烈的无规则脉动，从而实现与周围介质进行动量交换、热量交换或质量交换，这种射流为湍流射流。

（2）按射流周围介质（流体）的性质，可分为淹没射流和非淹没射流。若射流与周围介质的物理性质相同，则为淹没射流；若不相同，则为非淹没射流。

（3）按射流周围固体边界的情况，可分为自由射流和非自由射流。若射流进入一个无限空间，完全不受固体边界限制，称为自由射流或无限空间射流；若进入一个有限空间，射流会受到固体边界的限制，称为非自由射流或有限空间射流。在航空发动机领域的气动矢量喷管及无阻流板式反推装置中，通常采用从压气机引气的方式，将二次流引射进入喷管和反推装置中，以达到气动推力矢量及反推的目的。为了缓解涡轮内温度过高引起的过热甚至发动机无法工作的问题，冷却气体经由冷却孔喷射至涡轮流道内。这些射流均是在受限空间内的流动，因而都为有限空间射流。

（4）按射流流出后继续运动的动力，可分为动量射流、浮力羽流和浮力射流。若射流出口流速、动量较大，出流后继续运动的动力来自动量，称为动量射流。若射流出口流速、动量较小，出流后继续运动的动力来自浮力，称为浮力羽流。若射流出流后继续运动的动力，兼受动量和浮力的作用，称为浮力射流。

（5）按射流出口的断面形状，可分为圆形（轴对称）射流、平面（二维）射流、矩形（三维）射流等。

当周围流体也是运动流体时，称周围流体为外流体。若外流体与射流流体同向运动，则称为伴随射流；两者运动反方向时，称为逆流射流；两者运动互成一定角度时，称为倾斜射流；射流与周围流体密度不同时，称为异密度射流；射流沿着空间壁面发展时，称为固壁射流；射流路程上存在某种障碍物时，称为撞击射流；射流中夹带微粒时，称为两相射流等。

10.1.2 射流的应用

射流的应用相当广泛，如喷气推进、水力采煤等都利用射流作动力；自动控制中利用射流流体作开关元件；工业生产中利用射流的卷吸作用，促成不同组成、不同温度流体的混合，如燃烧炉中借助射流使燃料和空气迅速混合，提高燃烧效率；在反应器中采用射流加料，可促使组分迅速达到分子级均匀，改善反应器的性能；在搅拌槽中可利用撞击射流促进颗粒悬浮等。此外，还可以利用热风经小孔或喷嘴直接吹向湿表面，以强化干燥过程。射流广泛应用于各个工程技术领域，下面简要介绍一下利用射流原理工作的一些工业设备。

1）射流泵

射流泵是指依靠一定压力的工作流体，通过喷嘴高速喷出带走被输送流体的泵。工作流体从喷嘴高速喷出时，在喉管入口处因周围的空气被射流卷走形成真空，被输送的流体即被吸入。两股流体在喉管中混合并进行动量交换，使被输送流体的动能增加，最后通过扩散管将大部分动能转换为压力能。1852 年，英国的汤普森首先使用射流泵作为实验仪器来抽除水和空气。20 世纪 30 年代起，射流泵开始迅速发展。按照工作流体的种类，射流泵可以分为液体射流泵和气体射流泵，其中以水射流泵和蒸汽射流泵最为常用。

射流泵没有运动的工作元件，结构简单，工作可靠，无泄漏，也不需要专门人员看管，因此很适合在水下和危险的特殊场合使用。此外，它还能利用带压的废水、废汽（气）作为工作流体，从而节约能源。在石油开发方面，射流泵也得到了广泛的应用。射流泵用于含砂较高的油井，特别是当其用热油（水）作动力液时，可用于稠油井和结蜡井，这样可使稠油降黏和除蜡。

2）雾化器

雾化吸入治疗是呼吸系统疾病治疗方法中一种重要和有效的治疗方法，采用空气压缩式雾化器将药液雾化成微小颗粒，药物通过呼吸吸入的方式进入呼吸道和肺部沉积，从而达到无痛、迅速有效治疗的目的。

空气压缩式雾化器也叫射流式雾化，是根据文丘里（Venturi）喷射原理，利用压缩空气通过细小管口形成高速气流，产生的负压带动液体或其他流体一起喷射到阻挡物上，在高速撞击下向周围飞溅使液滴变成雾状微粒从出气管喷出。

3）高压水射流清洗装置

水射流对物体的作用机理有水射流的冲击作用、气蚀、磨削和缝隙水压的楔劈作用。高压清洗主要依靠高速水流对垢层的冲击作用及楔劈效应达到除垢的目的。水力喷射的基本原理是喷射水流必须对垢层或沉积物有足够的撞击力使其粉碎，一旦垢层被渗透，流体呈楔子状插入垢层和金属表面间，使垢层脱落而露出清洗的表面。结垢多呈层状或多孔状，容易碎裂，因为喷射水流的撞击可以击中一个孔，在表面以下形成一个内压而使上部垢层裂开。在喷射操作过程中，冲碎的颗粒夹杂在喷射流中帮助冲击更多的颗粒。

此外，高压水射流还能用于切割、除锈等装置。使用水射流作为手术刀进行外科手术，能成功地切除病体器官，不损伤血管与纤维，可避免手术时大出血。空化射流超细粉碎，能产生 $10\mu m$ 的超细粉末。对于具有黏性易变形的软物质，使用水切割，其优越性是硬质刀具难以比拟的。

10.1.3 研究射流需解决的问题

随着科技的飞跃发展，射流在工程技术中得到了越来越广泛的应用。例如，在农业生产中的喷水射流，在实际生活中安全消防喷枪水的射流，在航天航空领域中的火箭、喷气发动机及卫星姿态控制技术，动力方面的水轮机、汽轮机、内燃机燃烧室、蒸汽泵及锅炉技术，高压水力采煤技术，射流切割技术，气膜隔热和冷却技术，通风和空调技术，化工领域中的混合技术，20 世纪 70 年代发展起来的气垫车船及现在出现的水上气垫飞机，水利工程中的引水、排洪及泄洪，环境工程中的污水、废气及热水的排放，射流纺织纱布等，都涉及了射流问题。不同场所的射流有不同的作用，但也有共同的方面，那就是凡是射流被射出，都同时产生对前方物体的冲击力并获得相等的反作用力，只是人们对这两种力的利用重点大有径庭罢了。这些不同的应用，大致可分为五类内容：用来产生推力的喷气射流，用来产生前作动力的喷射流，作为引射工作介质的引射流，液体燃料雾（膜）化射流及附壁射流。但是，射流在被应用的同时，还会造成一定的噪声等环境污染，如果是高温射流，还有可能对周围的环境设备造成一定的热损及热蚀。因此，在实际应用中，还会有一些相应的声防护和热防护措施。

研究射流要解决的主要问题有：确定射流扩展的范围；射流中流速分布及流量沿程变化；对于变密度、非等温和含有污染物质的射流，还要确定射流的密度分布、温度分布和污染物质的浓度分布。

10.2 自 由 射 流

流体自圆孔或喷嘴流出进入较大空间形成轴对称射流，也称圆射流。空间中介质可以是静止的也可以是运动的，它的温度、密度与射流温度、密度可以相同，也可以不相同。如果空间介质的温度、密度与射流的温度、密度相同，并且空间中介质是静止不动的，这种情况下的射流称为自由射流，它是一种最简单的射流。

10.2.1 自由射流的结构

现在来研究流体以均匀速度 v_0 从宽度为 $2b_0$ 的窄缝流出形成平面射流或者从直径为 d_0 的圆形管嘴流出形成的轴对称射流。在管嘴出口 A-A 截面处，形成切向间断面，沿间断面发展成为射流流动。当射流速度不太小时，切向间断面不稳定，最终将出现旋涡，这些旋涡在流动中做不规则的运动，由此产生微团的动量与质量交换，形成湍流射流边界层。由于微团的动量和质量交换，使周围流体不断被射流抽吸向下游流动，射流的宽度不断增加，而喷出的流体本身则不断减速，直到最后消失。由实验测定及观察了解到这种射流的结构如图 10-1 所示。

1）初始段

射流刚离开管嘴，在 A-A 截面处可视为速度是均匀的。由于射流与周围流体的不断混合，在管嘴出口处沿流动方向形成一个具有很大速度梯度的区域，称之为射流边界层。该区域的内边界为速度等于管嘴出口速度 v_0 的边界线。外边界为速度接近于零的边界线。显然，射流边界层是沿流动方向不断向两边扩展。外边界向外扩展，带动更多的气体介质进入边界层。内边界向中心扩展，使速度等于初始值的区域逐渐缩小。这样，沿流动方向，射流边界层越来越宽，至 B-B 截面处，边界层内边界与射流轴心线相交。这时只有射流中心点处还保持初始值。管嘴出口截面 A-A 至 B-B 截面之间的区域称为射流初始段。初始段的特点是射流中心速度等于初始速度。称保持速度值等于初始值的区域 $AB'A$ 为势流核心区。初

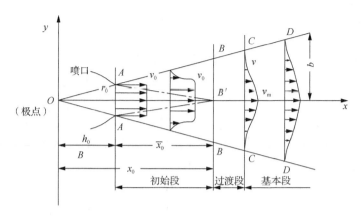

图 10-1　射流结构示意图

始段的长度依管嘴的几何形状和初始流动状态而变,在平面射流情况下约为$12b_0$,在圆形射流情况下约为$10r_0$。

2)基本段

由于射流边界层的不断发展,即射流继续抽吸周围介质的流体质量,在初始段结束以后,轴心速度连续下降,射流扩展,厚度不断增长,从而形成整个的湍流射流。实验与理论分析表明,在初始段结束一段距离以后(即在截面$C-C$以后)的流动,可以设想为相当于从离射流出口不太远的一点O处置一无限小孔的点源喷出流体时所形成的流动,$C-C$截面以后的射流,称为射流基本段。O点称为射流基本段极点。射流外边界线与轴线的夹角称为扩展角α或极角。

3)过渡段

介于射流初始和基本段之间的射流段,称为过渡段。在工程应用中,为简单起见,在相当准确的程度内,可以略去此段,过渡段从而蜕化为过渡截面$B-B$。

10.2.2　自由射流边界宽度

射流边界与周围介质的混合实际上在横向上也扩展到无穷远处,为研究方便,定义具有较大横向速度梯度的区域边界为射流边界宽度,一般取$v=0.01v_m$处的y值为射流宽度b,射流宽度沿轴向呈线性增大,即

$$b=kx \tag{10-1}$$

式中,比例常数k可由大量的实验资料分析归纳中得到,对于轴对称射流,$k=3.4a$,则射流对应的扩展角α则满足

$$\mathrm{tg}\alpha=\frac{kx}{x}=k=3.4a \tag{10-2}$$

式中,a是湍流系数,它取决于管嘴出口截面速度分布的均匀程度和初始湍流强度。

速度分布越不均匀，a 值越大。当速度分布均匀时，$a = 0.066$；当速度分布不太均匀、中间速度高于平均速度10%时，$a = 0.070$；若中间速度超过平均速度25%，则 $a = 0.076$。湍流强度 ε_0 越大，则射流与周围介质混合得越快，因而 a 值也越大。

不同管嘴种类对应的湍流系数 a 及射流扩展角 α 如表 10-1 所示。从表中可以看出，管嘴上装置不同形式的风板栅栏，则出口截面上气流的扰动紊乱程度不同，对应的湍流系数 a 也就不同。扰动大的湍流系数 a 增大，相应的射流扩展角 α 也增大。

表 10-1 湍流系数及射流扩展角

管嘴种类	湍流系数 a	射流扩展角 α / (°)
带有收缩口的管嘴	0.066	12.60
	0.071	13.55
圆柱管嘴	0.076	14.50
	0.080	
带有导风板的轴流式通风机	0.120	22.15
带导流板的直角弯管	0.200	34.15
带金属网格的轴流风机	0.240	39.20
收缩极好的平面喷口	0.108	14.65
平面壁上锐缘狭缝	0.118	16.05
具有导叶且加工磨圆边口的风道上纵向缝	0.155	20.60

由式（10-2）可知，当 a 值确定，射流边界层的外边界线也就确定，射流即按照一定的扩展角向前作扩散运动，这就是射流的几何特征。应用这一特征，可求出射流宽度沿射程的变化规律。

10.2.3 自由射流中的速度分布特性

由于与纵向速度相比，横向速度很小，如果把 x 轴与射流纵向轴心线相重合，则从工程应用观点来看，可以认为沿 x 轴向的射流速度即可表征整个射流的速度特性。图 10-2 是某轴对称射流速度分布。图中 x 表示测量截面离管出口的距离，y 表示测量点离纵轴的距离。从图中可以看出，离管口越远，轴向速度越小，横截面上的速度分布越平坦，射流宽度越大，如果对上述坐标统一进行无因次化，即取 v/v_m 为纵坐标，v 为测量点速度，v_m 为测量截面上轴心速度，$y/y_{0.5}$ 为横坐标，y 为测量点离轴心距离，$y_{0.5}$ 为 $v = \frac{1}{2} v_m$ 处离轴心的距离（注意，$y_{0.5}$ 未必正好等于射流边界宽度 b 的一半，对于平面射流，$b = 2y_{0.5}$，对于轴对称射流，$b = 2.5y_{0.5}$），则发现不同截面上的速度分布，将重叠在同一曲线上，如图 10-3 所示。说明湍流自由射流在基本段中不同截面速度分布是相似的，可用与雷诺数无关的普遍无因次速度分布曲线来表示，该曲线具有高斯分布的形式，可大致表示成

$$\frac{v}{v_{\mathrm{m}}} = \exp\left\{-\left(\frac{y}{y_{0.5}}\right)^2\right\} \tag{10-3}$$

这一特性称为自由射流的自模性。

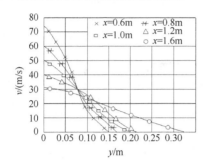

图 10-2　轴对称射流速度分布图　　　　　图 10-3　不同截面上的速度分布

自由射流初始段边界层中的速度分布也可以进行无因次化，不过这时速度比采用 v/v_0，v_0 为管嘴出口速度，而距离比则采用 $\Delta y_c / \Delta y_b$，此处 $\Delta y_c = y - y_{0.5}$，$\Delta y_b = y_{0.9} - y_{0.1}$。$y_{0.9}$、$y_{0.1}$ 则分别为速度为 $0.9v_{\mathrm{m}}$ 和 $0.1v_{\mathrm{m}}$ 处与轴心的距离。图 10-4 即为把两组实验数据按照上述方法整理后所得到的轴对称射流初始段边界层无因次速度分布曲线，可见速度分布仍然具有相似性。

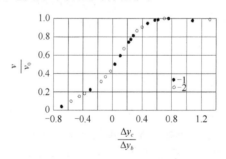

图 10-4　射流初始段边界层无因次速度分布

这样，轴对称自由射流初始段边界层内和基本段中的无因次速度分布就可以用统一的半经验公式表示：

$$\frac{v}{v_{\mathrm{m}}} = \left[1 - \left(\frac{y}{b}\right)^{1.5}\right]^2 \tag{10-4}$$

式中，b 为边界层宽度或基本段射流边界宽度。当用于边界层时，$v_{\mathrm{m}} = v_0$，并且 y 为层内任意点至内边界距离。该式也适用于平面自由射流。

现在从速度分布相似来讨论自由射流的等速线。在图 10-5 所示的均匀速度 v_0

的流动与周围静止介质混合而成的射流边界层中，根据速度的相似关系，当

$$\frac{y}{b} = \text{const}$$

则

$$\frac{v}{v_0} = \text{const}$$

式中，b 和 y 分别表示某一横截面的射流边界宽度和该截面上任一点对 x 轴的距离。而 v 表示该截面上相应点的速度。实验表明，在自由射流中射流边界宽度的发展与距离成比例，即

$$\frac{b}{x} = \text{const}$$

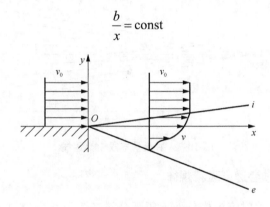

图 10-5　射流边界层

因此，当 $\dfrac{y}{x} = \text{const}$ 时，

$$\frac{v}{v_0} = \text{const}$$

说明在射流边界层内起始于起始点 O 的任一射流都代表边界层内流动的等速线（如图 10-5 中 Oi、Oe）。整个自由射流的等速线如图 10-6 所示。

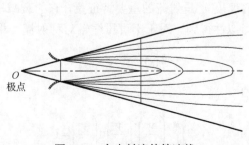

图 10-6　自由射流的等速线

在射流基本段中，由前述的速度分布相似，有

$$\frac{v}{v_m} = f(f/b)$$

同样考虑到 $b/x = \mathrm{const}$，则

$$\frac{v}{v_m} = f(y/x)$$

因此，在射流基本段中无因次速度相等的线是一簇通过射流极点的直线，如图 10-7 所示。但是，在初始段中由于 v_m 是变化的，故绝对速度 v 的等值线较为复杂，形状为喷焰状，如图 10-6 所示。

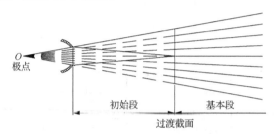

图 10-7　射流基本段中等速线

10.2.4　自由射流轴心速度衰减规律

实验表明，自由射流各横截面上压强分布基本上是均匀的，等于射流边界上的压强，自由射流中周围介质的压强是常数，整个自由射流的压强也都是均匀分布的，作用于射流边界上所有外力的合力等于零。因此，自由射流流动过程的动量必然守恒，其等于管嘴出口处射流的动量，即

$$J = \int_A \rho v^2 \mathrm{d}A = \rho_0 v_0^2 A_0 = \mathrm{const} \qquad (10\text{-}5)$$

式中，v_0、A_0 分别代表管嘴出口处的射流速度和截面积；A 为任一截面处射流截面积。一个射流对应一个确定的 J 值，因此它是决定射流状态的重要特征量。

射流基本段轴心速度 v_m 是射流的重要特征量，它的衰减规律可由动量守恒关系式及速度分布的相似性得到。对于不可压缩轴对称射流，根据式（10-5），有

$$2\int_0^b v^2 y \mathrm{d}y = v^2 r_0^2$$

改写成无因次形式为

$$2\int_0^{b/r_0} \left(\frac{v}{v_0}\right)^2 \left(\frac{y}{r_0}\right) \mathrm{d}\left(\frac{y}{r_0}\right) = 1$$

再将 $\dfrac{v}{v_0} = \dfrac{v}{v_{\mathrm{m}}} \cdot \dfrac{v_{\mathrm{m}}}{v_0}$ 与 $\dfrac{y}{r_0} = \dfrac{y}{b} \cdot \dfrac{b}{r_0}$ 代入，得

$$\left(\frac{v_{\mathrm{m}}}{v_0}\right)^2 \left(\frac{b}{r_0}\right)^2 2 \int_0^1 \left(\frac{v}{v_{\mathrm{m}}}\right)^2 \left(\frac{y}{b}\right) \mathrm{d}\left(\frac{y}{b}\right) = 1$$

利用式（10-4），可得

$$\left(\frac{v_{\mathrm{m}}}{v_0}\right)^2 \left(\frac{b}{r_0}\right)^2 2 \int_0^1 \left[1 - \left(\frac{y}{b}\right)^{1.5}\right]^4 \left(\frac{y}{b}\right) \mathrm{d}\left(\frac{y}{b}\right) = 1$$

式中，定积分值等于 0.0668，由此得

$$\frac{b}{r_0} = 2.74 \frac{v_0}{v_{\mathrm{m}}} \tag{10-6}$$

式（10-6）的结果与实验结果有偏差，为使以下的分析结果与实验结果更吻合，应将式（10-6）修改为

$$\frac{b}{r_0} = 3.3 \frac{v_0}{v_{\mathrm{m}}} \tag{10-7}$$

在过渡截面上，$v_{\mathrm{m}} = v_0$，因此过渡截面上无因次半径等于常数，即

$$\left(\frac{b}{r_0}\right)_{B\text{-}B} = 3.3 \tag{10-8}$$

把 $b = 3.4ax$ 代入式（10-7），得

$$\frac{v_{\mathrm{m}}}{v_0} = 0.97 \frac{r_0}{ax} \tag{10-9}$$

式（10-9）表明，轴对称自由射流轴心速度与离射流极点距离成反比。在过渡截面处，$\dfrac{v_{\mathrm{m}}}{v_0} = 1$，故过渡截面与射流极点的距离为

$$x_0 = 0.97 \frac{r_0}{a} \tag{10-10}$$

工程计算中，习惯上是把原点放在出口截面中心处，以 $\bar{x}$ 表示之。为了把式（10-10）中的 x 以 $\bar{x}$ 表示之，需建立二者之间的联系。

根据图 10-1 和相似三角形原理，得

$$\frac{b}{x_0} = \frac{r_0}{h_0}$$

将式（10-8）和式（10-10）代入，得

$$h_0 = 0.29\frac{r_0}{a} \tag{10-11}$$

式中，h_0 为射流极点深度，$h_0 \approx 2.0d_0$。

射流核心区长度为

$$x_0 = x_0 - h_0 = (0.97 - 0.29)\frac{r_0}{a} = 0.68\frac{r_0}{a} \tag{10-12}$$

把 a 为 0.07~0.08 代入式（10-12），得 $\bar{x}_0$ 为 $4d_0$~$5d_0$，即射流核心区长度为喷口出口直径的 4~5 倍。由于

$$\bar{x} = x - h_0$$

有

$$\frac{ax}{r_0} = \frac{a\bar{x}}{r_0} + 0.29 \tag{10-13}$$

将式（10-13）代入式（10-9），可得

$$\frac{v_{\mathrm{m}}}{v_0} = \frac{0.97}{\dfrac{a\bar{x}}{r_0} + 0.29} \tag{10-14}$$

图 10-8 为按式（10-14）计算所得到的轴对称射流轴心速度变化曲线与测试值的比较，表明这种半经验理论分析公式有足够的精确度。

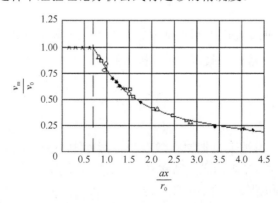

图 10-8　轴对称射流轴心速度变化曲线与测试值对比图

10.2.5 自由射流断面平均流速变化规律

不可压缩射流通过任一横截面的容积流量为

$$Q = 2\pi \int_0^b vy\mathrm{d}y = 2\pi v_\mathrm{m} b^2 \int_0^l \left(\frac{v}{v_\mathrm{m}}\right)\left(\frac{y}{b}\right)\mathrm{d}\left(\frac{y}{b}\right)$$

$$= 2\pi r_0^2 v_0 \left(\frac{b}{r_0}\right)^2 \left(\frac{v_\mathrm{m}}{v_0}\right)\int_0^l \left(\frac{v}{v_\mathrm{m}}\right)\left(\frac{y}{b}\right)\mathrm{d}\left(\frac{y}{b}\right) \qquad (10\text{-}15)$$

令 $\pi r_0^2 v_0 = Q_0$，表示通过管嘴的流量，并把式（10-4）代入式（10-15），则有

$$Q = 2Q_0 \left(\frac{b}{r_0}\right)^2 \left(\frac{v_\mathrm{m}}{v_0}\right)\int_0^l \left[1 - \left(\frac{y}{b}\right)^{3/2}\right]^2 \left(\frac{y}{b}\right)\mathrm{d}\left(\frac{y}{b}\right)$$

式中，定积分结果为 0.1285。将式（10-7）代入，得

$$Q = 2Q_0 (3.3)^2 \times \left(\frac{v_0}{v_\mathrm{m}}\right)^2 \frac{v_\mathrm{m}}{v_0} \times 0.1285$$

整理后得

$$\frac{Q}{Q_0} = 2.8 \frac{v_0}{v_\mathrm{m}} \qquad (10\text{-}16)$$

与式（10-7）相似，式（10-16）应当修正为

$$\frac{Q}{Q_0} = 2.13 \frac{v_0}{v_\mathrm{m}} \qquad (10\text{-}17)$$

实践证明，这种修正解和实验结果能更好吻合。将式（10-14）代入式（10-17），则得流量比为

$$\frac{Q}{Q_0} = 2.20 \left(\frac{a\overline{x}}{r_0} + 0.29\right) \qquad (10\text{-}18)$$

在过渡截面上，$v_\mathrm{m} = v_0$。由式（10-17）得

$$\left(\frac{Q}{Q_0}\right)_{B\text{-}B} = 2.13$$

以通过射流断面的流量除以该断面面积，即得断面平均速度为

$$\frac{\overline{v_l}}{v_0} = \frac{Q/A}{Q_0/A_0} = \frac{Q}{Q_0}\left(\frac{r_0}{b}\right)^2 \qquad (10\text{-}19a)$$

将式（10-18）、式（10-7）代入式（10-19a），再利用式（10-14），最后得

$$\frac{\overline{v_l}}{v_0} = \frac{0.19}{\dfrac{a\overline{x}}{r_0} + 0.29} \qquad (10\text{-}19b)$$

把式（10-14）代入式（10-19b），可得

$$\overline{v_l} \approx 0.2 v_{\mathrm{m}} \qquad (10\text{-}20)$$

式（10-20）说明在轴对称射流基本段中，任一截面断面平均速度 $\overline{v_l}$ 都等于该处轴心速度的 20%。

10.2.6　自由射流的湍流特性

研究湍流射流流动的脉动特性具有重要的意义，这是因为湍流射流流动混乱而具有起伏特性。目前，对湍流特性的研究仍局限于实验观测，还没有开展深入的理论分析，更没有得出能描述其脉动规律的计算公式。因此，这里所介绍的湍流特性也仅局限于实验结果。

图 10-9～图 10-11 为韦格南斯等测得的轴对称射流各湍流特征参数数据曲线。图 10-9 表示轴对称射流轴心处相对脉动速度沿 x 轴的分布。从图中可以看出，这三个方向的脉动强度均有随距出口截面距离的增加而增大的趋势。当 $x/d_0 > 70$ 后逐渐趋于常值。纵向脉动强度较大，其余两个方向的脉动强度基本相同，都较纵向脉动强度小，但这种差别随 x 的增加而减小，可以设想，当 x 很大时，即距出口较远时，三个方向的脉动强度将接近，形成各向同性。

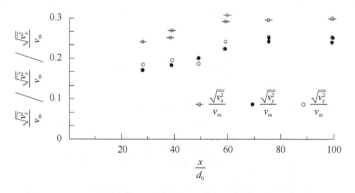

图 10-9　轴对称射流轴心处相对脉动速度沿 x 轴的分布

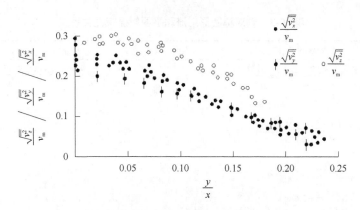

图 10-10　脉动强度沿径向变化

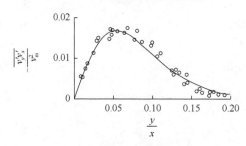

图 10-11　轴对称射流湍流切应力分布

图 10-10 表示三个方向的脉动强度沿径向的变化规律。从图中可以看出，在径向各点处，纵向脉动强度都较其他两个方向大，三个方向上的脉动强度都是在轴心处最大，愈靠近边缘愈小并趋于零。横向和侧向脉动强度的分布规律和数值都基本相同。虽然纵向脉动强度较其他两个方向大，但这种差别远远小于管道湍流和边界层湍流中的差别，如果与这些近壁湍流相比，自由湍流射流在很大程度上可以被近似认为是各向同性的。

图 10-11 为轴对称射流湍流切应力分布图。由图可见，湍流切应力在轴心处为零，然后随 y/x 的增加而增大，在 $y/x \approx 0.058$ 处达到最大值，其后则随 y/x 的增大而减小并在湍流射流的边缘处趋近于零。

平面湍流射流各湍流特征量的变化规律与轴对称的类似，但平面射流速度脉动强度趋于常数远较轴对称射流来得早。另外，纵向脉动强度的最大值出现在 $y/y_{0.5}$ 为 0.7～0.8 处，而不像轴对称射流那样出现在轴心处。

以上分析湍流自由射流各特性参数的变化规律及其计算公式都是针对轴对称圆形射流的。对于平面湍流射流，其性质相似，分析方法也相似，这里不再重复，仅列表（表 10-2）给出各计算公式。表中 b_0 表示窄缝管嘴的半高。

表 10-2　轴对称圆形射流和平面射流特性关系式

轴对称圆形射流	平面射流
$\dfrac{v_m}{v_0}=\dfrac{0.97}{\dfrac{a\overline{x}}{r_0}+0.29}$ 或 $\dfrac{v_m}{v_0}=\dfrac{常数}{x}$	$\dfrac{v_m}{v_0}=\dfrac{1.2}{\sqrt{\dfrac{a\overline{x}}{b_0}+0.41}}$ 或 $\dfrac{v_m}{v_0}=\dfrac{常数}{\sqrt{x}}$
$\dfrac{v}{v_m}=\left[1-\left(\dfrac{y}{b}\right)^{3/2}\right]^2$ 或 $\dfrac{v}{v_m}=\exp\left\{-\dfrac{y^2}{y_{0.5}^2}\right\}$	$\dfrac{v}{v_m}=\left[1-\left(\dfrac{y}{b}\right)^{3/2}\right]^2$ 或 $\dfrac{v}{v_m}=\exp\left\{-0.69\dfrac{y^2}{y_{0.5}^2}\right\}$
$\dfrac{b}{r_0}=3.3\dfrac{v_0}{v_m}$	$\dfrac{b}{r_0}=3.4\left(\dfrac{v_0}{v_m}\right)^2$
$b=3.4ax$	$b=2.4ax$
$\dfrac{Q}{Q_0}=2.13\dfrac{v_0}{v_m}$	$\dfrac{Q}{Q_0}=1.42\dfrac{v_0}{v_m}$
$\overline{v_1}=0.2v_m$	$\overline{v_1}=0.41v_m$
$\overline{v_2}=0.47v_m$	$\overline{v_2}=0.7v_m$
$x_0=0.97\dfrac{r_0}{a}$	$x_0=1.44\dfrac{r_0}{a}$
$h_0=0.29\dfrac{r_0}{a}$	$h_0=0.41\dfrac{r_0}{a}$
$\mathrm{tg}\dfrac{\theta}{2}=3.4a$	$\mathrm{tg}\dfrac{\theta}{2}=2.4a$
a 为 $0.07\sim0.08$	a 为 $0.1\sim0.11$

通过以上射流特征的描述，自由射流具有以下特征：

（1）射流边界层的厚度小于射流的长度。

（2）在射流边界层的任何断面上，横向分速远比纵向（轴向）分速小得多，可以认为射流速度就等于它的纵向分速。

（3）射流边界层的内外边界都是直线扩展的。

（4）射流各断面上纵向流速分布具有相似性，也称为自模性。所有断面上无因次的流速分布曲线基本上是相同的。

（5）射流各断面上动量守恒。

10.3　温差射流

在工程实践中，如在采暖通风空调工程中，常要用冷风降温、热风取暖，因此射流温度与周围介质温度不同，航空发动机和火箭的尾喷流更是比周围大气温度高得多，这种与周围介质温度不相等的射流称为温差射流。

温差射流的温度扩散与速度射流的扩散相似。射流的卷吸作用和湍流射流中的脉动效应使得流体微团紊动，不仅产生横向的动量交换，还会产生质量交换和热量交换，形成射流的温度边界，从而使射流各截面上的温度分布逐渐拉平。在这些交换中，由于热量扩散比动量扩散更快，因此温度边界比速度边界的发展更快、更厚，同时射流核心区的长度相对更短。如图 10-12 所示，图中实线为速度边界层，虚线为温度边界层的内外边界。然而在实际应用中，为简化起见，可以认为，温度边界层的内外边界与速度边界层一样。另外，根据阿勃拉维奇的射流理论，可近似认为速度边界线变化规律与等温不可压缩自由射流时相同。因此，尽管初始无因次温度（$\pi = T_0 / T_e$）将影响轴心速度和温差的衰减规律，但射流横截面上的速度和温度分布仍符合相似性，横截面上的速度分布规律仍可使用等温不可压缩流时的关系式。

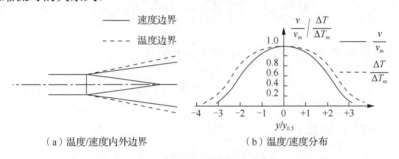

（a）温度/速度内外边界　　　　　　　（b）温度/速度分布

图 10-12　温度边界与速度边界

10.3.1　温差分布规律

在讨论射流的温度分布时，引用下列几种温度差：

（1）射流中指定点的温度 T 与周围介质温度 T_e 之差 $\Delta T = T - T_e$；

（2）射流轴线上的温度 T_m 与 T_e 之差 $\Delta T_m = T_m - T_e$；

（3）射流初始截面（喷管出口）上的温度 T_0 与 T_e 之差 $\Delta T_0 = T_0 - T_e$。

根据实验，无因次温差与无因次速度存在如下关系：

$$\frac{\Delta T}{\Delta T_m} = \sqrt{\frac{v}{v_m}} = 1 - \left(\frac{y}{b}\right)^{3/2} \tag{10-21}$$

分析温差 ΔT_m 沿射流轴心线的变化规律可采用与分析速度沿轴心线变化规律相类似的方法，不同之处仅在于得用射流焓差守恒代替动量守恒。射流焓差守恒即热力特征是指等压情况下，以周围介质的焓值作为起算点，射流各截面上的相对焓值保持不变，即

$$\rho_0 Q_0 c_p \Delta T_0 = \int_A \rho v c_p \Delta T \mathrm{d}A \tag{10-22}$$

式中，c_p 为定压热容；A 为射流横截面积。

如上所述，虽然温差射流中要考虑密度的变化，但在建立无因次温差与无因次速度之间关系时，仍可近似地按不可压缩流处理。对于轴对称不可压缩温差射流，从式（10-22）出发，并利用速度场中有关关系式，最后经过修正，得到

$$\frac{\Delta T_{\mathrm{m}}}{\Delta T_0} = 0.72 \frac{v_{\mathrm{m}}}{v_0} \tag{10-23}$$

10.3.2 无因次初始温度对轴心速度与温度衰减规律的影响

根据式（10-5），对轴对称射流的动量守恒条件可写成

$$2\left(\frac{v_{\mathrm{m}}}{v_0}\right)^2 \left(\frac{b}{r_0}\right)^2 \int_0^1 \frac{\rho}{\rho_0}\left(\frac{v}{v_{\mathrm{m}}}\right)^2 \left(\frac{y}{b}\right) \mathrm{d}\left(\frac{y}{b}\right) = 1 \tag{10-24}$$

在自由射流中静压不变，由气体状态方程，得

$$\frac{\rho}{\rho_0} = \frac{T_0}{T}$$

代入式（10-24），则有

$$2\left(\frac{v_{\mathrm{m}}}{v_0}\right)^2 \left(\frac{b}{r_0}\right)^2 \int_0^1 \frac{T_0}{T}\left(\frac{v}{v_{\mathrm{m}}}\right)^2 \left(\frac{y}{b}\right) \mathrm{d}\left(\frac{y}{b}\right) = 1 \tag{10-25}$$

将式中 $\dfrac{T_0}{T}$ 作如下变换：

$$\frac{T_0}{T} = \frac{T_0}{\Delta T + T_{\mathrm{e}}} = \frac{T_0}{T_{\mathrm{e}}} \frac{1}{1 + \dfrac{\Delta T}{T_{\mathrm{e}}}}$$

令 $\pi = \dfrac{T_0}{T_{\mathrm{e}}}$，

$$\frac{\Delta T}{T_{\mathrm{e}}} = \frac{\Delta T}{\Delta T_{\mathrm{m}}} \cdot \frac{\Delta T_{\mathrm{m}}}{\Delta T_0} \cdot \frac{\Delta T_0}{T_{\mathrm{e}}} = \frac{\Delta T}{\Delta T_{\mathrm{m}}} \cdot \frac{\Delta T_{\mathrm{m}}}{\Delta T_0}\left(\frac{T_0}{T_{\mathrm{e}}} - 1\right) = \frac{\Delta T}{\Delta T_{\mathrm{m}}} \cdot \frac{\Delta T_{\mathrm{m}}}{\Delta T_0}\left(\pi - 1\right)$$

则 $\dfrac{T_0}{T}$ 改写成

$$\frac{T_0}{T} = \frac{\pi}{\left[1 + \left(\pi - 1\right)\dfrac{\Delta T_{\mathrm{m}}}{\Delta T_0} \cdot \dfrac{\Delta T}{\Delta T_{\mathrm{m}}}\right]}$$

代入式（10-25），得

$$2\pi\left(\frac{V_{\mathrm{m}}}{V_0}\right)^2\left(\frac{b}{r_0}\right)^2\int_0^1\left[1+(\pi-1)\frac{\Delta T_{\mathrm{m}}}{\Delta T_0}\cdot\frac{\Delta T}{\Delta T_{\mathrm{m}}}\right]^{-1}\left(\frac{v}{v_{\mathrm{m}}}\right)^2\left(\frac{y}{b}\right)\mathrm{d}\left(\frac{y}{b}\right)=1 \qquad (10\text{-}26)$$

射流边界线变化规律仍为

$$b=3.4ax \qquad\qquad (10\text{-}27a)$$

或

$$\frac{b}{r_0}=3.4\frac{ax}{r_0} \qquad\qquad (10\text{-}27b)$$

令

$$B=\pi\left(\frac{v_{\mathrm{m}}}{v_0}\right)^2\left(\frac{ax}{r_0}\right)^2\text{ 及 }E=(\pi-1)\frac{v_{\mathrm{m}}}{v_0} \qquad (10\text{-}28)$$

将式（10-21）、式（10-23）、式（10-27a）和式（10-28）代入式（10-26），得

$$\frac{1}{B}=2\times3.4^2\int_0^1\left\{1+0.72E\left[1-\left(\frac{y}{b}\right)^{3/2}\right]\right\}^{-1}\left[1-\left(\frac{y}{b}\right)^{3/2}\right]^4\left(\frac{y}{b}\right)\mathrm{d}\left(\frac{y}{b}\right)$$

对于不同的 E 值，可得对应的 B 值，经过回归分析知道，B 和 E 为直线关系，即

$$B\approx0.5E+0.935$$

将 B 和 E 代入可得

$$\frac{v_{\mathrm{m}}}{v_0}=\frac{0.97}{\dfrac{ax}{r_0}}\left[\frac{1+0.535(\pi-1)\dfrac{v_{\mathrm{m}}}{v_0}}{\pi}\right]^{1/2} \qquad (10\text{-}29)$$

将式（10-23）代入式（10-29），得

$$\frac{\Delta T_{\mathrm{m}}}{\Delta T_0}=\frac{0.70}{\dfrac{ax}{r_0}}\left[\frac{1+0.743(\pi-1)\dfrac{\Delta T_{\mathrm{m}}}{\Delta T_0}}{\pi}\right]^{1/2} \qquad (10\text{-}30)$$

将式（10-29）、式（10-30）分别作曲线于图 10-13、图 10-14。由图可见，射

流出口的无因次温度 π 愈大，则轴心速度和温差衰减得越快，射流的初始段越短。说明热射流射入冷空间，射流越炽热，速度和温度衰减得越快，射程越短。

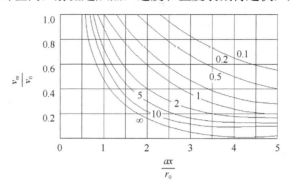

图 10-13　不同 $\dfrac{T_0}{T_e}$ 条件下射流轴心速度分布

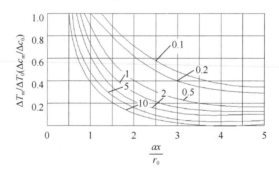

图 10-14　不同 π 条件下射流温度分布

从上述关系式或图中可以看出，对于 π 接近 1 的温差射流，如在采暖通风空调工程中所遇到的那样，这时 π 对 v_m 和 ΔT_m 衰减速度影响很小，因而仍可近似地按 $\pi=1$ 处理，即认为 v_m 的变化规律仍符合等温不可压缩射流情况，Q、$\bar{v}_1$、$\bar{v}_2$ 等也可使用不可压缩等温射流公式，从而使问题简化。但是当 π 很大时，如火箭和发动机喷管喷流，这时就一定要考虑 π 对轴心速度和温差的影响，不然就会使计算结果与实际不符。

10.3.3　质量平均温差变化规律

所谓质量平均温差 ΔT_2，是指射流横截面上的质量流量具有该温差时的相对热焓值等于射流所具有的相对热焓值，即

$$\int_A \rho v c_p \Delta T_2 \mathrm{d}A = \rho_0 Q_0 c_p \Delta T_0 \tag{10-31}$$

对于不可压缩射流，式（10-31）可写成

$$\rho Q c_p \Delta T_2 = \rho Q_0 c_p \Delta T_0$$

于是有

$$\frac{\Delta T_2}{\Delta T_0} = \frac{Q_0}{Q} \qquad (10\text{-}32)$$

将式（10-18）代入式（10-32），则得

$$\frac{\Delta T_2}{\Delta T_0} = \frac{Q_0}{Q} = \frac{0.4545}{\dfrac{a\bar{x}}{r_0} + 0.29} \qquad (10\text{-}33)$$

上面介绍的是轴对称温差射流，对于平面温差射流，也存在相应关系式，这里不一一介绍。在工程实践中还会遇到一种射流本身浓度与周围介质浓度不同的射流，这种射流称为浓差射流。对于浓差射流，只要把温差射流各计算公式中的温差以相应的浓差代替，则温差射流中各计算公式完全适用于浓差射流的计算，这里不再重复介绍。

10.4 自由湍流射流理论分析

自由湍流射流理论分析方法是从雷诺方程和连续方程出发，利用湍流区域相当狭长的特点，应用所谓"边界层近似"，在一级近似下，可以通过忽略比其他项小一个数量级的项，使方程中的项数减小，同时利用流动的自模性，使微分方程的独立变量减少一个。对具有两相对独立变量的平面射流和轴对称射流而言，偏微分方程组变成了常微分方程。最后再应用这样或那样的湍流切应力表达式。就有可能对简化的常微分方程进行求解，取得自由湍流射流的速度分布规律。

以不可压缩流体的平面湍流射流（图 10-1）为例来说明，并设周围流体处于静止状态。纵向平均速度不等于零的射流区是以中心线为界的上下两个边界层的组合。图中线 AD 是通常边界层理论意义下的边界。在整个射流区内压力几乎不变。因此，对于定常平面湍流射流，以下湍流边界层方程组（见湍流理论）近似成立。

$$\begin{cases} v_x \dfrac{\partial v_x}{\partial x} + v_y \dfrac{\partial v_x}{\partial y} = \dfrac{1}{\rho} \dfrac{\partial \tau}{\partial y} \\[2mm] \dfrac{\partial v_x}{\partial x} + \dfrac{\partial v_y}{\partial y} = 0 \end{cases} \qquad (10\text{-}34)$$

式中，v_x、v_y 分别为 x、y 方向的平均速度；ρ 为流体密度；τ 为湍流切应力，$\tau = -\overline{\rho v_x' v_y'}$。为求解以上方程组，首先必须写出湍流切应力表达式。根据涡黏性假设

$$\tau = \rho \varepsilon_\tau \frac{\partial v_x}{\partial y} \tag{10-35}$$

式中，ε_τ 为涡黏性系数，它是湍流的一个重要特征参数。此系数可用普朗特提出的混合长度 l 表示，即

$$\varepsilon_\tau = l^2 \left| \frac{\partial v_x}{\partial y} \right| \tag{10-36}$$

并假定混合长沿射流宽度保持不变，且 $l(x) \sim b(x)$，这里 $b(x)$ 为射流宽度的一半。为了简化分析，进一步假定射流各横截面上的速度分布具有相似性，即

$$v_x / v_{x,\max} \approx f\left(\frac{y}{b} \right) \tag{10-37}$$

根据以上方程和假定，格特勒等对不可压缩流体的平面湍流射流进行了完整的理论分析，求得与实验相吻合的结果。其主要结果如下：

（1）射流宽度同到射流源的距离成正比，即平面湍流射流的边界是一条从射流源发出的直线，如果忽略雷诺数的影响，此射流大约以 13° 半角向后扩张；

（2）射流速度分布为 $v_x / v_{x,\max} = \sec[\mathrm{h}^2(y/b)]$；

（3）射流中心线上最大速度同到射流源距离的平方根成反比，因此随着此距离增大，射流最大速度越来越小。

轴对称湍流射流的分析方法同平面湍流射流类似。不同的是，基本方程必须采用轴对称边界层方程，而且在结果中 $v_{x,\max} \sim (x-1)$，即射流中心线上最大速度比平面射流衰减得更快。

上面仅讨论了不可压缩流体的常压自由湍流射流。各种工程技术中遇到的射流要比这种射流复杂。因此，根据具体情况，还应当考虑射流的旋转效应和三维效应、有压力梯度的约束射流、超声速（有波系的）射流、温度分布及燃烧和相变等。此外，高速气体射流会伴生相当强的气动噪声，也必须加以考虑。

10.5　管内射流的分析及应用

工程上涉及的射流比上述自由射流复杂得多，这种复杂性主要有以下几种

原因：

（1）周围流体并非是静止的，相对于射流存在多种形式的运动，其运动方向可以与射流相同或相反，也可以相互成一定角度而相互碰撞。

（2）射流周围的空间并不是无限的。例如，在管内或在射流运动的路程中存在着某种障碍物，由于射流受到壁面的限制，壁面与射流之间产生了相互作用，这时沿射流方向压强多半不再为常数，有压强梯度出现。

（3）射流与周围流体不互溶，是两个不同的相。例如，气体射流进入液体中，夹带液滴或者射流断裂成气泡。

（4）流体并非由单个喷口喷出，而是由许多喷口同时向相同方向或不同方向喷出，各射流之间会产生相互作用。

上述各种复杂射流，在理论上和实践上都有重要意义，本节以管内射流为对象介绍其分析方法及应用。

10.5.1 管内射流

管内发展的射流（管内射流），由于受到管壁的约束，又称为约束射流。民用工业和航空航天上广泛采用的引射器和引射喷管就属于这种射流。下面介绍这种射流的基本结构及有关的一些特点。如图 10-15 所示，直径为 d_0 的圆射流，以速度 v_0 沿管轴喷入直径为 $D=2R$ 的直管中，周围流体以初速度 v_{10} 沿同一方向流动。为简单起见，认为周围流体是有势的，并忽略壁面边界层的存在。

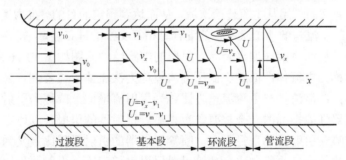

图 10-15　管内发展的射流

根据流动过程的特点，可把流动分成四个区域。

（1）过渡段。随着离开喷口，射流与外流在边界上产生紊动掺混，射流势流核心区逐渐缩小，最后消失，射流边界层中速度分布存在相似性，这一区域通常很短。

（2）基本段。外流可认为是势流，射流中相似的速度分布已经形成，射流在扩展，周围流体被引射抽吸，外流速度减小，使流动压强升高。

（3）环流段。如果在射流扩展到管壁之前，所有外流的流体均被抽吸，就有可能产生环流区。射流以外流动不能再视为势流，作为一级近似，可以认为这一区域压强保持不变。

（4）管流段。射流发展至管壁，有相当大的压强梯度，截面上速度分布顺流不断变化，直至发展成为充分发展的管流。

总之，管内射流既有自由射流又有管道流动进口段流动的某些特点。自由射流和管道射流的基本差别在于管道的存在会产生压强梯度，压强梯度的存在会改变射流扩展的速率、边界层增长的速率和速度分布的形状，特别是逆向压强梯度使流动变得更为复杂。

10.5.2 喷管引射器的增推

喷管引射器在航空航天领域的应用也是很多的，包括地面设备的应用和飞行器上的应用。在地面设备上，它不仅可以在发动机试车台房间内，采用引射器完成室内通风与降噪。而且，在实验风洞上，还可使用引射器来泵抽风洞中的实验气流。在航空飞行器上的应用主要表现为隔舱通风冷却与降低排气噪声；降低排气温度抑制排气系统的红外辐射；清除直升机发动机进气中的沙尘；用于垂直于短距离起落飞机上的增推；飞机的机翼防冰与环境控制；高空机舱的空气调节及乘客舱内的吸送风装置等。

喷管引射器是一种没有运动部件的工程应用组合件，它是利用高能量主流体泵抽低能量次流体的流体动力学泵，也是一种主流、次流的同向流动混合器。它把能量通过黏性剪切的作用从主流传给次流，从而达到预定的目的。推力增加量是随着高速、高能的主流与低速二次流有效混合时相互交换动量和能量时发生的。

在主喷管后面直接添加直套筒引射器的二维结构简图如图 10-16 所示。高能、高压的流体称为主流体；低能、低压的流体称为次流体，二者混合之后的流体称为混合流体；次流流量与主流流量之比称为引射流量比，或称为引射系数。引射系数是引射器性能指标的一个重要参数。喷管引射器的引射长度比定义为喷管引射器长度与喷管引射器的直径之比。喷管引射器的引射面积比定义为喷管引射器的面积与主喷管出口面积之比。喷管引射器引射长度比与引射面积比是决定直套筒喷管引射器几何尺寸的重要参数。

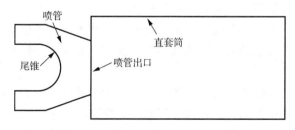

图 10-16　直套筒喷管引射器结构简图

　　直套筒喷管引射器的增推特性如图 10-17 所示，直套筒喷管引射器对于主喷管的推力增益极少，甚至还会降低发动机的推力。在引射长度比一定的情况下，随着面积比的增加，推力的损失越多。在低引射面积比下，引射长度比在 1～3 时，喷管引射器产生的推力随着引射长度比的变化相对比较缓和。当引射面积比大于 10 时，随着引射长度比的增加，喷管引射器产生的推力急剧减少。当引射面积比为 20 且引射长度比为 5 时，推力更是减少了将近 3.5%。其原因可以解释如下：随着引射长度比的增加，喷管引射器的长度也在增加，在二次流流场中受到的摩擦阻力不断地增大，导致发动机推力的损失在增加。

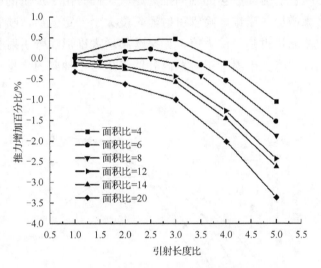

图 10-17　直套筒喷管引射器的增推特性

　　锥形喷管引射器结构简图如图 10-18 所示，即在直套筒喷管引射器前添加锥形进气口。锥形进气口引射套筒的设置是为了和发动机尾喷管的渐缩外形相匹配，以便于进一步将发动机全部包裹。

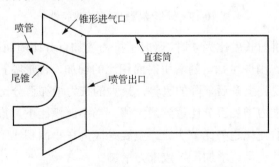

图 10-18　锥形进气口引射器结构简图

  锥形喷管引射器增推特性如图 10-19 所示。分析可知,在每一个固定的面积比下,锥形喷管引射器的推力增加百分比在某个引射长度比下达到最大值,且此引射长度比大约为 4。当固定面积比时,随着锥形喷管引射长度比的增加,推力增加百分比先增加后减小。当锥形喷管引射器长度较小时,随着锥形喷管引射器长度的增加,套筒内的压力与大气压力的差值越大,从而引射更多的次流流量,即次流的流速也会有所增加。由伯努利方程可知,二次流在套筒内的静压将减少,即锥形喷管引射器内外壁面的压差增加。因为锥形进气口的存在,使得压差沿轴向有个分力,即二次流对锥形喷管引射器产生的轴向推力越大,同时由于反压的降低,主喷管的推力也会略微增加。当锥形喷管引射器长度大于一定值后,喷管出口静压达到最小值,次流流量也趋于最大值,如果继续增大锥形喷管引射长度比,摩擦损失则会增加,并将大于喷管引射器内外壁静压差在轴向的分量,从而导致推力增加百分比下降。

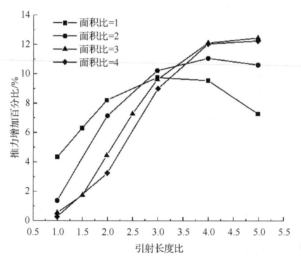

图 10-19 锥形喷管引射器增推特性

  在锥形喷管引射长度比为 4 时,研究了推力增加百分比随面积比的变化规律,如图 10-20 所示。由图可知,随着引射面积比的增加,锥形喷管引射器产生的推力增加百分比呈现先上升后下降的趋势,最大的推力增加百分比约为 12%。在面积比为 4~10,推力增加百分比达到最大值。当小面积比下,推力增加百分比随引射面积比增加的变化趋势比较明显,主要是因为在小面积比下,随着引射面积的增加,引射流量会迅速增加,导致推力增加。

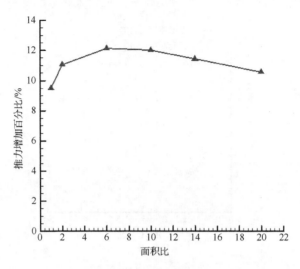

图 10-20　推力增加百分比随面积比的变化规律

　　图 10-21 为面积比分别为 2、6、10 时锥形喷管引射器与直套筒喷管引射器的推力增加百分比随引射长度比的变化规律。分析可知，喷管引射器的进气口对于喷管引射器的增推有着十分重要的意义。若喷管引射器没有锥形进气口，则不会实现增推，相反，随着喷管引射长度比的增加，喷管引射器壁面的摩擦力在不断增加，甚至会使可用的推力下降。

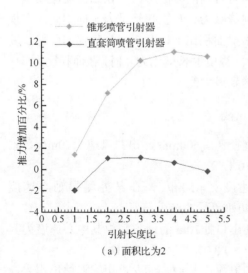

（a）面积比为 2

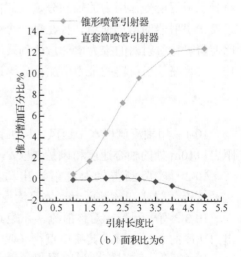

（b）面积比为 6

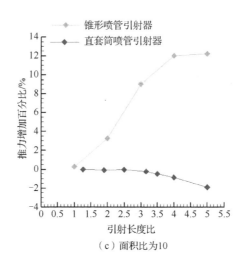

（c）面积比为10

图 10-21 有无锥形进气口引射器增推特性比较

根据以上计算结果可以得出结论：发动机工作在设计点状态下，主喷管后安装无进气口直套筒喷管引射器不会实现增推。在主喷管后安装直套筒喷管引射器后，主喷管产生的推力会增加，但数量较小，喷管引射器的增推效果主要由喷管引射器产生的轴向推力实现。对于无进气口直套筒喷管引射器，由于喷管引射器壁面受到摩擦力，二次流作用其上的轴向分力与喷管推力的方向相反。一般情况下，两者的综合作用会使喷管引射器的总推力略微下降。

为了实现增推效果，喷管引射器需具有合理的截面形状。在二次流流场中，喷管引射器所受作用力的轴向分量（即前缘吸力）与主喷管推力方向相同，实现了喷管引射器的增推作用。且在每一个引射面积比下，存在一个最优的引射长度比使得喷管引射器的推力增加量达到最大。当引射长度比为 4 时，在面积比为 4～10，锥形喷管引射器的推力增加百分比达到最大值。

习　题

10-1　用轴流风机水平送风，风机直径 $d_0 = 600\text{mm}$，出口风速为10m/s，求距出口10m处的轴心速度和风量（取 $a = 0.12$）。

10-2　实验测得轴对称射流出口速度 $v_0 = 50\text{m/s}$，在某处测得轴心速度 $v_m = 5\text{m/s}$，试求在该截面上气体流量是初始流量的多少倍？

10-3　有一圆形轴对称射流，在距其出口处10m的地方测得其中心速度为其出口速度的 50%，试求其喷口直径（取 $a = 0.07$）。

10-4　有一轴对称圆形射流和一平面射流，$r_0 = b_0 = 0.5$，初始流量也相等，试求距喷口10m处两种射流的流量比$\dfrac{Q_r}{Q_b}$。

10-5　圆射流以$Q_0 = 0.55\text{m}^3/\text{s}$从$d_0 = 0.3\text{m}$的管嘴流出,试求在2.1m处射流的边界宽度$b$、轴心速度$v_m$、断面平均速度$\bar{v}_1$和质量平均速度$\bar{v}_2$（取$a = 0.07$）。

10-6　有一$r_0 = 0.5\text{m}$的轴对称圆形射流,试求距出口截面为20m、距轴心为$r = 1\text{m}$处气流的速度与出口速度的比值（$a = 0.07$）。

10-7　试求当轴对称射流的初始流量等于多少时,才能保证距出口截面中心$x = 20\text{m}$、$r = 2\text{m}$处的气流速度$v = 5\text{m/s}$,并且初始段长度$x_0 = 1\text{m}$（$a = 0.07$）?

10-8　如果要求工作地带射流的半径$b = 1.2\text{m}$,质量平均速度$\bar{v}_2 = 3\text{m/s}$,试问当所采用的圆形喷嘴直径$d_0 = 0.3\text{m}$时,喷嘴应安装在距工作地带多少距离处?通过喷嘴的流量等于多少（$a = 0.08$）?

10-9　已知某车间的空气温度为30℃,为了把工作地点的质量平均温度降到25℃,并且平均风速为3m/s,工作面直径为$D = 2.5\text{m}$,试求（$a = 0.12$）:

（1）风口的直径与速度;

（2）风口到工作面的距离。

10-10　已知轴对称气体射流的$d_0 = 0.15\text{m}$、射流本身初始温度$T_0 = 300\text{K}$,周围介质温度为$T_a = 290\text{K}$,试求距喷口中心$x = 5\text{m}$,$y = 1\text{m}$处的气体温度（$a = 0.075$）。

10-11　已知一喷气发动机尾喷管出口处直径$d_0 = 0.5\text{m}$、$v_0 = 550\text{m/s}$、$T_0 = 800\text{K}$,周围大气温度$T_a = 288\text{K}$,试求距离喷管出口10m处燃气气流的轴心速度和温度（$a = 0.07$）。

参 考 文 献

[1] 武际可. 力学史[M]. 上海: 上海辞书出版社, 2010.

[2] 刘沛清. 流体力学通论[M]. 北京: 科学出版社, 2017.

[3] 《交通大辞典》编辑委员会.交通大辞典[M].上海: 上海交通大学出版社, 2005.

[4] R.柯朗, F.约翰. 微积分与数学分析引论[M]. 张鸿林, 周民强, 译. 北京: 科学出版社, 2005.

[5] G.K.巴切勒. 流体动力学引论[M]. 沈青, 贾复, 译. 北京: 科学出版社, 1997.

[6] 董曾南, 章梓雄. 非粘性流体力学[M]. 北京: 清华大学出版社, 2003.

[7] 吴文俊. 世界著名数学家传记[M]. 北京: 科学出版社, 1995.

[8] 周士林. 航空精英——世界著名飞机设计师和飞行员[M]. 北京: 航空工业出版社, 2001.

[9] 吴望一. 流体力学[M]. 北京: 北京大学出版社, 2014.

[10] 郭永怀. 边界层理论讲义[M]. 合肥: 中国科学技术大学出版社, 2008.

[11] ANDERSON D N. Manual of scaling methods[R]. NASA CR, 212875, 2004.

[12] ALKHALIL K. Assessment of effects of mixed-phase icing conditions on thermal ice protection systems[R]. DOT/FAA/AR-03/48.

[13] 吴丁毅. 内流系统的网络计算法[J]. 航空学报, 1996, 17(6): 653-657.

[14] WHITE F W. Viscous Fluid Flow[M]. New York: McGraw Hill, 1991.

[15] HOOPER W B . Calculate head loss caused by change in pipe size[J]. Chemical Engineering, 1988, 95(16): 89-92.

[16] STREETER V L, WYLIE E B, BEDFORD K W. Fluid Mechanics[M]. New York: McGraw Hill, 1998.

[17] LICHTAROWICZ A, DUGGINS R K, MARKLAND E. Discharge coefficients for incompressible non-cavitating flow through long orifices[J]. Journal Mechanical Engineering Science. 1965,7(2): 210-219.

[18] MIAN M A. Design and analysis of engine lubrication systems[R]. SAE Technical Paper 970637, 1997.

[19] KENNETH P C. Sealing effectiveness of a turbine rim seal at engine-relevant conditions[D]. State College: The Pennsylvania State University, 2016.